Betriebs- und Wirtschaftsinformatik

Herausgegeben von
H. R. Hansen H. Krallmann P. Mertens A.-W. Scheer
D. Seibt P. Stahlknecht H. Strunz R. Thome

Jörg Becker

CIM-Integrationsmodell

Die EDV-gestützte Verbindung betrieblicher
Bereiche

 Springer-Verlag

Berlin Heidelberg New York London Paris
Tokyo Hong Kong Barcelona Budapest

Prof. Dr. Jörg Becker
Westfälische Wilhelms-Universität Münster
Institut für Wirtschaftsinformatik
Grevener Str. 91, D-4400 Münster

ISBN-13: 978-3-540-53850-9   e-ISBN-13: 978-3-642-76522-3
DOI: 10.1007/978-3-642-76522-3

2142-3140 - 543210 - Gedruckt auf säurefreiem Papier

<u>**GLIEDERUNG**</u>

1 COMPUTER INTEGRATED MANUFACTURING UND BESTE-HENDE INTEGRATIONSANSÄTZE

1.1 Zur Notwendigkeit eines Integrationsmodells

Weder die klassische Betriebswirtschaftslehre noch die technischen Wissenschaften sind in der Lage, das Phänomen des Computer Integrated Manufacturing (CIM), der rechnerintegrierten Produktion, vollständig zu erfassen und zu beschreiben. Die Betriebswirtschaftslehre ist in ihrem Teilgebiet der Fertigungswirtschaft noch weitgehend traditionellen Planungs- und Steuerungsverfahren verhaftet, die die fortschreitende Integration von Dispositionsaufgaben und technischer Ausführung unberücksichtigt lassen. Die technischen Wissenschaften widmen sich vor allem der Verbindung der konstruktiven und operativen Bereiche und vernachlässigen die Einbindung in die dispositiven Bereiche.

CIM als Integrationsansatz bedeutet dagegen die organisatorische und EDV-technische Verbindung aller Aufgaben der Produktionsplanung und -steuerung, der Konstruktion und Entwicklung, Arbeitsplanung, der Fertigung, Qualitätssicherung und Instandhaltung. Diese Integration wird notwendig durch die sich in wandelnden Märkten bildenden Anforderungen an das Unternehmen. Kurze Durchlaufzeiten, hohe Termintreue, große Variantenvielfalt auf Endproduktebene trotz geringer Lagerbestände, hohe Qualität, häufige Produktinnovationen und all das bei geringen Kosten können nur erreicht werden, wenn ablauforganisatorisch und informationstechnisch alle planenden und ausführenden Tätigkeiten optimal aufeinander abgestimmt sind.

Heute allerdings werden die dispositiv-planenden und technischen Bereiche durch separate EDV-Anwendungssysteme oder -Steuerungen unterstützt, die Produktionsplanung und -steuerung oft durch eigenständige Systeme für die Auftragsabwicklung, die Materialwirtschaft, die Kapazitätswirtschaft, die Fertigungssteuerung und die Betriebsdatenerfassung, die technischen Bereiche durch eigenständige Systeme für jede Komponente.

Organisatorisch und EDV-technisch sind diese Bereiche relativ fest zementiert, organisatorisch durch Abteilungsbildung, EDV-technisch durch Inkompatibilitäten der Systeme bezüglich Hardware, Betriebssystem, Netzwerkfähigkeit, Programmiersprache, Datenbank, Datenstrukturen und Dateninhalten.

Während die EDV-technischen Gegebenheiten zur Übertragung von Daten sich ständig verbessern, ist das Angebot an konzeptionellen Gesamtmodellen für CIM unzureichend. Oder überspitzt formuliert: die Technik ist vorhanden, es mangelt an der inhaltlichen Ausgestaltung.

Ausgehend von geänderten Abläufen, die sich in einem CIM-Umfeld bilden sollten, sind Anforderungen an die Integration von EDV-Systemen zu stellen. Einmal erfaßte Daten sind allen nachfolgenden Systemen ohne redundante Eingabe zur Verfügung zu stellen. Getrennte EDV-Systeme müssen zusammengeführt werden, für gleiche Aufgaben sollten gleiche Unterstützungssysteme genutzt werden.

Welche Daten dies sind, die in mehreren Bereichen vorkommen, welche gleichen Funktionen durch identische EDV-Systeme unterstützt werden sollen, zeigt das im zweiten Kapitel entworfene Integrationsmodell auf. Es werden die Informationsbeziehungen **innerhalb** der dispositiv-planerischen und der technischen Bereiche und **zwischen** ihnen hergeleitet. Damit wird ein zusammenhängendes Integrationsmodell für ein gesamtes CIM-System entwickelt. Dabei soll eindeutig die informatorisch-inhaltliche Komponente im Vordergrund stehen (was soll mit wem wie verbunden werden?) und weniger die fertigungstechnische (wie steuert das NC-Programm die NC-Maschine?) oder die EDV-technische (wie werden Nachrichten in Protokollen kodiert und dekodiert, um vom Rechner an die Werkzeugmaschine zu gelangen?).

Für alle in einem CIM-System zu integrierenden Bereiche werden die Schnittstellen aufgezeigt, die zu den anderen Bereichen bestehen sollten. Sie werden im dritten Kapitel systematisiert und in vier Integrationskategorien eingeteilt.

Das vierte Kapitel schließlich gibt Ansätze zur EDV-mäßigen Umsetzung dieser Integrationskategorien. Hier werden keine neuen Verfahren entwickelt, es wird vor allem die Eignung bestehender oder in Entwicklung befindlicher Verfahren, Methoden und Werkzeuge zur Realisierung des Integrationsmodells untersucht.

Zunächst aber werden nach der dem Integrationsmodell zugrundeliegenden CIM-Definition die wichtigsten bestehenden Integrationsansätze, die über die technische Darstellung einer speziellen Kopplung hinausgehen, kurz erläutert. Alle diese Ansätze reichen zur vollständigen Beschreibung der Beziehungen der Funktionalbereiche aber nicht aus. Aus ihren Insuffizienzen resultiert die Notwendigkeit des Entwurfs eines geschlossenen Integrationsmodells.

1.2 Der CIM-Begriff

Für den Begriff des Computer Integrated Manufacturing (CIM)[1] haben sich drei Ebenen von Definitionen herausgebildet, wobei es sich bei den unteren Ebenen um echte Teilmengen der darüberliegenden handelt.

Die erste, unterste Ebene umfaßt den Bereich der Produktionsplanung und -steuerung und die CAD/CAM-Schiene. Zur Produktionsplanung und Steuerung gehören die Produktionsprogrammplanung, die Mengenplanung, die Termin- und Kapazitätsplanung, die Auftragsveranlassung und die Auftragsüberwachung. Zu den CAD/CAM-Komponenten zählen Computer Aided Design (CAD), Computer Aided Planning (CAP), Computer Aided Manufacturing (CAM) und Computer Aided Quality Assurance (CAQ). Diese Definition wurde z. B. vom Ausschuß für Wirtschaftliche Fertigung (AWF) vorgeschlagen[2] (vgl. Abbildung 1.1).

Damit wurde die ursprüngliche Sichtweise auf CIM, die sehr stark allein von der technischen Seite geprägt war, um die dispositiv-planerischen Aufgaben ergänzt. Harrington, der als Vater zumindest der Wortschöpfung "Computer Integrated Manufacturing" anzusehen ist, stellte die technischen Komponenten noch sehr stark in den Vordergrund. Heute ist allgemein anerkannt, daß eine echte Integration ohne die Einbeziehung der eher von der betriebswirtschaftlichen Seite kommenden Funktionen der Planung und Steuerung des Betriebsgeschehens aus materialmäßiger und kapazitätsmäßiger Sicht nicht erreicht werden kann.

---

[1]   Allgemeine Einführungen zu CIM finden sich in:
Harrington, J.: Computer Integrated Manufacturing. New York 1973, 2. Auflage 1979;
Kochan, A., Cowan, D.: Implementing CIM - Computer Integrated Manufacturing. Berlin u.a. 1986;
Ranky, P.G.: Computer Integrated Manufacturing. An Introduction with Case Studies. Englewood Cliffs u.a. 1986;
Miska, F.M.: CIM - Computer-integrierte Fertigung: Konzepte, Planung, Realisierung. Landsberg/Lech 1988;
Computer Integrated Manufacturing: Communication/Standardization/Interfaces. Hrsg.: T. Bernold, W. Guttropf. Amsterdam 1988;
Scheer, A.-W.: CIM - Computer Integrated Manufacturing. Der computergesteuerte Industriebetrieb. 4. Auflage, Berlin u.a. 1990.

[2]   Vgl.: Integrierter EDV-Einsatz in der Produktion: CIM-Computer Integrated Manufacturing. Hrsg.: Ausschuß für Wirtschaftliche Fertigung e.V. (AWF). Eschborn 1985.

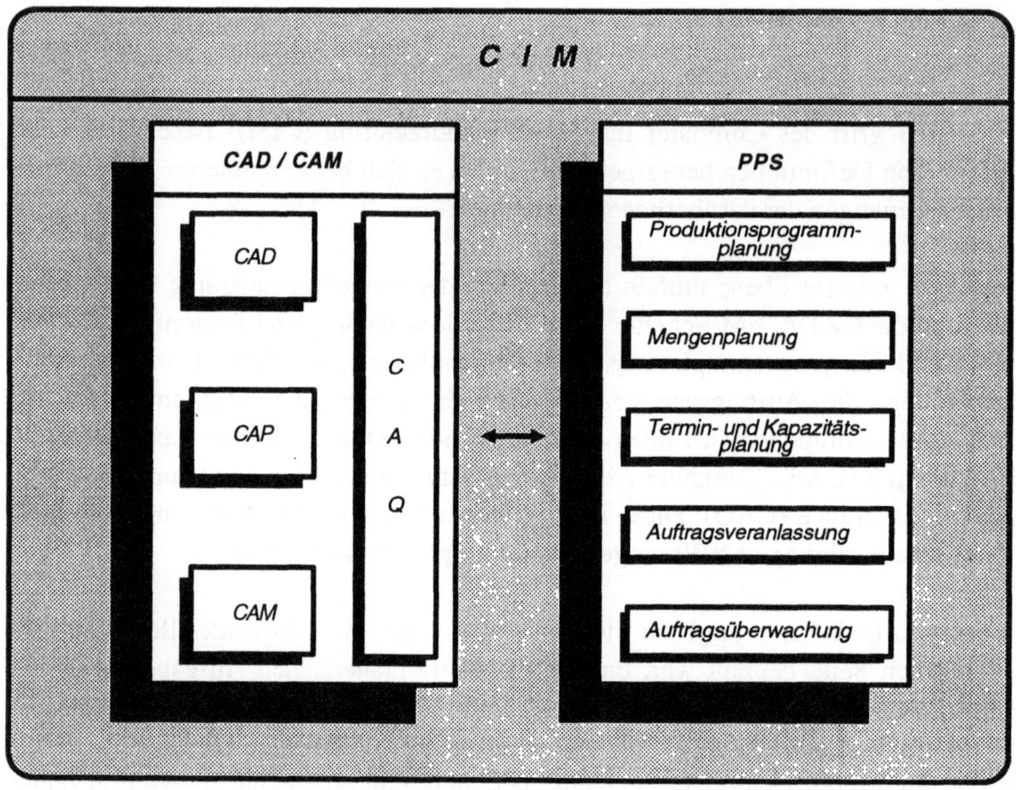

Abbildung 1.1:   AWF-Empfehlung CIM

In der zweiten Ebene kommen die Bereiche der Auftragsabwicklung und des Vertriebs sowie der Beschaffung (als Teil der Materialwirtschaft) hinzu. Scheer hat diesen CIM-Begriff[3] geprägt. Die Funktionen der Produktionsplanung und -steuerung sind in dieser Definition ähnlich denen der AWF-Empfehlung, der Bereich des CAM ist aufgeteilt in die einzelnen Funktionen des Fertigens, Transportierens und Lagerns. Die Instandhaltung wird als eigenständige Komponente ausgewiesen (vgl. Abbildung 1.2).

---

[3]   Scheer, A.-W.: CIM - Computer Integrated Manufacturing. Der computergesteuerte Industriebetrieb. 4. Auflage, Berlin u.a. 1990.

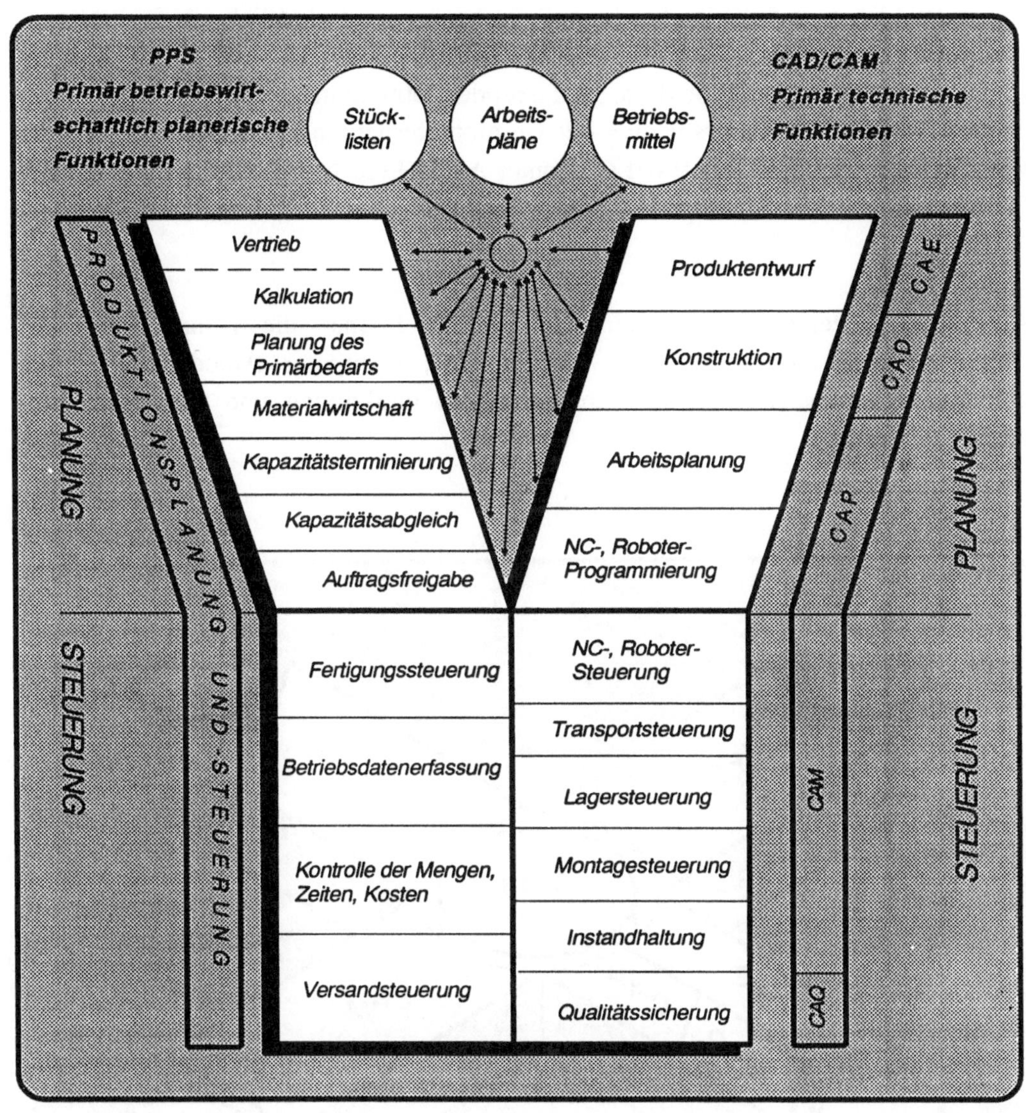

Abbildung 1.2:   Die Bereiche des Computer Integrated Manufacturing[4]

---

[4]   Aus Scheer, A.-W.: CIM 1990, a.a.O., S. 2.

Die dritte Ebene umfaßt darüber hinaus die betriebswirtschaftlich-administrativen Aufgaben der Personalwirtschaft und des Rechnungswesens sowie die Bürokommunikation. Häufig sind für diese umfassende Betrachtungsweise Begriffe anzutreffen, die die EDV-Unterstützung der Gesamtunternehmung ansprechen, wie der von Siemens geprägte Begriff der Computer Aided Industry (CAI), der Begriff des Computer Integrated Enterprise (CIE) oder des Computer Integrated Business (CIB).

Abbildung 1.3 zeigt - stellvertretend für die dritte Ebene - die Komponenten des Computer-Aided-Industry-Begriffs, wobei CAO, Computer Aided Office, die genannten betriebswirtschaftlich-administrativen Funktionen und die Bürokommunikation umfaßt.

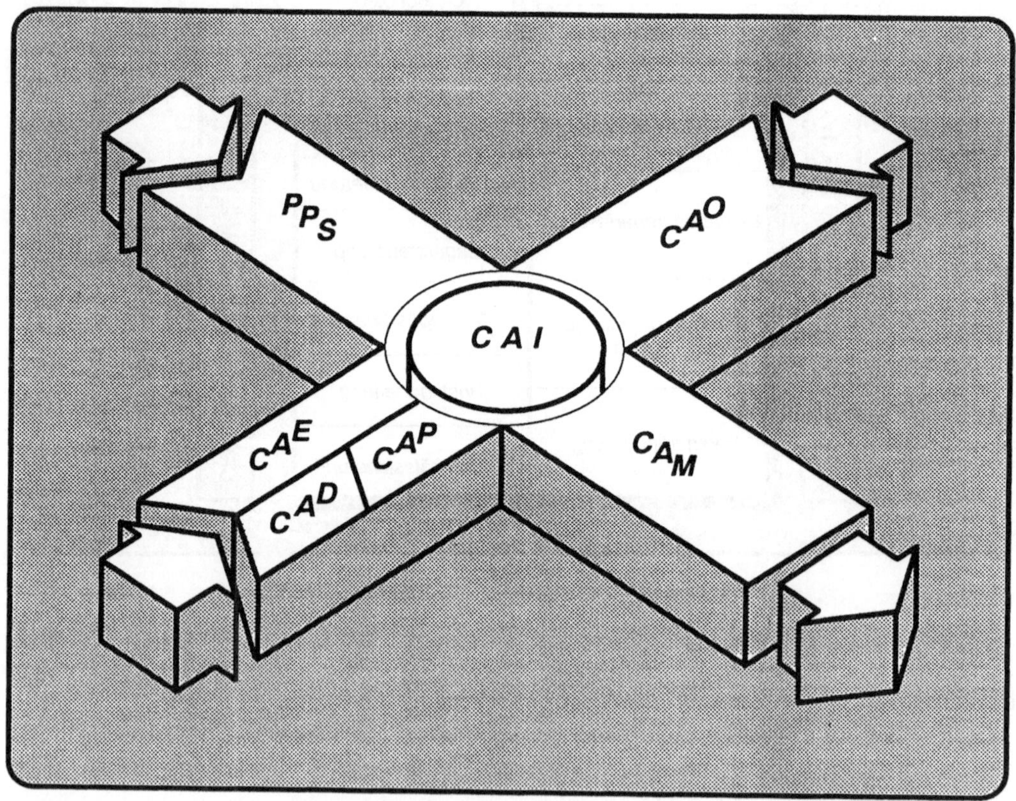

Abbildung 1.3:   Computer Aided Industry (CAI)

Im folgenden wird der CIM-Begriff der zweiten Ebene verwendet, wie er von Scheer definiert wird. Dieser CIM-Begriff macht drei Sichtweisen deutlich: Zum einen unterscheidet er zwischen eher betriebswirtschaftlich und eher technisch ausgerichteten Funktionen innerhalb eines computergesteuerten Industriebetriebs, zum zweiten verdeutlicht er die unterschiedliche Fristigkeit der Aufgaben durch die Differenzierung zwischen planenden und steuernden Bereichen, und zum dritten stellt er dar, daß die Betrachtungsobjekte der beiden Seiten voneinander abweichen. Während die linke Seite all den Aufgaben gewidmet ist, die mit dem **Auftrag** zu tun haben (vom Eintreffen des Kundenauftrags über die Bildung, Einplanung und Feinsteuerung des Fertigungsauftrags bis zur Auslieferung des Kundenauftrags), stellt die rechte Seite das **Produkt** (von der ersten Konzeption bis zur Fertigung) in den Vordergrund.

Im Integrationsmodell, das im zweiten Kapitel entworfen wird, werden aber auch die Beziehungen der dispositiven Aufgaben der Produktionsplanung und -steuerung und die der technischen Aufgaben der CAx-Komponenten, die beide Bestandteil von CIM sind, zu den betriebswirtschaftlich-administrativen Aufgaben der Finanzbuchhaltung, Kostenrechnung und Personalwirtschaft dargestellt. Damit soll die Einbindung von CIM in das Unternehmensumfeld aufgezeigt werden.

Die Verbindungen zur Finanzbuchhaltung und Kostenrechnung werden allerdings nur dargestellt, soweit sie auftrags-, produkt- oder betriebsmittelbezogen sind.

Weitere Beziehungen zwischen den eigentlichen CIM-Bereichen und den betriebswirtschaftlich-administrativen Funktionen liegen darin, daß jeder Bereich selbst eine oder mehrere Kostenstellen bildet, die in der Kostenrechnung datenmäßig verwaltet werden, und daß jeder Bereich Kosten verursacht, die ebenfalls in der Kostenrechnung erfaßt und weiterverrechnet werden. Da diese Beziehungen für alle Bereiche prinzipiell identisch sind, werden sie im zweiten Kapitel bei der Darstellung der Interdependenzen nicht aufgeführt.

Eine Zuordnung von Einzelfunktionen zu CIM-Bereichen ist von der Art der Fertigung und von der Ausgestaltung des CIM-Systems abhängig; deshalb gibt Abbildung 1.4 nur eine grobe Beschreibung der Aufgaben der Bereiche, spezifische Funktionszuordnungen finden sich im zweiten Kapitel.

Vertrieb	Marketing, Anfrage-, Angebots- und Auftragsbearbeitung, Fakturierung, Fertigwarenlagerverwaltung
Kalkulation	auftragsabhängige und auftragsunabhängige Produkt-Vorkalkulation, in zunehmendem Detaillierungsgrad begleitend zum Planungsprozeß
Primärbedarfsplanung	Ermittlung des Bedarfs an verkaufsfähigen Produkten (Endprodukten, Ersatzteilen), z.B. über Prognoserechnungen, grobe Überprüfung auf kapazitäts- u. materialmäßige Realisierbarkeit
Materialwirtschaft	Disposition (Bedarfsauflösung, Brutto-Netto-Rechnung, Bildung v. Fert.aufträgen) Lagerverwaltung, Einkauf m. Lieferantenauswahl, Bestellmengenrechnung u. Bestellschreibung, Rechnungsprüfung
Kapazitätsterminierung	Einlastung der Fertigungsaufträge auf die vorhandenen Kapazitätsressourcen (Maschinengruppen oder Maschinen, Personal, evtl. Fertigungshilfsmittel)
Kapazitätsabgleich	Verschiebung von Aufträgen auf andere Kapazitätsressourcen oder in andere Perioden, sofern Kapazitätsterminierung zu nicht zulässigen oder ungünstigen Ergebnissen geführt hat
Auftragsfreigabe	Übergabe der Fertigungsaufträge an die Produktionssteuerung, Verfügbarkeitsprüfung, evtl. belastungsorientierte Freigabe
Fertigungssteuerung	genaue Einplanung der Arbeitsgänge der Aufträge auf Kapazitätsressourcen (Maschine, Personal, Fertigungshilfsmittel) incl. Reihenfolgeplanung, Anstoß der CAM-Steuerungen
Betriebsdatenerfassung	Aufnahme aller im Betrieb für andere Bereiche notwendigen Daten der Aufträge, Maschinen, des Personals und der Prozesse
Kontrolle der Mengen, Zeiten, Kosten	Analyse des zeitlichen Ablaufs und der mengenmäßigen Realisierung der Fertigungsaufträge, kapazitätsmäßiger Soll-/Ist-Vergleich, mitlaufende Kalkulation
Versandsteuerung	Zusammenstellung von Touren und Verpackungseinheiten, Bestimmung von Frachtart, -mittel, -weg, Erstellung von Versandpapieren

Aufgaben	Bereich
Planung (Definition der Gesamtaufgabe und der Teilfunktionen, Anforderungsliste) Konzipierung (Darstellung von Lösungsprinzipien für die Teilfunktionen, Lösungsprinzipkombination-Auswahl)	Produktentwurf
Gestaltung (Erstellung der maßstäblichen Geometrie, Variantenkonstruktion, Normteilverwendung) Detaillierung (Optimierung der Gestaltungszonen, Stücklistenerstellung)	Konstruktion
Erstellung des Arbeitsplans und der Arbeitsgänge (Verfahrensauswahl, Arbeitsgang-Folge-Bestimmung, Vorgabezeitermittlung), Fertigungshilfsmittelverwaltung	Arbeitsplanung
Erstellung von NC-Teile-Programmen und Roboter-Programmen mit zugehörenden Einstellplänen, Aufspannplänen und Werkzeuglisten	NC-, Roboter-Programmierung
Verwaltung der NC- und Roboter-Programme, Steuerung d. NC-Maschinen, Roboter, Koordination von Bearbeitungs-, Zuführungs- und Transporteinrichtungen in flexiblen Fertigungszellen u. -systemen	NC-, Roboter-Steuerung
Übernahme von Transportaufträgen, Steuerung von Transporteinrichtungen (SPS), Verwaltung von Transporthilfsmitteln	Transportsteuerung
Übernahme von Lageraufträgen, Steuerung von Lager- und Fördereinrichtungen (SPS), Lagerplatzverwaltung	Lagersteuerung
Koordination von mehreren Montageeinrichtungen eines teilautonom arbeitenden Bereichs (zeitliche und materialmäßige Synchronisierung aufeinanderfolgender Arbeitsschritte)	Montagesteuerung
Inspektion, Wartung, Instandsetzung, Erstellung von Instandhaltungsplänen und -aufträgen, zeitliche und materialmäßige Instandhaltungsplanung, Instandhaltungsabrechnung	Instandhaltung
Wareneingangskontrolle, prozeßbegleitende Qualitätssicherung (arbeitsschrittbezogen, teilebezogen), Endkontrolle (funktionsbezogen), Erstellung von Prüfplänen, Verwaltung von Prüfmitteln	Qualitätssicherung

Abbildung 1.4:   Aufgaben der CIM-Bereiche

1.3 Das Kölner Integrationsmodell

Das Kölner Integrationsmodell wurde in den späten sechziger und frühen siebziger Jahren unter Leitung von Grochla am Betriebswirtschaftlichen Institut für Organisation und Automation an der Universität zu Köln (BIFOA) entworfen. "Es enthält die für die industrielle Unternehmung repräsentativen Datenverarbeitungsaufgaben einschließlich der zwischen diesen Aufgaben bestehenden sachlogischen Verknüpfungen"[5]. Dabei wurden die in einer Unternehmung anfallenden betriebswirtschaftlichen Funktionen in 332 Einzelaufgaben unterteilt, die in einer Aufgabenbeschreibungsliste definiert wurden. Zwischen diesen Aufgaben bestehen "Kanäle" (sachlogische Verknüpfungen), die in der Kanalbeschreibungsliste näher spezifiziert und in einer grafischen Darstellung visualisiert wurden[6].

Abbildung 1.5 gibt einen Auszug der Aufgabenbeschreibungsliste, Abbildung 1.6 aus der Kanalbeschreibungsliste und Abbildung 1.7 aus der grafischen Darstellung der sachlogischen Verknüpfungen.

Bei der Realisierung von Softwaresystemen durch Unternehmen oder Softwarehäuser ist mittlerweile ein Großteil der innerhalb eines Bereichs (z. B. Auftragsabwicklung) auftretenden Integrationsbeziehungen berücksichtigt. Auf sie wird im folgenden nicht mehr eingegangen. Dafür stehen im nachfolgend erläuterten Integrationsmodell die Beziehungen zwischen den Bereichen im Vordergrund. Aus zwei Gründen kann das Kölner Integrationsmodell nicht als ein umfassendes Integrationsmodell für CIM angesehen werden und wird deswegen im folgenden ergänzt und erweitert:

-   Während im Kölner Integrationsmodell die administrativen und dispositiven Aufgaben des Rechnungswesens und der Produktionsplanung mit ihren Verknüpfungen gezeigt werden, die der "Kern"-Betriebswirtschaftslehre zuzurechnen sind, werden im folgenden die Integrationsbeziehungen der Produktionssteuerung und der technischen Aufgaben der CAD/CAM-Schiene einbezogen.

---

[5]   Grochla, E. u.a.: Integrierte Gesamtmodelle in der Datenverarbeitung - Entwicklung und Anwendung des Kölner Integrationsmodells (KIM). München-Wien 1974, S. 7.

[6]   Vgl. Grochla, E., Garbe, H., Gillner, R., Poths, W.: Grundmodell zur Entwicklung eines integrierten Datenverarbeitungssystems - Kölner Integrationsmodell (KIM) - BIFOA - Forschungsbericht 71/6. Köln 1971;
Grochla E. u.a.: KIM 1974 a.a.O.

- Auch die Art der Integrationsbeziehungen geht über die des Kölner Integrationsmodells hinaus. Im KIM bezieht sich die Kanalbeschreibungsliste ausschließlich auf Dateninhalte; hier werden darüber hinaus die später erläuterten Integrationsbeziehungen bezüglich Datenstrukturen, Funktionen und Modulen hergeleitet.

Nummer	Benennung	Stichworte zum Aufgabeninhalt
1312	Absatzmengenplan	Festlegung der in den zukünftigen Perioden abzusetzenden Mengen je Artikel-Nr., je Vertreterbezirk und gesamt
1313	Umsatzwertplan nach verschiedenen Merkmalen	Gruppierung der geplanten Absatzmengen je Planungsperiode nach Artikel-Gruppen, Kunden bzw. Kunden-Gruppen, Verkaufsbezirken, Auftragsgrößenklassen und anderen Merkmalen; Ermittlung der entsprechenden zu erwartenden Umsatzwerte anhand der geplanten Preise
1314	Plan der Sondereinzelkosten des Vertriebs	Ermittlung der je Kunden-Nr. und kumuliert zu erwartenden Sondereinzelkosten des Vertriebs je Planungsperiode
1315	Plan der Erlösberichtigungen	Kumulieren der geplanten Erlösminderungen (Boni, Skonti, Rabatte) je Planungsperiode je Artikel-Nr.
1318	Plan der Deckungsbeiträge (produktbezogen)	Gegenüberstellung einerseits der geplanten Leistungserlöse je Planungszeitraum und andererseits der geplanten Kostenbestandteile je Planungszeitraum, ggf. untergliedert in mehrere Gruppen z.B. der fixen und variablen, der stark ersatzbedürftigen und dgl. zur Ermittlung der Deckungsbeiträge je Artikel-Nr. (-Gruppe)
1322	Maschinen- und Anlagenkostenplan	Ermittlung der je Planungsperiode zu erwartenden Maschinen- und Anlagenkosten unter Berücksichtigung der vorhandenen, der zu erstellenden bzw. der zu beschaffenden Maschinen und Anlagen unter Berücksichtigung der Auslastungsparameter je Maschine bzw. insgesamt; Ermittlung des geplanten Maschinenstundensatzes je Anlagen-Nr.
1327	Plan der sonstigen verteilungsbedürftigen Kostenarten	Kumulieren aller sonstigen verteilungsbedürftigen Kosten je Kostenart und Planungsperiode, ggf. je Kostenstelle
1328	Materialeinzelkostenplan	Ermitteln der laut geplanten Verbrauchsterminen je Artikel-Nr./-Gruppe bzw. Sach-Nr. in den Planungsperioden zu erwartenden Materialeinzelkosten
1329	Materialkostenplan	Summieren der Materialeinzelkosten und der Materialgemeinkosten je Planungsperiode, je Materialkostenstelle und je Artikel-Nr./-Gruppe bzw. Sach-Nr.

Abbildung 1.5: Aufgabenbeschreibungsliste des Kölner Integrationsmodells (Auszug)[7]

---

[7] Entnommen aus: Grochla, E. u.a.: KIM 1974 a.a.O., S. 200.

Kanal	Kanalinhalt
1	Artikel-Nr., Menge, (zukünftiger) Kunde, Preis, gewünschter Liefertermin, evtl. Vertreter-Nr.
2	Bonussatz je Kunden-Nr.
3	Wert der sonstigen Aufwendungen, soweit sie in der gleichen Planungsperiode zu Zahlungen führen.
4	Artikel-Nr., Menge und Wert je Auftrag und je Position
5	Klassen-Nr., Klassenbeschreibung, Klasseninhalt
6	Menge, Artikel-Nr., Kunden-Nr., Kundenpriorität, gewünschter Liefertermin
7	Vorhandene Kapazität, Auslastungsgrad
8	Artikel-Nr., Bestandsmenge, reservierte Menge
9	Artikel-Nr., gewünschte Menge, opt. Losgröße, gewünschte Lagerzugangstermine, Lager-Nr.
10	Artikel-Nr., Menge, Auslieferungstermin, Preis, Lieferbedingungen, Kunden-Nr., Kundenadresse, Ablehnungsgrund
11	Auftragsbestätigungsschreiben bzw. Ablehnungsbrief
12	Artikel-Nr., Kunden-Nr., Vertreter-Nr., Menge, Liefertermin
13	Artikel-Nr., Menge, Auftrags-Nr., Kunden-Nr., ggf. Liefertermin
14	Kunden-Nr., Mengen- und Wertumsätze je Artikel-Nr., Rabattsatz je Artikel-Nr.
15	Lieferanten-Nr., Sach-Nr., Menge (erfüllte Teillieferungen für Rahmenverträge)
16	Artikel-Nr., Abgangsmenge, Auftrags-Nr., Kunden-Nr.
17	Sach-Nr., Zugangsmenge (Handelswaren)
18	Artikel-Nr., zu reservierende Menge, Auftrags-Nr., Kunden-Nr.
19	Geplante Provisionen je Planungsperiode
20	Artikel-Nr., Planabsatzmenge, Periode
21	Artikel-Nr., Menge, Auftrags-Nr., Kunden-Nr.
22	Zu berechnende Sondereinzelkosten des Vertriebs
23	Rechnungs-Nr., Kunden-Nr., Datum, Wert je Rechnung
24	Rechnung
25	Lieferschein
26	Daten zur Löschung der Auftragspositionen bei Versandmeldung (Lager) (nur Außenaufträge)
27	Daten zur Löschung der Auftragspositionen (nur Lagerergänzungsaufträge)
28	Artikel-Nr., Kunden-Nr., Vertreter-Nr., Menge, Liefertermin; Artikel-Nr., Lager-Nr., Menge, Liefertermin

Abbildung 1.6: Kanalbeschreibungsliste des Kölner Integrationsmodells (Auszug)[8]

---

8   Entnommen aus: Grochla, E. u.a.: KIM 1974 a.a.O., S. 257.

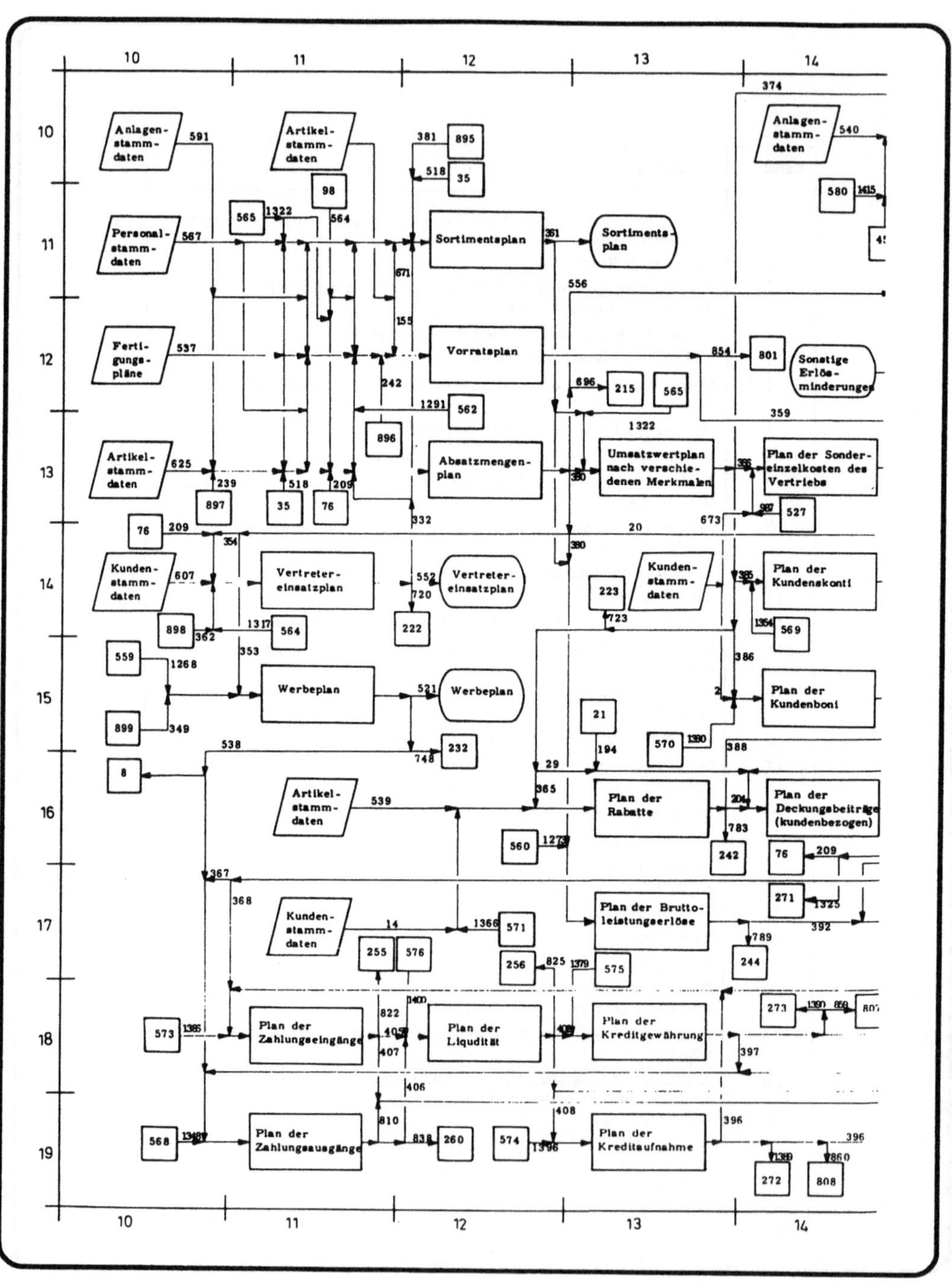

Abbildung 1.7:   Sachlogische Verknüpfungen im Kölner Integrationsmodell (Auszug)[9]

---

[9]   Entnommen aus: Grochla, E. u.a.: KIM 1974 a.a.O., Faltblatt 1.

1.4 CIM-Schnittstellen

Ein Ansatz, der von der Breite des Untersuchungsfelds über das Kölner Integrationsmodell hinausgeht, ohne aber dessen Tiefe zu erreichen, ist bei Scholz anzutreffen. Er setzt sich mit CIM-Schnittstellen auseinander[10] und beleuchtet hier zunächst technische Möglichkeiten der Datenintegration über Dateischnittstellen und integrierte Datenbanken. Dann zeigt er bestehende Standard-Schnittstellen auf, wie IGES, SET, VDAFS, PDDI, CAD*I, STEP, VDAPS und CAD-NT. Hierbei handelt es sich um Standard-Schnittstellen zum Austausch produktdefinierender Daten, die national entwickelt wurden, jetzt aber in der internationalen Spezifikation von STEP zusammengeführt werden sollen. Neben den produktdefinierenden Schnittstellen existieren Schnittstellen zum Austausch produktionstechnischer Daten, wie das CLDATA-Format (Cutter Location), die die Verbindung zwischen CAP und CAM herstellen.

Der Austausch von Informationen über Rechner hinweg wird durch Netze sichergestellt. Hier zeigt Scholz die Standardisierungsbemühungen der International Standardization Organisation für eine Open Systems Interconnection (ISO/OSI-Referenzmodell) und beschreibt Realisierungen von Netzen wie das Manufacturing Automation Protocol (MAP) oder das Technical and Office Protocol (TOP) sowie das Integrated Services Digital Network (ISDN). Bei den inhaltlichen CIM-Schnittstellen wird die Verknüpfung von CAD zur Arbeitsplanerstellung und zur NC-Programmierung für die Übergabe von Geometriedaten sowie die CAD-PPS-Schnittstelle in Form der Stücklistenübertragung hervorgehoben. Umfassende Verknüpfungskonzepte für CIM, die alle Teilbereiche einbeziehen, gibt es nach Scholz erst als Prototypen.

Im Mittelpunkt der Arbeit von Scholz stehen die technischen Möglichkeiten der Kopplung von CIM-Komponenten innerhalb von Rechnern oder über Rechner hinweg durch nationale oder internationale Standardisierungsbemühungen. Die inhaltlichen Verknüpfungen der CIM-Bereiche werden an wenigen Beispielen dargestellt. Ausgangspunkt des im folgenden aufgeführten Integrationsmodells sind aber gerade diese inhaltlichen Verknüpfungen der CIM-Bereiche, die in einem CIM-Gesamt-Integrationskonzept zusammengeführt werden.

---

[10] Vgl. Scholz, B.: CIM-Schnittstellen: Konzepte, Standards und Probleme der Verknüpfung von Systemkomponenten in der rechnerintegrierten Produktion. München-Wien 1988.

1.5 DIN-Normung

Das Deutsche Institut für Normung beschäftigt sich unter Mitwirkung von Hochschul- und sonstigen Forschungsinstituten, Hard- und Softwareanbietern und Anwendern seit 1987 mit Normungsaktivitäten für die rechnerintegrierte Produktion. Im DIN-Fachbericht 15[11] wird der Handlungsbedarf für Forschungs-, Entwicklungs- und Normungsaufgaben für CIM definiert. Dabei wird auch auf Datenschnittstellen zwischen Unternehmensfunktionen eingegangen. Als Unternehmensfunktionen werden definiert: Unternehmensplanung, Vertrieb/Marketing, Entwicklung/Konstruktion, Betriebsmittelplanung, Arbeitsplanung, Produktionsplanung und -steuerung, Produktionsausführung, Qualitätssicherung und Service. Innerhalb der Unternehmensfunktionen und zwischen den Unternehmensfunktionen werden Schnittstellen aufgezeigt, aus denen der Normungsbedarf abgeleitet wird. Der Aggregationsgrad der Funktionen und definierten Schnittstellen ist aus der Intention der Normung heraus relativ hoch gewählt.

In vier Arbeitskreisen sollen die Schnittstellen spezifiziert und einer Normung zugänglich gemacht werden. Diese vier Arbeitskreise bearbeiten folgende Teilgebiete von CIM: Computer Aided Design (CAD), NC-Verfahrenskette, Produktionssteuerung und Auftragsabwicklung[12].

Die Abbildungen 1.8 und 1.9[13] zeigen für die Produktionsausführung die Schnittstellen innerhalb des Bereichs und zu den übrigen Bereichen, die unter Normungsgesichtspunkten in den Arbeitskreisen weiter untersucht werden sollen.

Die im DIN-Fachbericht 15 niedergelegten Forschungsergebnisse gehen in die Darstellung des Integrationsmodells (Kapitel 2) ein. Sowohl in der Detailliertheit des Ansatzes (Kapitel 2) als auch in der Systematisierung der Integrationsbeziehungen (Kapitel 3) bleiben die Normungsergebnisse hinter den hier aufgezeigten Interdependenzen und Integrationskomponenten zurück.

---

[11] Normung von Schnittstellen für die rechnerintegrierte Produktion (CIM): Standortbestimmung und Handlungsbedarf. DIN Fachbericht 15. Hrsg.: Deutsches Institut für Normung e.V. (DIN). Berlin-Köln 1987.

[12] Vgl.: Schnittstellen der rechnerintegrierten Produktion (CIM) - CAD und NC-Verfahrenskette. DIN Fachbericht 20; Fertigungssteuerung und Auftragsabwicklung. DIN Fachbericht 21. Hrsg.: DIN. Berlin-Köln 1989.

[13] Beide Abbildungen entnommen aus: Normung von Schnittstellen für die rechnerintegrierte Produktion (CIM)...,a.a.O., S. 116.

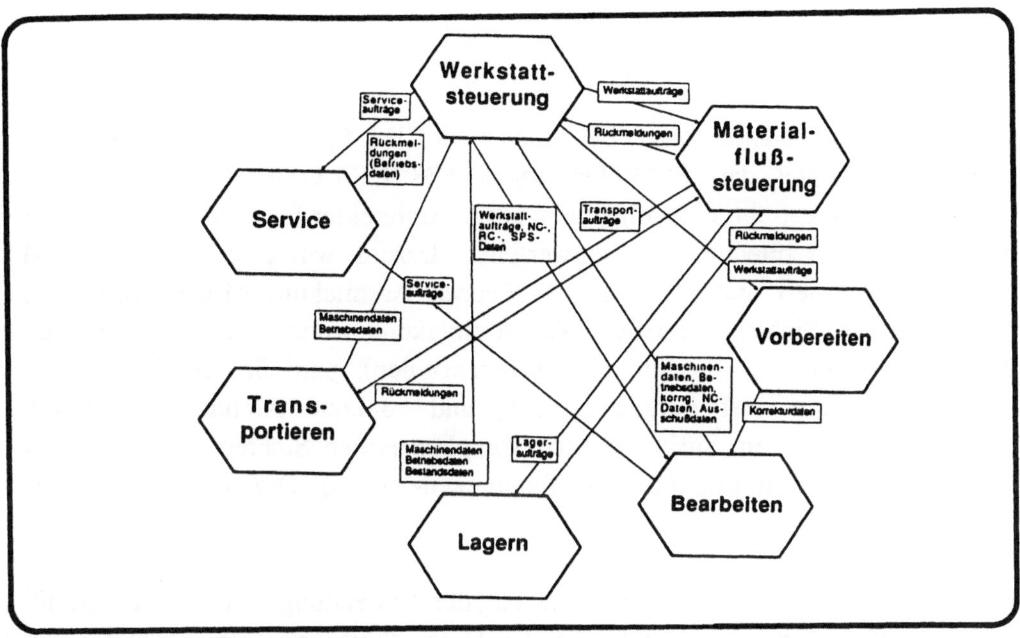

Abbildung 1.8:   Schnittstellen innerhalb der Produktionsausführung (DIN)

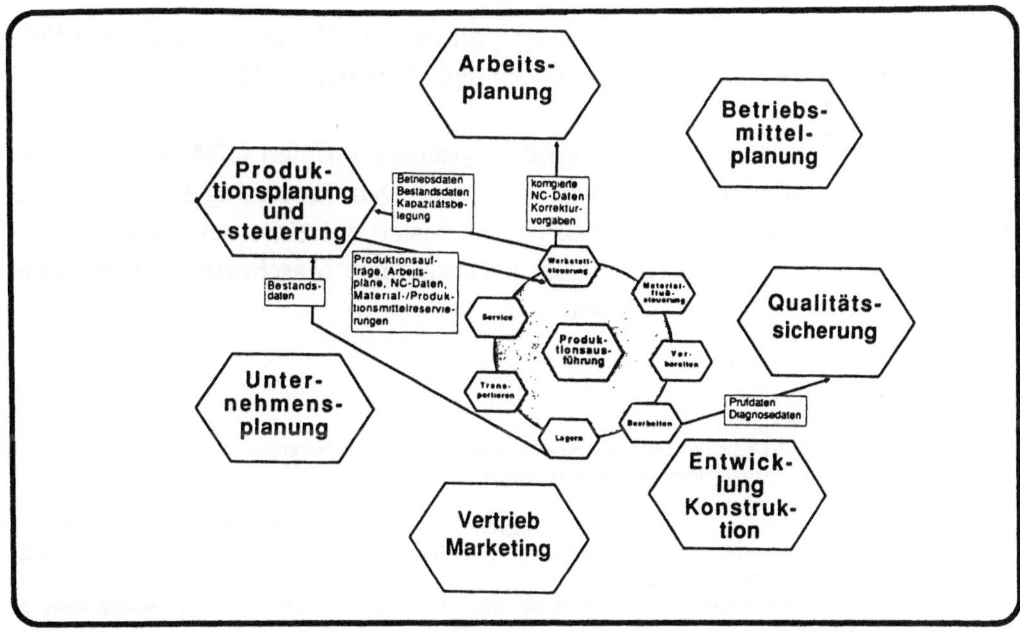

Abbildung 1.9:   Schnittstellen der Produktionsausführung zu anderen Bereichen (DIN)

1.6 CIM-OSA

Den bisher umfassendsten Ansatz bezüglich einer CIM-Architektur und einer CIM-Funktionalität bietet das ESPRIT[14]-Projekt 688 CIM-OSA. Innerhalb dieses Projekts ist man bestrebt, eine allgemeingültige Architektur für CIM-Systeme, eine Open System Architecture, zu entwerfen[15]. Darum wurde ein Architectural Framework definiert, das aus den drei Ebenen Architektur, Modellierung und komplementäre Sichten besteht. Die Architektur weist die Ausprägungen generische Architektur (für alle Unternehmenstypen), partielle Architektur (für spezielle Branchen oder Fertigungstypen) und konkrete Architektur (für ein spezielles Unternehmen) auf[16]. Bei den komplementären Sichten wird zwischen der Funktions-, der Informations-, der Ressourcen- und der Organisationssicht unterschieden.

Die Modellierungssicht stellt die Entwicklung der Anwendung in den Vordergrund. Zunächst soll auf der obersten Ebene das Unternehmen aus einer funktionalen Sicht heraus beschrieben werden. Über ein Zwischen-Modell (Intermedial Model) wird diese Sicht in ein DV-Implementierungsmodell umgesetzt.

Durch die Verknüpfung der Ausprägungen dieser drei Ebenen entsteht ein CIM-Referenz-Modell aus 36 Architekturblöcken (vgl. Abbildung 1.10).

Für die Implementierung eines integrierten Systems konzipiert CIM-OSA eine integrierte Datenverarbeitungsumgebung (Integrated Data Processing Environment), die in Abbildung 1.11 wiedergegeben ist. Sie basiert auf einer netzförmigen Objektstruktur, in der die Objekte Personen, Programme, Maschinen, Datenbanken und Netzwerke unterschieden werden.

---

[14]   ESPRIT = European Strategic Program for Research and Development in Information Technology, ein europäisches Forschungsförderungsprogramm, finanziert von der EG.

[15]   Zu CIM-OSA vgl.: Klevers, T.: The European Approach to an 'Open system architecture' for CIM: In: Computer Integrated Manufacturing. Proceedings of the 5th Europe Conference. Hrsg.: C. Halatsis, J. Torres, Brussels-Luxembourg 1989, S. 109-120.
Stotko, E.C.: CIM-OSA. Europäische Initiative für offene CIM-System-Architektur. CIM-Management, 5 (1989) Nr. 1, S. 9-15.
CIM OSA. Reference Architecture Specification. Hrsg.: CIM-OSA/AMICE. Brussels 1989.

[16]   Open System Architecture and Communications. "Preparing the Enterprise for CIM". Workshop Proceedings. Hrsg.: WZL Aachen. Aachen 1989.

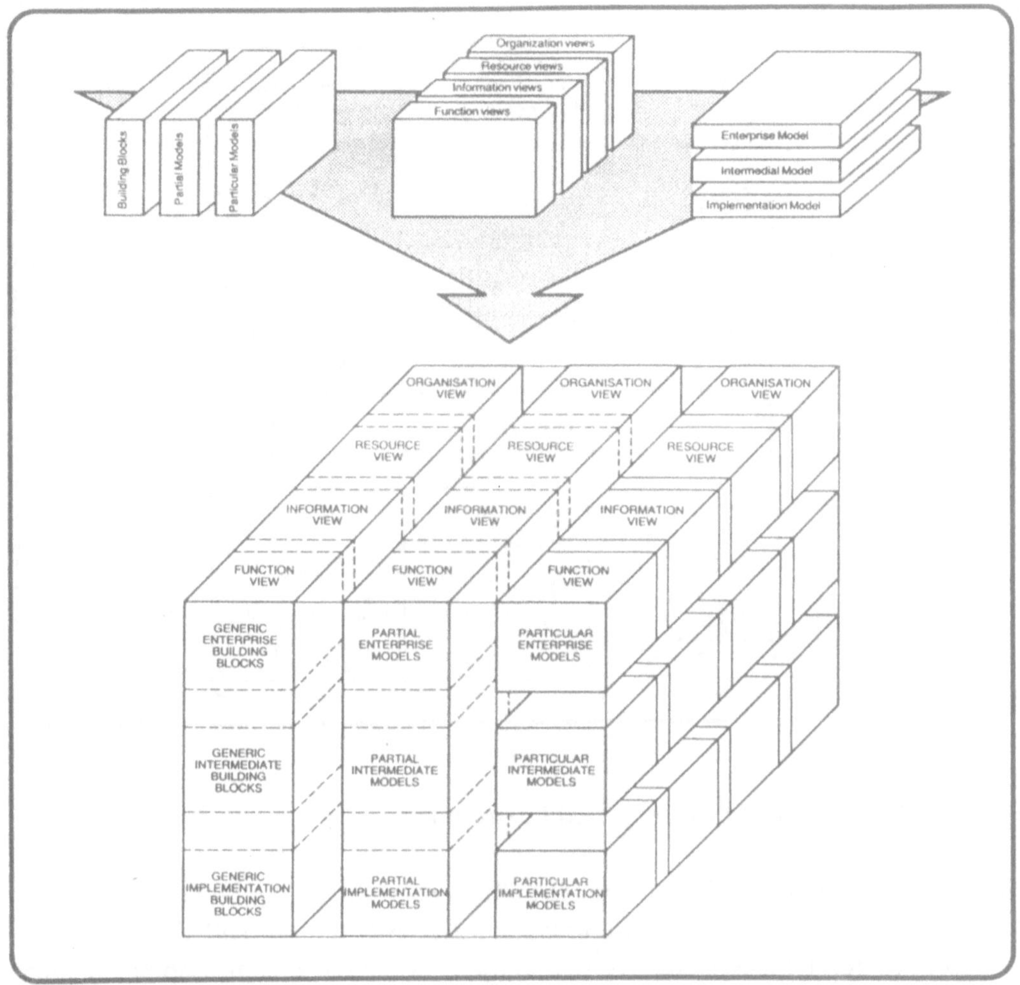

Abbildung 1.10: CIM-OSA Architectural Framework[17]

Diese Objekte werden durch standardisierte Dienste miteinander verbunden, die für Kommunikations-, Verwaltungs-, Schnittstellen- und Informationsfunktionen zuständig sind.

Für die Verbindung zwischen dem Referenzmodell und der integrierten Datenverarbeitungsumgebung soll ein noch zu entwickelndes Computer Aided Enterprise Engineering Tool sorgen.

---

[17] Entnommen aus: Stotko, E.C.: CIM-OSA. Europäische Initiative für offene CIM-System-Architektur. CIM-Management, 5 (1989) Nr. 1, S. 9 - 15, insbesondere S. 11.

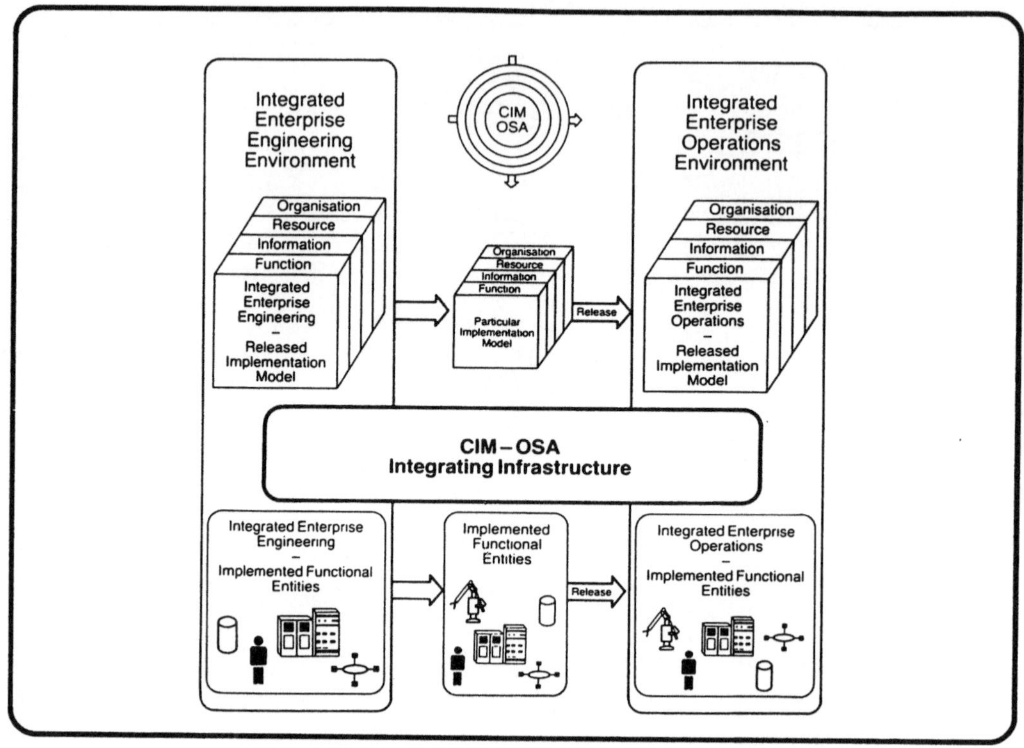

Abbildung 1.11: CIM-OSA Integrated Environment

Das Hauptgewicht der Arbeiten des AMICE-Konsortiums[18] lag bisher auf der Erstellung und Beschreibung des Referenzrahmens. Mit diesem soll der Modellierungsprozeß für CIM-Systeme vom Enterprise Model bis zum Implementation Model in den vier komplementären Sichten erleichtert werden. Den Schwerpunkt der aktuellen Arbeit bildet die Definition der Partial Model Architecture aus der funktionalen Sicht.

Die Definition der Function View auf dem Enterprise Level weist Analogien zum Vorgehen beim Kölner Integrationsmodell auf. Die Gesamtaufgabe des Unternehmens wird aufgegliedert in Teilaufgaben und Funktionen (Sub-Processes, Activities), die durch bestimmte Regeln (Procedural Rule Sets) verbunden werden und die durch Eingangs- und Ausgangsgrößen und die Umformungsvorschriften (Input, Output, Transfer Function) bestimmt sind.

---

[18] AMICE, die von hinten gelesene Abkürzung für European CIM Architecture, ist der Projektträger für CIM-OSA.

Dies entspricht dem Vorgehen beim Bilden der Aufgaben und Kanäle beim Kölner Integrationsmodell, wobei dieses allerdings die betriebswirtschaftliche Seite, CIM-OSA dagegen das gesamte CIM-System betrachtet.

Eine weitere Analogie liegt in der Modellierung. Mit der Einteilung in Building Blocks, Partial Models and Particular Models wird in CIM-OSA ähnlich vorgegangen wie im Kölner Integrationsmodell, das auch zunächst allgemein entworfen wurde und dann auf Branchen und letztlich auf spezifische Unternehmen konkretisiert bzw. detailliert werden sollte. Eine branchenspezifische Definition des Integrationsmodells wurde für ausgewählte Branchen durchgeführt[19]. Ein Problem besteht darin, daß viele Unternehmen sich nicht eindeutig einem bestimmten Partial Model zuordnen lassen. In bestimmten Unternehmen ist die Teilefertigung serienbezogen, die Montage allerdings kundenbezogen, im Einkauf gibt es auftragsbezogene und produktionsprogrammbezogene Beschaffungsvorgänge mit Lieferzeiten zwischen Stunden und Monaten, Werkstattfertigung steht neben Fließfertigung und Fertigungsinseln, und selbst auf Endproduktebene finden sich alle Arten von der Einmalfertigung bis zur Massenfertigung. So fällt für viele Unternehmen eine Einordnung in ein bestimmtes Partial Model, welches ja Auswirkungen auf die beiden anderen Referenzarchitektur-Ebenen haben soll, schwer.

Auch die Vereinheitlichung von Funktionen, Datenverarbeitung, Ressourcen und Organisation innerhalb einer Branche und sogar über Branchen hinweg ist schwer vorstellbar, da schon Standardsoftwareprodukte trotz des umfangreichen Angebots für einen einzelnen Bereich betriebliche Belange teilweise nur unzureichend abdecken. Gerade auf der Anwendungs- und Organisationsseite (weniger vielleicht auf der DV-technischen Seite, wie Betriebssysteme, Datenbanken, Netze, Programmiersprachen für Rechner und Steuerungen) ist eine Vereinheitlichung, die durch ein Referenz-Modell angestrebt wird, kritisch zu sehen.

Während bei CIM-OSA einem funktionalen Referenz-Modell das Hauptaugenmerk gilt, wird im folgenden vor allem das datenmäßige Integrationsmodell im Vordergrund stehen. Dabei werden unterschiedliche funktionale Abläufe durchaus in die Betrachtung einbezogen. Funktionen werden soweit explizit betrachtet, wie hier Integrationspunkte des Triggerns von Nachrichten oder des Verschmelzens mehrerer Funktionen in einer einzigen von Bedeutung sind.

---

[19] z. B. für Zeitungsverlage, vgl.: Joepen, A.: Modell der integrierten Datenverarbeitung für Zeitungsverlage. BIFOA-Forschungsbericht 72/2. Hrsg.: BIFOA. Köln 1972.

1.7 Unternehmensdatenmodell

Von Scheer wurde ein Gesamtmodell der Entitytypen eines Unternehmens und der Beziehungen zwischen ihnen entwickelt[20]. Er benutzt dabei das von Chen entwickelte Entity-Relationship-Diagramm[21]. Mit dem ER-Diagramm können Entitytypen, d. h. Mengen von Dingen der realen Welt oder der Vorstellungswelt, die für die Unternehmung von Interesse sind, und ihre Verknüpfungen (relationships) in anschaulicher Weise grafisch dargestellt werden. Entitytypen sind z. B. Teil, Lieferant, Kunde, Arbeitsplan, Konto, Kostenstelle. Relationships können sein Stückliste als Beziehung zwischen (übergeordnetem) Teil und (untergeordnetem) Teil, Lagerbestand als Beziehung zwischen Teil und Lagerort, Werkzeugeinsatz als Beziehung zwischen Werkzeug und Betriebsmittelgruppe.

Neben der Darstellung der Funktionen der Bereiche einer Unternehmung steht die Entwicklung des Unternehmensdatenmodells (UDM) bei Scheer im Vordergrund. Er formuliert knapp 300 Entitytypen und Beziehungen, die die wesentlichen Inhalte für die Bereiche Produktion, Technik, Beschaffung, Absatz, Personalwesen, Rechnungswesen und Verwaltung (Büroautomation) abdecken.

Die integrierte Datenstruktur soll die Konsistenz und die Integrität der Daten und damit der sie benutzenden Anwendungssysteme sicherstellen. Sie löst die traditionelle Bindung zwischen Anwendungssoftware und darin benötigten Daten. "Hierdurch wird erreicht, daß die Daten unabhängig sind von speziellen Anwendungsprogrammen und unterschiedlichen Sichtweisen, die aus der Aufbau- und Ablauforganisation der Unternehmung resultieren."[22]

Das Unternehmensdatenmodell kann sowohl bei den von der Unternehmung selbst zu entwickelnden Anwendungssystemen als auch bei der Eignungsprüfung von Standardsoftwaresystemen Anwendung finden.

Neben der horizontalen Integration zwischen unterschiedlichen operativen Syste-

---

[20] Scheer, A.-W.: Wirtschaftsinformatik - Informationssysteme im Industriebetrieb. 3. Auflage, Berlin u.a. 1990.

[21] Chen, P.P.: The Entitity-Relationship Model: Towards a Unified View of Data. ACM Transactions on Database-Systems, 1 (1976) Nr. 1, S. 9 - 36.

[22] Scheer, A.-W.: Entwurf eines Unternehmensdatenmodells. IM Information Management, 3 (1988) Nr. 1, S. 14 - 23, insbesondere S. 14.

men unterstützt es die vertikale Integration von diesen operativen Systemen über die wertorientierten Abrechnungs- und Kontrollsysteme bis zu den Planungs- und Entscheidungssystemen (vgl. Abbildung 1.12).

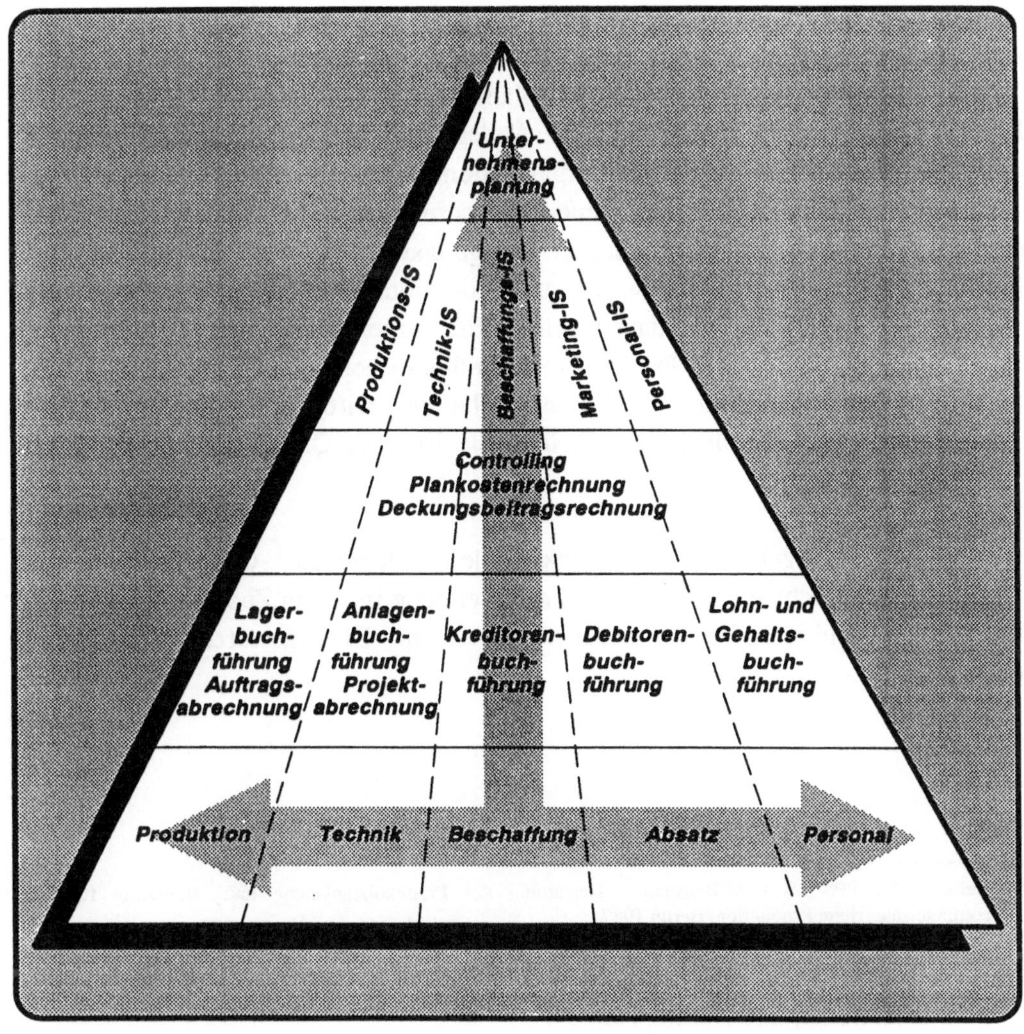

Abbildung 1.12: Anwendung des unternehmensweiten Datenmodells [23]

---

[23]   Scheer, A.-W.: Wirtschaftsinformatik - Informationssysteme im Industriebetrieb. 3. Auflage, Berlin u. a. 1990, S. 8.

Auf die Beziehung zwischen dem Integrationsmodell, wie es im zweiten Kapitel entwickelt wird, und dem Unternehmensdatenmodell wird im vierten Kapitel näher eingegangen.

Neben den genannten Ansätzen, die insgesamt die Integration in CIM-Systemen zum Inhalt haben, haben andere Autoren die Einbindung von Teilbereichen in CIM untersucht. Dabei steht allerdings meist die Funktionalität des untersuchten Teilbereichs im Vordergrund und weniger die Integration. Helberg und Helfrich setzen sich mit der Einbindung der Produktionsplanung und -steuerung in CIM auseinander[24]. Mehrere Autoren untersuchen die Änderungen der Fertigungssteuerung, die sich durch neue Fertigungs- und Organisationsstrukturen in CIM-Umgebungen ergeben: Förster und Hirt nennen neue Anforderungen an die Produktionsplanung und -steuerung beim Einsatz moderner Fertigungsverfahren[25], Ruffing beschreibt Schnittstellen der Fertigungssteuerung zur Produktionsplanung und zur technischen Produktrealisierung bei Fertigungsinseln[26]. Ein Arbeitskreis unter Federführung des Fraunhofer Instituts für Produktionstechnologie befaßt sich mit den Schnittstellen der Qualitätssicherung[27]. Die Instandhaltung wird von mehreren Autoren untersucht[28]. Und schließlich existiert über die gesamte CAM-Palette eine Reihe von Untersuchungen.

Alle diese Ansätze gehen mehr auf funktionale und technische Gegebenheiten des spezifischen Bereichs ein. Hier werden alle Bereiche in ihrem Zusammenspiel und den daraus resultierenden Anforderungen an die EDV-gestützte Verbindung betrachtet.

---

[24] Helberg, P.: PPS als CIM-Baustein - Gestaltung der Produktionsplanung und -steuerung für die computerintegrierte Produktion. Berlin 1987;
Helfrich, Ch.: PPS-Praxis. Fertigungssteuerung und Logistik im CIM-Verbund. Gräfelfing 1989.

[25] Förster, H.-U., Hirt, K.: PPS für die flexible Automatisierung. Optimale Steuerung einer Werkstatt mit Flexiblen Fertigungszellen (FFZ). Köln 1988.

[26] Ruffing, T.: Fertigungssteuerung bei Fertigungsinseln. Köln 1991 (Neue Formen der Arbeitsorganisation. Hrsg.: Ausschuß für Wirtschaftliche Fertigung (AWF)).

[27] Gimpel, B., Köppe, D.: Normung von Schnittstellen für die Qualitätssicherung. CIM-Management, 5 (1989) Nr. 1, S. 24 - 26.

[28] Z. B. Klein, W.: Informationswesen in der Instandhaltung. Berlin u. a. 1988 (Forschung für die Praxis, Bd. 16, Hrsg.: R. Hackstein).

2   BEREICHSORIENTIERTE INTERDEPENDENZEN

Die Sichtweise von CIM ist eher eine vorgangsbezogene als eine bereichsbezogene. Es werden Ketten von aufeinanderfolgenden Funktionen betrachtet, die unter dem Integrationsaspekt mit weiteren Aufgaben angereichert werden. Eine solche Kette ist z. B. die Funktionsfolge Auftragsannahme-Produktentwurf-Konstruktion-Arbeitsplanung-NC-Programmierung.

Bei der Auftragsannahme wird die technische und kaufmännische Realisierbarkeit überprüft (Fertigung mit vorhandenem Betriebsmittel-Park, realisierbare geforderte Durchlaufzeit, Erwirtschaftung eines angemessenen Deckungsbeitrags). Dazu sind Informationen aus anderen Bereichen, z. B. Materialwirtschaft, Arbeitsplanung und Kalkulation, notwendig. Entwurf und Konstruktion müssen vertriebsgerecht, fertigungsgerecht und kostenoptimal erfolgen. Auch dazu sind Daten aus anderen Bereichen erforderlich, z. B. aus dem Vertriebsbereich, der Fertigung, der Qualitätssicherung und der Kostenrechnung.

In den Unternehmungen haben sich allerdings Bereiche gebildet, die mit dem Fluß von Vorgängen nicht unbedingt konform gehen. Diese Bereiche haben sich aus funktionalen Gesichtspunkten, aus den organisatorischen Einheiten, die aus verrichtungsorientierter Sicht entstanden sind, und aus den Informationssystemen, die die Bereiche unterstützen, gebildet. Sie bilden die Grundlage für die von Scheer geprägte Einteilung des CIM-Systems.

Die Interdependenzen, die im folgenden beschrieben werden, stellen die Informationsflüsse dar, die aus der CIM-eigenen Vorgangs- und Integrationssicht zwischen den Bereichen bestehen und bestehen sollten. Dabei ist nicht unterstellt, daß es sich in jedem Fall um EDV-mäßig realisierbare Fälle handelt.

Dort wo für bestimmte Informationsflüsse standardisierte EDV-mäßige Lösungen existieren, werden sie genannt. Vor allem auf der technischen Seite finden sich einige Standard-Informationsaustausch-Definitionen. Schwerpunkt dieser Arbeit sind aber eindeutig nicht EDV-technische Realisierungen, sondern die geschlossene Darstellung der Informationsbeziehungen, die das Integrationspotential von CIM ausmachen.

Damit wird die umfangreiche Literatur, die zu CIM existiert, die aber oft entweder technische Lösungen (Fertigungstechnik, Netze, Datenbanken, Protokoll-Definitionen, Standard-Schnittstellen-Definitionen) oder Handlungsanleitungen zu CIM[29] in den Vordergrund stellt, um eine die inhaltliche Komponente von CIM betonende Darstellung ergänzt.

Einige der Informationsbeziehungen, die dargestellt werden, sind nur für bestimmte Branchen oder bei einer bestimmten Art der Fertigung sinnvoll. Die Prämissen werden dazu jeweils kurz erwähnt. Andere Beziehungen lassen sich unter der gegebenen Informationslandschaft noch nicht realisieren. Dazu zählt z. B. die Schnittstelle zwischen Kontrolle der Mengen, Zeiten und Kosten und der NC-, Roboter-Programmierung. Es wird gefordert, daß Anomalien im Fertigungsprozeß, die auf fehlerhafte oder nicht optimal gestaltete NC-Programme zurückzuführen sind, wie Kollisionen, Werkzeugbruch oder Abweichungen in der Geometrie, vom Kontrollsystem zu erkennen und an die NC-Programmierung zu melden sind. Die genannten Anomalien können viele weitere Ursachen haben, wie Werkzeugverschleiß oder Werkstoffehler im Werkzeug, fehlerhafte Werkzeugvoreinstellung, Verschleiß in der Führung der Werkzeugmaschine, Spiel in den Achsen, fehlerhafte Spannvorrichtungen, fehlerhafte Meßsysteme in der Maschine, fehlerhaftes oder falsches Ausgangsmaterial oder sonstige Umwelteinflüsse (z. B. Schwingungen des Fundaments).

Die heute vorliegende Informationsbasis in den technischen Systemen erlaubt noch keine automatische Erkennung der Fehlerursache der Anomalie. Durch Integration von Diagnose- und Qualitätssicherungsmaßnahmen muß aber weiter an der schnellen Fehlererkennung und -behebung gearbeitet werden. Hier soll aufgezeigt

---

[29]   Stellvertretend für die erste Gruppe seien genannt:
CIM-Handbuch. Hrsg.: U.W. Geitner. Braunschweig 1987;
Harrington, J.: Computer Integrated Manufacturing. New York 1973, 2. Auflage 1979;
Scholz, B.: Rechnerintegrierte Produktion (CIM). Schnittstellenprobleme bei der Kopplung unterschiedlicher Systemkomponenten. München 1988;
für die zweite Gruppe:
Braun, M., Förster, H.U., Vorspel-Rüter, F.: Mit CIM die Zukunft gestalten. Entscheidungshilfen für Unternehmer und Führungskräfte. Frankfurt 1988;
Computer Integrated Manufacturing. Current Status and Challenges. Hrsg.: I.B. Turksen. Berlin u.a. 1988 (NATO ASI Series F: Computer and Systems Sciences, Vol 49);
Hollingum, J.: Implementing an Information Strategy in Manufacture - A Practical Approach. Berlin 1987;
Kochan, A., Cowan, D.: Implementierung CIM - Computer Integrated Manufacturing. Berlin u.a. 1986;
Ranky, P.G.: Computer Integrated Manufacturing. An Introduction with Case Studies. Englewood Cliffs u.a. 1986;
Schreuder, S., Upmann, R.: CIM-Wirtschaftlichkeit: Vorgehensweise zur Ermittlung des Nutzens einer Integration von CAD, CAP, CAM, PPS und CAQ. Köln 1988.

werden, welche Informationsbeziehungen für die Steuerung der Unternehmung notwendig sind, selbst wenn die informatorischen Voraussetzungen heute noch nicht vollständig gegeben sind.

Es werden des weiteren Beziehungen aufgezeigt, die aufwendig und daher zunächst unrealistisch zu sein scheinen. Zum Beispiel wird die Vorkalkulation zum einen als ein Instrument zur groben Feststellung der anfallenden Kosten bei Anfrage oder Auftragsprüfung dargestellt, zum anderen als ein Instrument, das die Planung eines Auftrags in zunehmendem Detaillierungsgrad begleitet. So werden nach Festlegung des Arbeitsplans und der genauen Stückliste mit den eigenerstellten und fremdbezogenen Teilen, nach der Einplanung im Rahmen der Kapazitätsterminierung, nach der Umplanung im Kapazitätsabgleich und schließlich nach der Feinterminierung und Reihenfolgeplanung in der Fertigungssteuerung Kalkulationen unterstellt. Dies ist für Standardaufträge und Aufträge mit einem mittleren Volumen zu aufwendig; für Großaufträge mit hohem Unsicherheitsfaktor (z. B. im Anlagenbau) ist eine den Produkt- und Produktionsplanungsprozeß begleitende Kostenplanung aber notwendig.

Es sollen im folgenden die Interdependenzen von jeweils einem Bereich zu allen anderen Bereichen aufgezeigt werden. Wenn man dies vollständig täte, resultierten daraus, da jede Schnittstelle zu zwei Bereichen gehört, erhebliche Redundanzen in der Darstellung. Um sie zu vermeiden, wird in jedem Bereich auf die bereits beschriebenen Schnittstellen nur noch verwiesen, sie werden nicht mehr explizit wieder aufgenommen. Der Darstellung jedes Bereichs folgt eine Abbildung, die die wichtigsten Beziehungen, die er zu den anderen CIM-Bereichen aufweist, zusammenfaßt.

Bezüglich der Verteilung von Daten werden einige Annahmen gemacht, die dem derzeit vorzufindenden Stand in Unternehmungen entsprechen. Teile- und Stücklistenstammsätze werden der Materialwirtschaft zugeordnet, ebenso Lieferantenstammsätze (das Einkaufssystem ist Bestandteil der Materialwirtschaft). Kundenstammsätze werden im Vertrieb verwaltet, Arbeitspläne, Arbeitsgänge und Betriebsmittel in der Arbeitsplanung, Transporthilfsmittel in der Transportsteuerung, Prüfpläne in der Qualitätssicherung, Instandhaltungspläne im Instandhaltungssystem.

2.1 Vertrieb

Vertrieb - Kalkulation

Für alle verkaufsfähigen Endprodukte und Ersatzteile, für die keine im vorhinein bestimmten Verkaufspreise festliegen, muß vor Annahme eines Auftrags für diesen eine Vorkalkulation durchgeführt werden.

Dazu müssen der Kalkulation die Daten zur Ermittlung der Kosten des Produkts übermittelt werden. Dies sind die technische Spezifikation des Auftrags, die Verkaufsmenge und eventuell der Termin. Die Angabe des Termins ist notwendig, wenn bei kurzfristigen Lieferungen möglicherweise andere Fertigungsverfahren und andere Betriebsmittel in Anspruch genommen werden als standardmäßig vorgesehen (z. B. flexible NC-gesteuerte Maschinen statt kostengünstigerer Einzweckmaschinen, auf denen die benötigten Teile turnusmäßig produziert werden). Auch der Einsatz alternativer Materialien aufgrund einer engen Terminsetzung ist denkbar, wenn die normalerweise benötigten Materialien nicht rechtzeitig beschafft werden können.

Darüber hinaus wird eventuell ein vom Vertrieb aus seiner Marktkenntnis als realistisch angesehener Höchstpreis übergeben, der für die Kalkulation die absolute Kostenobergrenze darstellt. Wenn bei der Kalkulation sichtbar wird, daß diese Obergrenze überschritten wird, müssen - soweit möglich - kostengünstigere Materialien oder Fertigungsverfahren auf ihre Eignung untersucht werden.

Das Ergebnis der Kalkulation wird der Auftragsabwicklung gemeldet. Es dient dort als Ausgangs- und Vergleichsbasis für die Aushandlung des Verkaufspreises.

Teilweise müssen nicht nur das Ergebnis der Kalkulation für das Endprodukt oder das Ersatzteil insgesamt an die Auftragsabwicklung übermittelt werden, sondern auch die Kosten pro Arbeitsgang. Das ist dann notwendig, wenn der Kunde ein industrieller Abnehmer ist, der je nach Beschäftigungslage einzelne Arbeitsgänge auslagert und dafür auch unterschiedliche Unternehmen in Anspruch nimmt.

In diesem Fall ist das verkaufsfähige "Produkt" die Durchführung einer Arbeitsleistung, die kalkuliert werden soll. Die Daten, die von der Auftragsabwicklung übermittelt werden, sind der Rohzustand der angelieferten Teile, die Bearbeitungsfolgen, die an den Teilen durchgeführt (und einzeln kalkuliert) werden sollen, die Menge der anzuliefernden Teile, der Termin der Anlieferung, die Zahl der abzuliefernden Teile und der geforderte Termin der Fertigstellung, gestaffelt nach den Bearbeitungsfolgen.

Bei der Kalkulation von Projekten für öffentliche Auftraggeber ist die Verordnung für die Preisbildung bei öffentlichen Aufträgen zugrunde zu legen. Diese verlangt, daß die Selbstkostenpreise auf die angemessenen Kosten des Auftragnehmers abgestellt sein sollen, wobei die üblichen Kalkulationsverfahren (Divisions-, Äquivalenzziffern-, Zuschlagskalkulation) zugelassen sind. Die Kalkulation hat dem Vertrieb alle Informationen zur Bestimmung der Selbstkosten zur Weiterleitung an den öffentlichen Auftraggeber zu übermitteln.

Während in der Auftragsfertigung der Anstoß zur Kalkulation vom Vertrieb ausgeht, ist in der Serien- und Massenfertigung die Konstruktion Auslöser für Kalkulationsvorgänge. Die kalkulierten Kosten für die Endprodukte in ihren unterschiedlichen Varianten und für die Ersatzteile werden dem Vertriebssystem übergeben.

<u>Vertrieb - Primärbedarfsplanung</u>

Die Primärbedarfsplanung benötigt aus den Kundenauftragssätzen des Vertriebssystems die Mengen der zu liefernden Produkte sowie die dazugehörenden Termine. In der reinen Auftragsfertigung sind die eingegangenen Aufträge die alleinige Basis der Primärbedarfsplanung. Die Bestimmung des Primärbedarfs entspricht einer periodengenauen Zusammenfassung von Aufträgen.

Wenn das Unternehmen ein Serienhersteller ist, resultiert das Produktionsprogramm nicht nur aus den konkret vorliegenden Aufträgen, sondern muß zusätzlich über Schätzungen oder Prognosen ermittelt werden. Grundlage dieser Prognosen sind Vergangenheitszahlen der abgesetzten Mengen, die im Vertriebssystem, dort speziell im Auswertungssystem, geführt werden. Das Prognosesystem der Primärbedarfsplanung benötigt zur Ermittlung der Bedarfswerte für die zukünftigen Perioden den Zugriff auf diese Vergangenheitszahlen.

Plant der Vertrieb Werbemaßnahmen oder Verkaufsförderungsaktionen, müssen Art, Umfang, Dauer und örtlicher Einsatz dieser Maßnahmen der Primärbedarfsplanung mitgeteilt werden, damit sie in der Vorhersage des Absatzes Berücksichtigung finden. Sofern im Vertrieb durch die Werbewirkungsanalyse quantitative Korrelationen zwischen Werbemaßnahmen und Absatzmenge ermittelt worden sind, sind diese ebenfalls der Primärbedarfsplanung zu übergeben.

Mit statistischen Methoden (exponentielle Glättung erster, zweiter oder dritter Ordnung, Box-Jenkins-Modellen) können Prognosewerte des Absatzes künftiger Perioden ermittelt werden[30].

Da die Primärbedarfsplanung nicht nur aus Vertriebssicht mögliche Absatzzahlen ermitteln, sondern aus Gesamtunternehmens-Sicht das optimale Absatzprogramm bestimmen soll, müssen die Deckungsbeiträge pro Produkt in diese Festlegung einfließen. Dazu werden die erzielten Verkaufspreise für die Produkte benötigt, die bereits Bestandteil des Produktmix sind, sowie die geschätzten Verkaufspreise für neu aufgenommene Produkte. Beide stellt der Vertrieb zur Verfügung.

Liegen für den Prognosezeitraum bereits konkrete Aufträge vor, muß im Rahmen der Primärbedarfsplanung bekannt sein, ob diese Aufträge Teil der aufgrund der Prognose zu erwartenden Primärbedarfsmenge sein sollen oder ob es sich um einmalige Zusatzaufträge handelt, die auch nicht in die Ausgangszahl zur Ermittlung der zukünftigen Menge eingehen sollen. Damit dieses Zurechnungsproblem der vorliegenden Aufträge zum Prognosewert richtig gelöst wird, muß schon bei Auftragseingang vermerkt werden, ob es sich um einen einmaligen Sonderauftrag oder um einen "Normalauftrag" handelt. Diese Information muß an das Primärbedarfsplanungssystem übermittelt werden.

Bei weit gestreutem Endproduktspektrum wird die Primärbedarfsplanung (als Prognoseplanung) nicht auf Einzelproduktebene, sondern auf Produktgruppenebene durchgeführt. Dazu muß im Vertriebssystem das Endproduktspektrum in Produktgruppen aufgeteilt werden; die abgesetzten Produkte der vergangenen Aufträge sind den Produktgruppen zuzuordnen, damit die Primärbedarfsplanung darauf aufbauend die Prognosen durchführen kann.

Da innerhalb der Primärbedarfsplanung nicht nur der mögliche Absatz aus Vertriebssicht ermittelt wird, sondern mit den vorhandenen Kapazitäten abgeglichen werden soll (siehe Schnittstelle Primärbedarfsplanung - Materialwirtschaft), ist die Zusammenfassung von Produkten zu Produktgruppen nicht nur aus Vertriebssicht,

---

[30] Ein Überblick über Prognoseverfahren findet sich in: Scheer, A.-W.: Absatzprognosen. Berlin u. a. 1983; Prognoserechnung. Hrsg.: P. Mertens. 4. Auflage, Würzburg-Wien 1981.

sondern auch aus Material- und Fertigungssicht vorzunehmen. Die neu eintreffenden Aufträge sind jeweils den gebildeten Produktgruppen zuzuordnen.

Wenn der Primärbedarfsplanung prognostizierte Absatzzahlen zugrunde liegen, werden diese dem Vertrieb bereitgestellt, damit er die Realisierbarkeit der eintreffenden Aufträge prüfen kann. Der Primärbedarf bildet die Grundlage der weiteren Planung innerhalb des PPS-Systems. Solange die Summe der eingegangenen Aufträge unter der Primärbedarfszahl liegt, die möglicherweise materialmäßig und kapazitätsmäßig schon eingeplant ist, kann von der Realisierbarkeit der Aufträge ausgegangen werden.

Mit dem Näherrücken einer bestimmten Planungsperiode, für die der Primärbedarf prognostiziert worden ist, tritt ein weiteres Zurechnungsproblem auf: Eingetroffene Aufträge, die in der Planungsperiode ausgeliefert werden sollen, sind mit Ausnahme der Sonderaufträge (s.o.) dem prognostizierten Primärbedarf dieser Periode gegenzurechnen. An der Entwicklung des Auftragseingangs läßt sich, wenn entsprechende Vergangenheitszahlen zur Verfügung stehen, **vor** Eintreffen der Periode, in der die Aufträge auszuliefern sind, abschätzen, ob der geplante Primärbedarf erreicht, überschritten oder unterschritten wird. Dazu muß das Informationssystem des Vertriebsbereichs nicht nur den periodenbezogenen Auftragsbestand aufzeigen, sondern muß die Entwicklung des Auftragsbestands durch den Auftragseingang über die Zeit verfolgen. Diese Informationen sind in Form von Kennzahlen festzuhalten (Auftragsbestand für Produktgruppe x im Juli wird durch einen Auftragseingang im Mai zu 30 % erreicht) und der Primärbedarfsplanung zu übergeben.

Die geplanten zukünftigen Absatzzahlen der Primärbedarfsplanung werden an den Vertrieb gemeldet, damit er, falls sich bei strategisch wichtigen Produkten abzeichnet, daß das Ziel nicht erreicht wird, Marketingmaßnahmen (Werbekampagnen, Aktionen, Verkaufsförderungsmaßnahmen) einleiten kann.

Dort, wo für den Vertriebsbereich Kontingentierungen vorgenommen werden, d. h. bestimmte Absatzmengen pro Produktgruppe erreicht werden sollen, muß das Kontingent (also die Primärbedarfszahl) vom Primärbedarfsplanungssystem an das Auftragsabwicklungssystem übergeben werden, damit dort die eingegangenen Aufträge dem Kontingent zugerechnet werden können.

<u>Vertrieb - Materialwirtschaft</u>

Im Rahmen der Produktpolitik werden die Produktanforderungen hinsichtlich Funktionalität, Qualität, Design, Variantenvielfalt und Verpackung erstellt. Schon in diesem frühen Stadium sollten materialwirtschaftliche Gesichtspunkte berücksichtigt werden. Wenn aus den Produktanforderungen schon abgeleitet werden kann, daß bestimmte Materialien eingesetzt werden sollen, ist in der strategischen Planung der Materialwirtschaft[31] zu prüfen, ob diese Materialien in ausreichender Menge unter abwägbarem Risiko beschafft werden können.

Wenn nicht standardisierte Endprodukte vom Lager verkauft werden, müssen im Rahmen der Verkaufsabwicklung Lieferfristen ermittelt werden. Dies geschieht nur in der reinen Auftrags-Einzelfertigung auftragsbezogen, ansonsten werden Standard-Lieferfristen pro Produktgruppe im Auftragsabwicklungssystem hinterlegt. Zur Festlegung dieser Lieferfristen ist ein Zugriff auf die Stückliste der Produktgruppe notwendig, in der die Durchlaufzeiten festgehalten sind.

Bei der auftragsbezogenen Lieferfristen-Ermittlung erfolgt ebenfalls ein Zugriff auf die in den Stücklisten gespeicherten Durchlaufzeiten. Es muß zusätzlich ermittelt werden, welche Baugruppen lagermäßig vorhanden sind, auf die zugegriffen werden kann, welche Ausgangsmaterialien vorhanden sind und welche beschafft werden müssen. Hier ist ein Zugriff auf die Wiederbeschaffungszeit des Materialstammsatzes notwendig.

Die beschriebene Ermittlung des Liefertermins ist allerdings nur möglich, wenn sich die Zusammensetzung des Endprodukts unmittelbar aus der technischen Spezifikation ergibt. Ist dies nicht der Fall, werden die Daten an die Konstruktion zur geometrischen Spezifikation, an die Arbeitsplanung zur Erstellung der Bearbeitungsvorschriften oder an die Materialwirtschaft zur Definition des Produkts mit seinen Ausprägungen (Materialstammsatz) und seiner Stückliste (Erzeugnisstruktursatz) übergeben.

Zur Bestimmung des Liefertermins bzw. zur Überprüfung des vom Abnehmer geforderten Liefertermins auf Realisierbarkeit muß im Rahmen der Angebotserstellung eine Durchlaufterminierung für den angefragten Auftrag durchgeführt werden.

---

[31] Zur strategischen Planung in der Materialwirtschaft vgl. Pekayvaz, B.: Strategische Planung in der Materialwirtschaft. Frankfurt/M. 1985 (Europäische Hochschulschriften, Reihe V, Volks- und Betriebswirtschaft, Bd. 620. Hrsg.: P. Lang).

Diese entspricht in der Art der Durchführung und in den benötigten Daten der Durchlaufterminierung der Materialwirtschaft. Es können EDV-technisch gleiche Software-Module für die Durchlaufterimnierung im Rahmen der Angebotserstellung und diejenige als Teil der Disposition implementiert werden (Modulintegration).

Bei Auftragsannahme können die entsprechenden Baugruppen und Teile reserviert werden (sofern die Reservierung nicht von der Primärbedarfsplanung initiiert wird).

Die auftragsbezogene Liefertermin- bzw. Lieferfristen-Ermittlung erfolgt in der Angebotsphase ebenfalls auf Basis der Durchlaufterminierung. Allerdings kann hier in Abhängigkeit von der Umsetzungsrate von abgegebenen Angeboten in Aufträge der vorhandene Lagerbestand an Ausgangsmaterialien und Baugruppen "überbucht" werden (ebenso wie die Kapazitäten, vgl. dazu die Schnittstelle Vertrieb - Kapazitätsterminierung). Auch erfolgt hier noch keine Reservierung.

Wenn nicht nur eigenproduzierte Ware, sondern auch Handelsware abgesetzt wird, besteht eine Verbindung vom Auftragsabwicklungssystem zum Einkaufsmodul des Materialwirtschaftssystems. Bei auftragsbezogener Beschaffung geht die vom Kunden bestellte Ware als Bestellbedarf in die Beschaffung ein, bei verbrauchsgesteuerter Beschaffung wird der Lagerbestand und der vergangene Absatz an Handelsware im Beschaffungssystem benötigt.

Sofern es sich bei den Handelsware-Aufträgen um Sonderaufträge handelt, seien es spezielle Ausführungen oder einmalige, über dem sonstigen Niveau liegende Zusatzaufträge, werden sie als Beschaffungsanforderungen an der Primärbedarfsplanung vorbei an das Einkaufssystem übermittelt.

In den derzeitigen PPS-Systemen ist der Auftragsabwicklung die Verwaltung des Fertigwarenlagers zugeordnet. Ein Bestandteil der Materialwirtschaft ist die Verwaltung von Lagern. In beiden Fällen sind gleiche Operationen durchzuführen: Einlagern, Auslagern, Umlagern, Reservieren, Bewerten von Beständen, Durchführen von Inventur, eventuell Lagerplatzverwaltung. Eine Integration zwischen Auftragsabwicklung und Materialwirtschaft sollte sich hier durch die Nutzung eines einheitlichen Lagermoduls vollziehen. Voraussetzung dafür ist, daß die Daten, die innerhalb des Lagermoduls angesprochen werden, in der Auftragsabwicklung und der Materialwirtschaft gleich strukturiert sind (prinzipiell gleicher Aufbau der Stammsätze für Endprodukte und Teile, gleiche Verbindung zwischen diesen Stammsätzen, den Lagerortsätzen und den Bestandssätzen).

Bei der Rechnungsprüfung als Teil des Einkaufssystems wird vom System ein Rechnungsbetrag ermittelt, der sich aus gelieferter Menge und vereinbartem Preis unter Berücksichtigung der Rabatte sowie eventuell der Fracht- und sonstigen Nebenkosten ergibt. Der vom Lieferanten in Rechnung gestellte Betrag wird mit diesem Betrag verglichen und, sofern keine Abweichung vorliegt, akzeptiert. Die Rechnung des Lieferanten wird überprüft, indem eine Quasi-Rechnung erstellt wird. Der Prozeß ist identisch mit dem der eigentlichen Rechnungserstellung als Teil des Auftragsabwicklungssystems. EDV-technisch können weitgehend identische Module zur Erstellung einer Quasi-Rechnung für die Rechnungsprüfung und einer faktischen Rechnung innerhalb der Fakturierung Anwendung finden (Modulintegration).

Die Realisierung der Modulintegration zur Nutzung eines einheitlichen Systems zur Rechnungsschreibung wird durch eine Datenstrukturintegration zwischen Beschaffungsauftrag (Materialwirtschaft) und Kundenauftrag (Vertrieb) unterstützt.

Da das Auftragsabwicklungssystem gleichzeitig auch Unterstützungssystem für die Kundendienstabwicklung ist, wird ein Zugriff auf Ersatzteile benötigt, die im Normalfall Zwischenprodukten der Fertigung entsprechen und demzufolge als Baugruppen in der Materialwirtschaft gehalten werden.

Wenn die Ersatzteile stücklistenmäßig anders zusammengesetzt sind als die Fertigungsbaugruppen der Materialwirtschaft, sind hier gleiche Datenstrukturen (Teilestammsätze und Stücklistenstammsätze) mit anderen Dateninhalten zu verwenden.

Zwischen den Stammdaten, die zu einem Kunden gehören (Auftragsabwicklung), und denen, die dem Lieferanten zugeordnet sind, bestehen große Überschneidungen. In beiden Stammsätzen werden Nummer des Geschäftspartners, Anschrift, Bankverbindung, Konditionen, Jahresumsatz-Daten und freie Texte abgespeichert. Insofern können Kunden und Lieferanten als Spezialisierung eines allgemeinen Stammsatzes "Marktpartner" aufgefaßt werden (Datenstrukturintegration).

Diese Vereinheitlichung wird dann besonders sinnhaft, wenn ein Marktpartner gleichzeitig Lieferant und Kunde eines Unternehmens ist.

<u>Vertrieb - Kapazitätsterminierung</u>

In der Angebotsphase, die auch durch das Auftragsabwicklungssystem unterstützt wird, ist zumindest eine grobe Überprüfung auf kapazitätsmäßige Realisierbarkeit von Anfragen durchzuführen. Dazu muß im Vertriebssystem der Umsetzungsfaktor ermittelt werden, der angibt, wie hoch der Anteil der Angebote ist, die im Durchschnitt zu einem Auftrag führen. Die Kapazität der Betriebsmittel kann planmäßig um den reziproken Wert des Umsetzungsfaktors "überbucht" werden. Die Überbuchung kann sich allerdings nur auf die noch nicht durch Aufträge fest reservierte, also die noch frei verfügbare Kapazität beziehen.

Damit eine simulative Einplanung vorgenommen werden kann, müssen technische Spezifikation, Menge und Termin des Auftrags sowie die Kapazitätsinanspruchnahme bekannt sein. Letztere kann aus den Stücklisten und Arbeitsplänen ermittelt werden (Beziehung von Auftragsabwicklung zu Materialwirtschaft und Arbeitsplanung) oder über einfache oder kumulierte Belastungsmatrizen (siehe Schnittstelle Primärbedarfsplanung - Materialwirtschaft).

Bei Anfragen, die sich auf größere Projekte beziehen, muß im Rahmen der Angebotsphase eine Projektterminplanung durchgeführt werden. Diese kann durch Netzpläne (z. B. Vorgangspfeilnetzplan, Ereignisknotennetzplan, Vorgangsknotennetzplan[32]) wirkungsvoll unterstützt werden.

Bei der simulativen Kapazitätseinlastung wie bei der Projektterminplanung als Bestandteil der Auftragsabwicklung gibt es zwei Möglichkeiten der Realisierung:

-       Die notwendigen Daten werden an die Kapazitätswirtschaft übertragen, und dort wird die Einlastung bzw. Terminierung vorgenommen. Die zu übertragenden Daten sind: technische Spezifikation des Auftrags, Bearbeitungsschritte (bei Projektplanung), Menge, eventuell Termin. Zurückgemeldet werden realisierbare Termine bzw. Bestätigung/Zurückweisung der geforderten Termine.

-       Die Auftragsabwicklung nutzt selber ein Modul zur Einlastung und Terminierung, welches zu dem der Kapazitätsterminierung keine grundsätzlichen Änderungen aufweist (Modulintegration).

---

[32]   Vgl. z. B. Neumann, K.: Operations Research Verfahren. Bd. III: Graphentheorie Netzplantechnik. München-Wien 1975, S. 181 - 362.

Neben den Terminen der Fertigungsaufträge, die nach der Durchlaufterminierung in der Materialwirtschaft gebildet und an die Kapazitätsterminierung übergeben werden, sollten auch Daten der verursachenden Kundenaufträge der Kapazitätsterminierung bekannt sein. Die benötigten Daten sind die technische Spezifikation, die Menge und der Liefertermin des Kundenauftrags.

Damit aus der Tatsache, daß in der Materialwirtschaft mehrere Kundenaufträge zu einem Fertigungsauftrag zusammengefaßt werden und die Bedarfe an untergeordneten Teilen aus mehreren Bedarfen übergeordneter Teile resultieren können, nicht der Bezug zum Kundenauftrag verloren geht, sollte dieser in den Bedarfssätzen mitgeführt werden.

In der reinen Auftragsfertigung wird der Termin, der oft keine Kundenvorgabe darstellt, ermittelt, indem zunächst (simulative) Fertigungsaufträge erstellt werden, die mit den zeitlichen Terminvorschlägen, die aus der Vorwärtsterminierung resultieren, eingelastet werden. Der dort ermittelte früheste Fertigstellungstermin wird dem Auftragsabwicklungssystem zur Weiterleitung an den Kunden als möglicher Liefertermin zugeführt. Sollten Engpässe auftreten, wird hier noch kein Terminvorschlag an die Auftragsabwicklung übermittelt; die Daten werden in diesem Fall an den Kapazitätsabgleich weitergeleitet.

In bestimmten Branchen ist jeweils eine Engpaßfertigungsstelle auszumachen, die nach einem festgelegten Rhythmus unter der Zielsetzung von möglichst geringen Umrüstkosten das Produktionsprogramm abarbeitet. Sie bestimmt die Liefertermine, die vom Verkauf zugesagt werden können. Dies ist z. B. in der chemischen Industrie und in der Papierindustrie der Fall.

Die Auftragsabwicklung benötigt den Zugriff auf die Termine der Fertigung der für einen Auftrag notwendigen Materialien, die über die Engpaßmaschine laufen, und die Durchlaufzeiten bis zur Fertigstellung der daraus entstehenden Endprodukte. Ebenso muß aktuell ersichtlich sein, zu welchem Grad ein Los auf der Engpaßfertigungsstelle durch vorliegende Aufträge bereits gefüllt ist.

Wenn ein Los bereits vollständig "bebucht" ist, kann eine Lieferzusage erst für den Zeitpunkt der Fertigstellung der Endprodukte nach dem nächstfolgenden Los zur Produktion der dafür notwendigen Materialien erfolgen.

Vertrieb - Kapazitätsabgleich

Im Rahmen des Kapazitätsabgleichs können aufgrund von zu hoher Kapazitätsnachfrage in bestimmten Planungsperioden Terminverschiebungen an den Fertigungsaufträgen vorgenommen werden. Wenn diese auch Verzögerungen in der Fertigstellung der Endprodukte, deren Nachfrage auf Kundenaufträgen basiert, nach sich ziehen, sind sie an die Auftragsabwicklung zu melden. Auf Grundlage dieser Daten können neue Terminabsprachen mit den Kunden getroffen werden.

In der reinen Auftragsfertigung kann, wenn die zunächst simulative Kapazitätseinlastung im Rahmen der Angebotsplanung bzw. in der Auftragsprüfung zu Engpässen geführt hat, eine Kapazitätsverschiebung ohne die externe Vorgabe des Endtermins stattfinden. Der im Kapazitätsabgleich ermittelte Fertigstellungstermin wird der Auftragsabwicklung gemeldet, von wo er als frühester Liefertermin an den Kunden weitergeleitet wird.

Vertrieb - Auftragsfreigabe

Die Auftragsfreigabe stellt die Schnittstelle zwischen Planung und Realisierung dar. Sobald ein Fertigungsauftrag freigegeben wird, sollte dies in dem ihn auslösenden Kundenauftrag vermerkt werden, damit im Auftragsabwicklungssystem grob der Fortschritt des Kundenauftrags verfolgt werden kann. Außerdem sind bestimmte Änderungen am Kundenauftrag nicht mehr möglich, sobald Fertigungsaufträge, die zu diesem gehören, freigegeben sind.

Vertrieb - Fertigungssteuerung

Die Auslieferungstermine für Aufträge werden indirekt vom Vertrieb (über die Material- und Kapazitätswirtschaft) an die Fertigungssteuerung übergeben und stellen dort eine Restriktion bezüglich der Verschiebung von geplanten Aufträgen dar. Da in bestimmten Branchen Änderungen am Kundenauftrag vorgenommen werden, obwohl er sich bereits in der Fertigung befindet, sind mit der Einplanung von Arbeitsgängen Kennzeichnungen im Auftragssatz vorzunehmen, die gewisse Änderungen am Auftrag nicht mehr zulassen. Diese Rückmeldungen von der Fertigungssteuerung an den Vertrieb haben Planungsstatus, während die aus der Betriebsdatenerfassung bereits Realisationsstatus haben.

Vertrieb - Betriebsdatenerfassung

In den Branchen, in denen nach Auftragserteilung Änderungen am Auftrag vorgenommen werden - dies geschieht teilweise noch nach Produktionsbeginn des Auftrags - muß der Vertrieb den aktuellen Produktionsfortschritt des Auftrags kennen, um über die Zulässigkeit einer gewünschten Änderung entscheiden zu können.

Dazu müssen nach bestimmten Milestones innerhalb der Fertigung Kennzeichnungen im Auftragsabwicklungssystem gesetzt werden, die Änderungen am Auftrag in bereits durchlaufenen Fertigungsstufen unterbinden. Nach Produktionsbeginn kann z. B. die technische Spezifikation für die erste Fertigungsstufe nicht mehr geändert werden; nach der ersten Fertigungsstufe ist die Ausbringungsmenge festgelegt.

Im weiteren Verlauf sind die in den einzelnen Fertigungsstufen bzw. durch sie festgelegten Merkmale nicht mehr zu ändern. Das geht bis zu den Verpackungs- und Versandvorschriften, die in einigen Industriezweigen bis kurz vor Eintreffen des Auftrags an der Verpackungsstraße geändert werden können.

Bei der Konzeptionierung des Betriebsdatenerfassungssystems ist darauf zu achten, daß genau an den Stellen, an denen bestimmte Merkmale des Kundenauftrags als nicht mehr änderbar festgeschrieben werden, der Auftragsfortschritt festgehalten wird. Diese Fortschritte sind bei der Fertigungsverfolgung im Rahmen der Betriebsdatenerfassung dem Auftragsabwicklungssystem zu melden, so daß der Vertrieb aufgrund der Information in seinem System schnell über die Realisierbarkeit von Kundenänderungswünschen entscheiden kann.

Vertrieb - Kontrolle der Mengen, Zeiten, Kosten

Nicht alle Daten, die im Rahmen der Betriebsdatenerfassung erhoben werden, müssen direkt an die entsprechenden Funktionalbereiche weitergegeben werden. Oft reichen dort Informationen über Abweichungen vom Plan aus.

Wenn aber eine solche Abweichung vorliegt, sind meistens mehrere Funktionalbereiche betroffen. So ist eine Mengenabweichung in der Produktion wichtig für die Materialwirtschaft, die Fertigungssteuerung, die Kostenrechnung und die Finanzbuchhaltung.

Damit nicht alle Systeme Module zur Soll-/Ist-Abweichungsanalyse enthalten müssen, soll ein Datenanalysesystem implementiert werden, welches die Abweichungen erfaßt und an die Bereiche, für die die Abweichungen relevant sind, weiterleitet. Dieses Produktionsdatenanalysesystem dient der Kontrolle der Mengen, Zeiten und Kosten, d. h. dem Abgleich der von den Funktionalbereichen vorgegebenen Soll-Werte mit den im Betrieb anfallenden Ist-Daten.

Sobald Daten, die im Rahmen der Betriebsdatenerfassung aufgenommen werden, eine Aufbereitung erfahren, werden sie an das System der Kontrolle von Mengen, Zeiten und Kosten übergeben. Eine solche Aufbereitung ist z. B. die Kumulierung von gefertigten Teilen pro Auftrag oder die Bearbeitungszeit eines Loses an einem Betriebsmittel. Teilweise sind neben den Abweichungen auch die Ausgangsdaten für die Funktionalbereiche notwendig.

Für die Auftragsabwicklung sind die Abweichungen von Bedeutung, die zugesagte Mengen oder Termine gefährden.

Je nach Umfang des Datenanalysesystems werden die Auswirkungen der Abweichungen in diesem System ermittelt oder im Fertigungssteuerungssystem bzw. im Materialwirtschafts- und Kapazitätswirtschaftssystem. Im ersten Fall erfolgt eine unmittelbare Weitergabe der Daten über die Mengen- und Terminabweichungen des Kundenauftrags vom Produktionsdatenanalysesystem an die Auftragsabwicklung, im zweiten Fall nur eine mittelbare über die anderen Systeme der Fertigungssteuerung bzw. der Material- und Kapazitätswirtschaft.

<u>Vertrieb - Versandsteuerung</u>

Bei Auftragseingang sind die zugesagten Liefertermine sowie alle weiteren Daten des Kundenauftrags (Auftragskopf mit kundenspezifischen Daten, wie Versandvorschriften, Auftragspositionen mit zu liefernden Artikeln, Verpackungsvorschriften) der Versandsteuerung zu melden, damit geeignete Lieferzusammenstellungen geplant werden können. Die Versandvorschriften beziehen sich zum einen auf die Versandart (Bahn, Schiff, Lkw, Pkw, Post) als auch auf vorgeschriebene Frachthilfsmittel (bestimmte Paletten, Behälter, Container).

Die Adressen der Kunden aus dem Kundenstammsatz bilden die Grundlage der in der Versandsteuerung stattfindenden Tourenplanung.

In Unternehmen, in denen die Versandsteuerung die Basis der gesamten innerbetrieblichen Terminierung bildet, tritt der umgekehrte Fall ein, daß nämlich die Tourenpläne Grundlage für die Bestimmung von Lieferterminen sind. In diesem Fall werden zunächst optimale Tourenpläne aufgestellt, nach denen sich Lieferzusagen richten müssen.

Wenn der Versand Restriktionen vorgibt (Versandart, Palettengröße, Stapelhöhe, Verpackungsarten, Restriktionen der Verpackungsbetriebsmittel, wie Verpackungsstraße, Schrumpfofen etc.), benötigt die Auftragsabwicklung Zugriff auf diese Daten, um bei der Auftragsannahme realisierbare technische Konditionen mit dem Kunden vereinbaren zu können.

Da in den Systemen zur Auftragsabwicklung die Verwaltung des Fertigwarenlagers/Versandlagers meist integriert ist[33], wird der Lagerzugang von diesem System an die Versandsteuerung gemeldet, damit der geplante Versand freigegeben werden kann.

Die tatsächliche Verladung führt zur Erstellung des Lieferscheins, der Ladeliste und der Frachtpapiere innerhalb der Versandsteuerung, wobei wiederum ein Zugriff auf die Daten des Auftrags notwendig ist. Der Auftragsbezug wird im Lieferschein explizit ausgedrückt.

Für den Export muß den Ladungen teilweise eine Pro-Forma-Rechnung mitgegeben werden. Diese wird im Auftragsabwicklungssystem aufgrund von dort geführten Daten und Daten des Lieferscheins aus dem Versandsystem erstellt und mit der Ladeliste und dem Lieferschein zusammengeführt.

Der erfolgte Versand wird wiederum von der Versandsteuerung an das Auftragsabwicklungssystem gemeldet, so daß hier das Fertigwarenlager entlastet und die Fakturierung angestoßen werden können.

Daten, die von beiden Systemen benötigt werden, sind demnach: Kunde, Artikel, Auftrag und Auftragspositionen inklusive Verpackungsart und Transportmittel sowie Lagerbestand und Lieferschein.

---

[33] Z. B. im System RV der Firma SAP, vgl.: System RV Vertrieb, Versand, Fakturierung. Hrsg.: SAP. Walldorf 1990;
ebenso in den Systemen ILOS der Firma ADV/ORGA, Copics der Firma IBM, INDUS-Vertrieb der Firma Infoplan u. a., vgl. die entsprechenden Firmenunterlagen.

Vertrieb - Produktentwurf

Produktentwurf und Konstruktion umfassen in Anlehnung an die VDI-Richtlinie 2222[34] die vier Phasen Planen, Konzipieren, Gestalten und Ausarbeiten, wobei die ersten beiden Phasen dem Produktentwurf zuzurechnen sind. In die Auswahl der Aufgabe, die durch das zu entwerfende Produkt erfüllt werden soll, gehen Trendstudien, Marktanalysen und Kundenanfragen ein. Hierbei handelt es sich um Informationen, die zum Teil im Auftragsabwicklungssystem (Marketing-Modul und Informationssystem-Modul) vorhanden sind oder aus den dort vorhandenen Daten abgeleitet werden können.

Bei der technisch-wirtschaftlichen Bewertung der in der Konzipierungsphase erarbeiteten Konzeptvarianten, die in die Auswahl des Lösungskonzepts mündet, sind Daten über die Absetzbarkeit ähnlicher Produkte notwendig.

Kenngrößen über die Preiselastizität der Nachfrage nach bestimmten Produktgruppen geben Hilfestellung bei der Beurteilung, ob ein bestimmtes, mit groben Kostengrößen versehenes Lösungsprinzip für eine Aufgabe erfolgreich am Markt plaziert werden kann.

In der Produktpolitik festgelegte Anforderungen bezüglich der geplanten Varianten beeinflussen die möglichen Lösungsprinzipien und beschränken die Anzahl der sinnvollen Lösungsprinzipkombinationen.

Vertrieb - Konstruktion

Bei kundenindividueller Fertigung müssen die Auftragsdaten, die im Auftragsabwicklungssystem erfaßt werden, an die Konstruktion weitergegeben werden, damit dort die aus der technischen Spezifikation resultierende Geometrie für die Auftragsprodukte erzeugt werden kann.

Neben der technischen Spezifikation des Produkts ist die Liefermenge mitanzugeben, da sie Auswirkungen auf die Art der Fertigungsschritte und damit auf die Geometrie eines Werkstücks haben kann. Es ist möglich, daß eine geringe Anzahl von Werkstücken auf einem flexiblen Betriebsmittel mit hohen variablen Stückko-

---

[34] Vgl. VDI-Richtlinie 2222: Konstruktionsmethodik - Konzipieren technischer Produkte. Hrsg.: Verband Deutscher Ingenieure (VDI). Düsseldorf 1977.

sten pro gefertigtem Teil, aber geringen Umrüstkosten insgesamt am kostengünstigsten produziert werden kann, eine hohe Anzahl von Werkstücken dagegen auf weniger flexiblen Betriebsmitteln mit geringen variablen Stückkosten, aber hohen Umrüstkosten.

Die in der Konstruktion festgelegten Daten werden zurück an die Auftragsabwicklung zur Weitergabe an den Kunden übergeben.

Die Auftragsannahme ist der Konstruktion zu melden, damit die Geometrie für den Auftrag endgültig festgelegt und abgespeichert und die Stückliste angelegt wird.

<u>Vertrieb - Arbeitsplanung</u>

Bei Einzelfertigung ist die technische Spezifikation des Auftrags, die im Auftragsabwicklungssystem erfaßt wird, an die Arbeitsplanung zu übermitteln, damit sie dort auf technische Realisierbarkeit überprüft werden kann. Es ist zu klären, ob mit den möglichen Fertigungsverfahren und den vorhandenen Betriebsmitteln (Fertigungsmitteln, Werkzeugen, Vorrichtungen und Spannmitteln) der Kundenauftrag gefertigt werden kann. Die Auftragsmengen sind mitzuliefern, da sie die Wahl der unter Kostenaspekten sinnvollen Betriebsmittel und Fertigungsverfahren beeinflussen. Das Ergebnis der Prüfung auf technisch-kaufmännische Realisierbarkeit ist an das Auftragsabwicklungssystem zu melden.

Die tatsächliche Auftragsannahme ist der Arbeitsplanung zu melden, damit dort konkret die Arbeitspläne für den Auftrag erstellt werden können.

Das beschriebene Vorgehen gilt nicht nur in der Einzelfertigung bei Auftragseingang, sondern auch bei der Festlegung der zu produzierenden Produkte der Serienfertigung als Teilaufgabe der Produktpolitik im Rahmen des Marketing. Hier muß überprüft werden, ob die Produktanforderungen hinsichtlich Funktionalität, Qualität, Design, Variantenvielfalt und Verpackung mit dem vorhandenen Betriebsmittel-Bestand erfüllt werden können.

Teilweise fragen (industrielle) Kunden nicht nur vollständige Teile oder Baugruppen nach, sondern einzelne Arbeitsgänge oder Folgen von Arbeitsgängen; sie haben Bedarf nach einer "verlängerten Werkbank". Wenn ein Kundenauftrag sich nur auf einen Arbeitsgang oder eine Folge von Arbeitsgängen bezieht, ist zur

Ermittlung der Lieferzeit ein Zugriff auf die in den Arbeitsgängen hinterlegten Bearbeitungs-, Liege- und Transportzeiten notwendig.

Vertrieb - NC-, Roboter-Programmierung

In bestimmten Fällen (z. B. bei Fertigung von Varianten von Produkten mit geringer Fertigungstiefe und relativ einfacher Geometrie) sind Daten, die bei der Auftragsabwicklung erfaßt werden, ausreichend für die automatische Generierung des NC-Programms zur Fertigung dieser Teile. Dabei leitet sich das Grundprogramm aus der im Vertriebssystem angesprochenen Produktgruppe ab; die fehlenden Parameter werden aus den Spezifikationen des Kundenauftrags (vor allem Abmessungen) hergeleitet.

Bei dieser Art der Verbindung werden Daten der Auftragsspezifikation direkt in Parameter des NC-Steuer-Programms umgesetzt, ohne daß ein manueller Eingriff im NC-Programm stattfindet.

Vertrieb - Transportsteuerung

Sowohl in der Auftragsabwicklung als auch in der Transportsteuerung werden Daten über (möglicherweise identische) Förderhilfsmittel (Paletten, Kästen, Versandbehälter) benötigt. Bei gleichen Förderhilfsmitteln für den innerbetrieblichen Transport und den Versand zum Kunden muß eine Verfolgung innerhalb des Betriebs und beim Kunden erfolgen, d. h. daß ein Förderhilfsmittel-Verfolgungssystem die Bewegungsdaten aus dem Transportsystem und dem Auftragsabwicklungssystem sowie dem Fertigungssteuerungs-, dem Lagersteuerungs- und dem Versandsystem zusammenführen muß.

Vertrieb - Qualitätssicherung

Die Auftragsabwicklung verwaltet die Daten, die in der Kommunikation mit den Kunden notwendig sind. Durch das Logistik-Konzept der Just-in-time-Anlieferung verlagern sich mehr und mehr Aufgaben der Wareneingangsprüfung vom Abnehmer zum Lieferanten, der dafür Sorge zu tragen hat, daß die bestellte Ware in der geforderten Menge und vor allem in der geforderten Qualität geliefert wird.

Es werden Absprachen zwischen Abnehmer und Hersteller getroffen, welche Merkmale des Produkts mit welchen Meßmethoden und Meßinstrumenten zu prüfen sind. Das Ergebnis dieser Qualitätsprüfungen beim Hersteller wird dem Abnehmer über das Auftragsabwicklungssystem mitgeteilt. Die Integration zwischen dem Hersteller und dem (industriellen) Abnehmer kann so weit gehen, daß beim Abnehmer keine Wareneingangsprüfung mehr vorgenommen wird, sondern die Qualitätsprüfungsdaten des Herstellers vollständig übernommen werden. Teilweise ist ein Prüfprotokoll pro einzelnem Produkt vereinbart, das von der Qualitätssicherung über das Auftragsabwicklungssystem dem Abnehmer schriftlich oder elektronisch übermittelt wird.

Das Auftragsabwicklungssystem dient nicht nur der Verwaltung der Aufträge für Endprodukte, sondern auch der Kundendienstabwicklung. Die aufgetretenen Mängel an den Produkten, die im Auftragsabwicklungssystem erfaßt werden, sind zur Analyse an die Qualitätssicherung zu übergeben.

Für die Qualitätssicherung sowohl beim Auftrag als auch beim Service müssen zwischen Auftragsabwicklungssystem und Qualitätssicherungssystem einheitliche Fehlerklassifizierungen und Fehlerschlüssel definiert sein.

Vertrieb - Finanzbuchhaltung

Der Kundenstammsatz im Rahmen der Auftragsabwicklung entspricht dem Debitorenstammsatz der Finanzbuchhaltung.

Die im Auftragsabwicklungssystem gebildeten Fakturen werden als offene Posten an die Finanzbuchhaltung übergeben. Dabei müssen zur richtigen Verbuchung eingeräumte Boni, Fracht und Erlösschmälerungen explizit bleiben. Die eingegangenen Zahlungen, die in der Finanzbuchhaltung verbucht werden, führen im Auftragsabwicklungssystem zur Kennzeichnung des Auftrags mit dem Status "abgeschlossen".

Statistische Angaben zum Kunden werden von der Finanzbuchhaltung an die Auftragsabwicklung übergeben, wie Gesamtumsatz pro Periode, Angaben zum Zahlungsverhalten und zur Bonität, die sich in den Kreditlimits widerspiegeln.

Die Lagerbewegungen und Bestandswertveränderungen des Fertigwarenlagers werden an die Finanzbuchhaltung übergeben und dort als Veränderung des Umlaufvermögens erfaßt.

Vertrieb - Kostenrechnung

Die Nachkalkulation als Teil der Kostenrechnung benötigt - unabhängig davon, ob das Produkt oder der Auftrag Kostenträger ist - Erlöse und Kosten inklusive der Auftragsnebenkosten, wie Fracht und Verzollung. Boni und Skonti sind zu übermitteln, außerdem alle Arten von Erlösschmälerungen.

Die Kostenrechnung übergibt Kostendaten der Produkte an die Auftragsabwicklung, wobei es sich je nach Ausgestaltung der Kostenrechnung um Kosten und Gewinn pro Produkt - bei einer Vollkostenrechnung - bzw. Grenzkosten und Deckungsbeitrag pro Produkt, wenn eine Grenzkostenrechnung vorliegt, handelt. Wenn ein einzelner Kundenauftrag nachkalkuliert werden soll, muß er in der Kostenrechnung als Kostenträger aufgenommen werden, alle definierenden Daten müssen übergeben werden.

Weiterhin benötigt die Kostenrechnung die Provisionen, die im Auftragsabwicklungssystem erfaßt werden.

Aus dem Bereich des Marketing sind die Kosten für den Einsatz von Werbemitteln und Werbeträgern an die Kostenrechnung zu übergeben, ebenso externe Informationen, z. B. über Konkurrenzverhalten. Die Kosten sind abzugleichen mit dem durch die Werbemaßnahmen erhöhten Gesamtdeckungsbeitrag, so daß die Kostenrechnung eine Erfolgskontrolle von Werbemaßnahmen durchführen kann. Obwohl die Werbewirkungsanalyse nicht nur monetäre Größen berücksichtigen darf, sind diese doch ein wichtiger Bestandteil zur Ermittlung des Erfolgs von Werbemaßnahmen.

Vertrieb - Personalwirtschaft

Im Auftragsabwicklungssystem werden die Provisionen erfaßt, die zur Verrechnung an das Personalwirtschaftssystem weitergegeben werden. Auch die durchgeführten Reisen der Außendienstmitarbeiter werden im Auftragsabwicklungssystem erfaßt und zur Verrechnung an das Personalwirtschaftssystem übergeben.

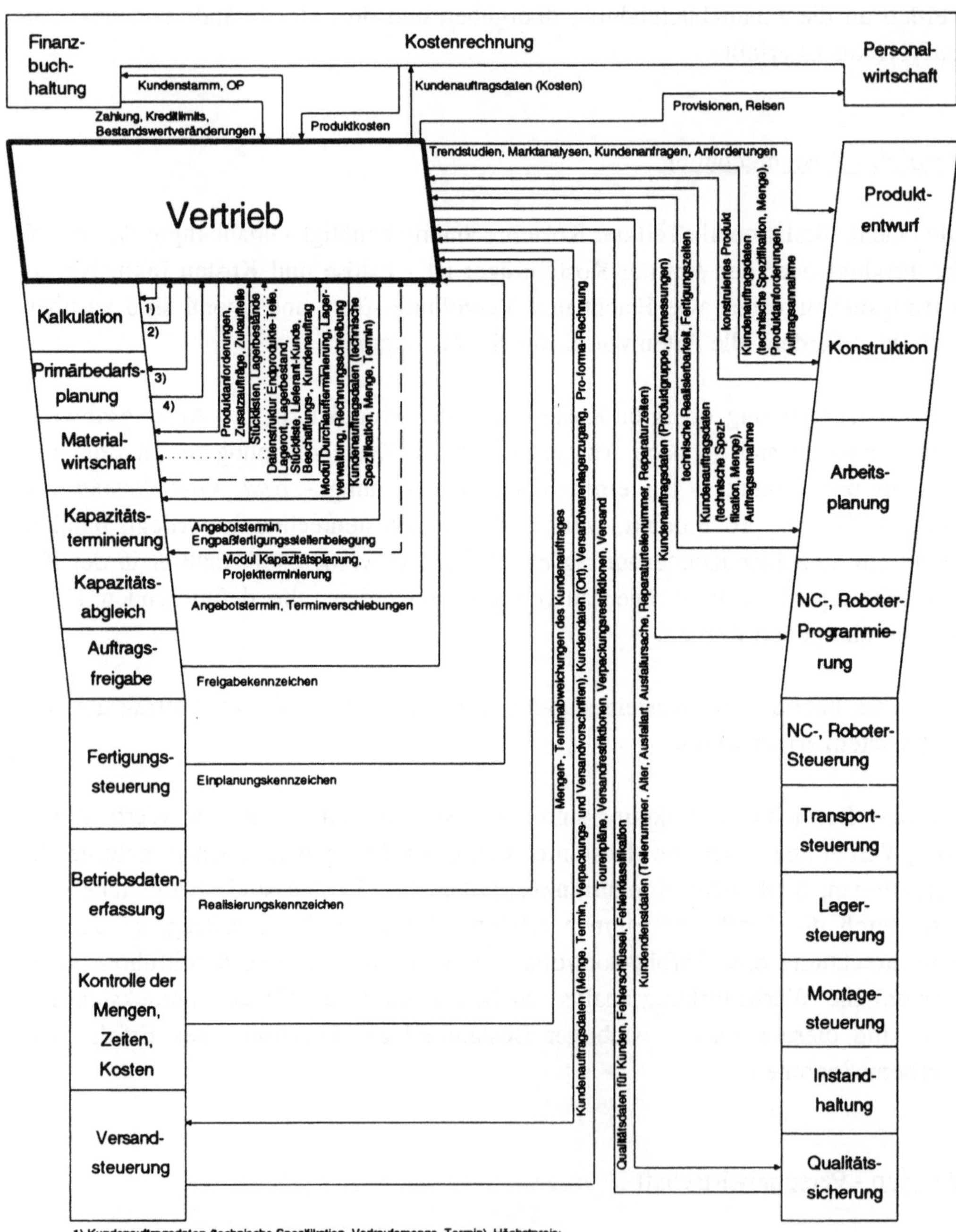

Abbildung 2.1: Interdependenzen des Vertriebs

2.2 Kalkulation

Kalkulation - Vertrieb   Seite 26

Kalkulation - Primärbedarfsplanung

Die Primärbedarfsplanung legt den geplanten Absatz verkaufsfähiger Produkte
fest. Bei möglichen Alternativen im Produktmix hängt die Entscheidung über das
zu realisierende Produktmix von den Kosten und Erlösen der Produkte ab.

Dort, wo keine genauen Kosteninformationen aus der Nachkalkulation vorliegen,
die aus dem Kostenrechnungssystem entnommen werden können, müssen für die
geplanten Produkte Vorkalkulationen durchgeführt werden. Dies ist z. B. bei neuen
Produkten oder geänderten Produktvarianten der Fall. Die Primärbedarfsplanung
gibt demnach den Anstoß zur Kalkulation und verarbeitet die erstellten Kalkulationsergebnisse bei der Spezifizierung des optimalen Absatzprogramms.

Kalkulation - Materialwirtschaft

Zur Kalkulation der Kosten eines Produkts oder eines Auftrags ist ein Zugriff auf
die Stücklisten notwendig, die im Materialwirtschaftssystem gehalten werden. Die
Stücklisteninformationen werden mit den Kostendaten der Materialstammsätze des
Materialwirtschaftssystems verbunden, insbesondere den Durchschnittskosten bzw.
Standardkosten pro Teil. Im Einkaufssystem sind die Einstandspreise pro Teil pro
Lieferant gespeichert. Sie sind notwendig, wenn speziell für einen zu kalkulie-
renden Auftrag Teile beschafft werden oder bei sich ändernden Einstandspreisen
der Auftrag mit den tatsächlich entstehenden Beschaffungskosten belastet werden
soll.

Während die bereits kalkulierten Kosten eines Teils aus dem Materialwirtschaftssystem der Kalkulation für die Ermittlung der Kosten neuer Produkte zur Verfügung gestellt werden, findet im Gegenzug eine Übermittlung der neu kalkulierten
Kosten dieser Produkte in das Kostensegment des Materialstammsatzes statt.

Bei einer auftragsbezogenen Kalkulation sind die kostenrelevanten Ergebnisse der

Disposition innerhalb der Materialwirtschaft zu berücksichtigen. Hierzu zählen insbesondere die Losgröße und die Entscheidung über Fremdvergabe oder Eigenerstellung von Teilen, sofern diese innerhalb der Materialwirtschaft getroffen wird.

Kalkulation - Kapazitätsterminierung

Wenn sehr zeitnah zur Fertigung kalkuliert wird und für einen Auftrag die tatsächlichen Kosten statt standardisierter Kosten geplant werden sollen, muß in die Kalkulation die für den Auftrag vorgesehene Betriebsmittelgruppenbelegung eingehen. Sie wird in der Kapazitätsterminierung festgelegt, wenn die in der Materialwirtschaft gebildeten Fertigungsaufträge ohne Inkonsistenzen eingelastet werden können (ansonsten kommt sie aus dem Abgleich).

Die Berücksichtigung der Betriebsmittelbelegung ist immer dann notwendig, wenn die benötigten Teile mit alternativen Fertigungsverfahren oder auf alternativen Betriebsmittelgruppen mit unterschiedlichen Kostensätzen gefertigt werden können.

Wenn aufgrund der Kapazitätssituation die von der Materialwirtschaft übernommene Vorgabe, ein Teil selbst zu fertigen, zugunsten der Fremdvergabe aufgehoben wird, ist ebenfalls die Kalkulation entsprechend zu ändern.

Kalkulation - Kapazitätsabgleich

Im Kapazitätsabgleich kann ein Auftrag anderen Betriebsmittelgruppen, als in der Kapazitätsterminierung geplant, zugeordnet werden, die mit anderen Kostensätzen verrechnet werden; oder es werden sonstige Änderungen an der Planung der Kapazitätsterminierung vorgenommen, wie Änderung von Losgrößen oder Splitting, Überlappung, Raffung, Entraffung, sofern diese dem Kapazitätsabgleich und nicht der Fertigungssteuerung zugeordnet sind.

Im Rahmen des Kapazitätsabgleichs können außerdem Entscheidungen der Materialwirtschaft und der Kapazitätsterminierung über Eigenerstellung oder Fremdbezug revidiert werden.

Alle diese Festlegungen sind kostenbeeinflussend und, wenn die Kalkulation auftragsbezogen die verursachenden Kosten einbeziehen soll, an das Kalkulationssystem zu übertragen.

Kalkulation - Fertigungssteuerung

Die detailliertesten Vorgaben zur Erstellung einer Vorkalkulation entstehen in der Fertigungssteuerung, da hier die Planung der Fertigung eines Produkts auf tiefster Ebene erfolgt. Während in der Kapazitätsterminierung und im Kapazitätsabgleich Aufträge möglicherweise nur Betriebsmittelgruppen zugeordnet werden, werden sie in der Fertigungssteuerung konkreten Betriebsmitteln zugewiesen. Auch der Personaleinsatz wird hier detailliert festgelegt. Bei Maschinenstörungen können sogar früher getroffene Entscheidungen, ein Teil selbst zu erstellen, kurzfristig zugunsten des Fremdbezugs revidiert werden.

Kalkulation - Kontrolle der Mengen, Zeiten, Kosten

Aufgrund der im Rahmen der Betriebsdatenerfassung rückgemeldeten und im Datenanalysesystem aufbereiteten Daten des Betriebs kann dort eine mitlaufende Kalkulation durchgeführt werden. Die Ergebnisse der mitlaufenden Kalkulation sind den Daten der Vorkalkulation gegenüberzustellen. Die auftretenden Abweichungen werden an das Kalkulationssystem gemeldet. Um die Abweichungsanalyse durchführen zu können, benötigt das System der Kontrolle von Mengen, Zeiten und Kosten die Soll-Daten der Kalkulation. Diese werden nicht wie bei einigen anderen Bereichen über die Betriebsdatenerfassung an das Kontrollsystem übergeben, da im Rahmen der Betriebsdatenerfassung keine Daten aufgenommen werden, die denen der Vorkalkulation inhaltlich entsprechen. Damit werden die Vorkalkulations-Daten auch nicht als Default-Werte in der Betriebsdatenerfassung benötigt und können direkt an das Kontrollsystem übergeben werden.

Da in der Vorgehensweise der Ermittlung der Kosten keine grundsätzlichen Unterschiede zwischen der Vorkalkulation und der mitlaufenden Kalkulation bestehen, ist hier eine Integration auf der Modulseite, d. h. Nutzung eines einheitlichen Moduls von zwei CIM-Bereichen, anzustreben.

Kalkulation - Versandsteuerung

Zur Ermittlung der Frachtkosten benötigt die Kalkulation Daten über die Fracht, das Frachtmittel und den Frachtweg. Dazu gehören Auftragsdaten (Auftragsmenge, Art und Gewicht der Frachtstücke), Zusammenfassungen von Aufträgen zu Ladungen (anteilige Menge, anteiliger Frachtweg des einzelnen Auftrags), Informationen über den Versand (per Bahn, Schiff, Lkw, Pkw, Paket, Brief, normal oder Expreß, Spediteur oder eigener Fuhrpark) und die zurückzulegenden Entfernungen, Beiladungsmöglichkeiten, Ausnutzung des Frachtmittels ohne Leerfahrten.

Die Ergebnisse der Kalkulation dienen der Versandsteuerung zur Bestimmung des optimalen Frachtmittels, sowohl bei der sporadischen Zusammenstellung der optimalen Frachtmittel als auch bei Auswahl einer Frachtart für einen aktuellen Auftrag bzw. eine Auftragskombination.

Kalkulation - Produktentwurf

Wenn die Kalkulation - wie dies der Standardfall ist - erst einsetzt, wenn Stücklisten und Arbeitspläne erstellt sind, kann der Kalkulator die Kosten, die für ein Produkt anfallen, nur noch konstatieren, große Möglichkeiten zur Einflußnahme auf die Kosten hat er nicht; denn während des Entwurfs- und Konstruktionsprozesses, der selbst etwa nur 10 % der Gesamtkosten des Produkts ausmacht, werden ein Großteil der Kosten bereits festgelegt - die technische Literatur nennt hier Zahlen zwischen 70 % und 80 %[35].

Spätestens mit der Erstellung der Geometrie werden implizit oder explizit bereits die Fertigungsmaterialien und die Stücklisten festgelegt, und damit sind auch die Fertigungsverfahren weitgehend determiniert. Das Ziel muß sein, die Auswirkungen des Entwurfs- und Konstruktionsprozesses auf die Kosten frühzeitiger zu erkennen, so daß **während** der Festlegung der Kosten steuernd eingegriffen werden kann. Dies kann geschehen, indem aufgrund von Daten, die frühzeitig während des Entwurfsprozesses vorliegen, Rückschlüsse auf zur Kostenbestimmung notwendige Daten gezogen werden, die normalerweise erst später (nach Stücklistenbestimmung und Arbeitsplanung) anfallen. Es muß untersucht werden, ob eine hohe Korrelation zwischen der Ähnlichkeit von Daten, die im Entwurf anfallen, und Kostendaten

---

[35] Vgl. z.B. Ehrlenspiel, K.: Kostengünstiges Konstruieren. Berlin u.a. 1985, S. 2.

besteht[36]. Hierbei muß ermittelt werden, ob von der Ähnlichkeit der Anforderungsliste bzw. der Lösungsprinzip-Kombination des im Entwurf befindlichen Produkts mit einem bereits konstruierten Produkt auf die Ähnlichkeit der Kostenstrukturen dieser beiden Produkte geschlossen werden kann. Dies ist dann möglich, wenn Vergangenheitswerte eine genügend hohe Signifikanz des Zusammenhangs von Anforderungen und Lösungsprinzip-Kombinationen zu Kostenstrukturen aufweisen. Dabei ist entweder eine Korrelation von Anforderungen zu Kosten direkt herzustellen oder von Anforderungen zur Lösungsprinzip-Kombination, von dort zur Geometrie, zu Materialien, Stücklisten und Fertigungsverfahren, so daß die Implikationen der Kalkulation mit Fortschreiten des Entwurfs- und Konstruktionsprozesses überprüft werden können.

Dazu sind die Funktionen aus der Anforderungsliste oder die Lösungsprinzip-Kombination, je nachdem, wie weit man im Entwurfsprozeß fortgeschritten ist, an die Kalkulation zu übermitteln, damit dort unter Zugrundelegung der Korrelation zwischen diesen groben Merkmalen und Kostenstrukturen eine erste Kalkulation durchgeführt werden kann. Aufgrund der Korrelationen müssen für die beiden Phasen des Entwurfsprozesses geeignete Kalkulationsverfahren bestimmt werden.

Die Ergebnisse der entwurfsbegleitenden Kalkulation werden zum Entwurfsprozeß gemeldet. Sie können z. B. Auswirkungen auf die Auswahl der geeigneten (weil kostengünstigsten) Lösungsprinzip-Kombination haben.

<u>Kalkulation - Konstruktion</u>

Während im Entwurfsprozeß nur grobe Kalkulationen auf der Basis von Funktionen und Lösungsprinzip-Kombinationen durchgeführt werden können, kann die konstruktionsbegleitende Kalkulation auf genauere Daten zugreifen. Hier muß ermittelt werden, ob von der Ähnlichkeit der Geometrie des in Konstruktion befindlichen Produkts mit einem bereits konstruierten Produkt auf die Ähnlichkeit der Kostenstrukturen dieser beiden Produkte geschlossen werden kann. Die Kalkulation benötigt demnach von der Konstruktion Daten über Ähnlichkeiten von Geometrien, Materialien, Stücklistenzusammensetzungen, Fertigungsverfahren. Sie

---

[36] Ein Beispiel für die Kalkulation während des Entwurfsprozesses findet sich in Eversheim, W., Rothenbücher, J.: Kalkulation von Vorrichtungen in der Konzeptphase. In: International Conference on Engineering Design. Hamburg 1985;
vgl. auch Gröner, L.: Entwicklungsbegleitende Vorkalkulation. Berlin u. a. 1991.

stellt dann die Korrelationen zwischen diesen Ähnlichkeiten und Kostenstruktur-Ähnlichkeiten her. Die Kalkulation hat die Aufgabe, aus den Zusammenhängen zwischen Kostenstrukturen und Geometrie-Ähnlichkeiten die geeigneten Kalkulationsverfahren für die einzelnen Stufen des Konstruktionsprozesses festzulegen[37]. Hier müssen Kenngrößen des zu konstruierenden Produkts ermittelt werden, die Rückschlüsse auf die Kosten zulassen. Ziel ist es, aufgrund dieser Kenngrößen zu in bestimmten Grenzen verläßlichen Kosteninformationen zu gelangen.

Kalkulation - Arbeitsplanung

Neben den Stücklisten (Verbindung Kalkulation und Materialwirtschaft, s.o.) sind die Arbeitspläne und Arbeitsgänge für die Kalkulation eines Teils Voraussetzung. In ihnen sind die Daten für Maschinenzeiten (Lauf- und Rüstzeiten), Personalzeiten (Bearbeitungs- und anteilige Erholzeiten), Lohngruppen und Lohnarten sowie Losgrößen angegeben. Um zu den entsprechenden Kostensätzen zu gelangen, muß man auf die Stammdaten der Arbeitsplätze sowie der Betriebsmittel und des Personals (Verbindung zur Personalabrechnung) zugreifen.

Kalkulation - Instandhaltung

Für Instandhaltungsmaßnahmen muß eine Kostenkalkulation durchgeführt werden. Dazu werden die Kosten der einzusetzenden Instandhaltungsteile benötigt, die im Instandhaltungssystem gespeichert sind, sofern sie selbst gefertigt werden, bzw. im Einkaufssystem der Materialwirtschaft, wenn es sich um fremdbezogene Teile handelt, weiterhin die Stücklisten und die Bearbeitungskosten aus den Instandhaltungsplänen. Die Entscheidung, ob bestimmte Maßnahmen selbst durchgeführt oder fremdvergeben werden, ist von den unterschiedlichen Kosten der Alternativen abhängig. Wenn die Entscheidung getroffen ist, determiniert sie die endgültige Bestimmung der Kosten.

---

[37] Vgl.: Ehrlenspiel, K., Hillebrand, A.: Konstruieren und Kalkulieren am Bildschirm. VDI-Berichte Nr. 6102. 1986;
Hillebrand, A., Ehrlenspiel, K.: Suchkalkulation - ein Hilfsmittel zum kostengünstigen Konstruieren. CAD-CAM-Report, (1986) Nr. 1, S. 52 - 57;
Becker, J.: Konstruktionsbegleitende Kalkulation mit einem Expertensystem. In: Rechnungswesen und EDV. 9. Saarbrücker Arbeitstagung. Hrsg.: A.-W. Scheer. Heidelberg 1988, S. 115 - 136;
Gröner, L.: Konstruktionsbegleitende Vorkalkulation. In: Rechnungswesen und EDV. 10. Saarbrücker Arbeitstagung. Hrsg.: A.-W. Scheer. Heidelberg 1989, S. 427 - 455.

Kalkulation - Qualitätssicherung

In die Kalkulation der Teile gehen die Kostendaten nicht nur aus den Arbeitsplänen, sondern auch aus den Prüfplänen ein, die von der Qualitätssicherung bereitgestellt werden. In den Prüfplänen sind allerdings nur die Prüfkosten enthalten, nicht aber die Fehlerverhütungskosten (Qualitätsplanung, Qualitätsfähigkeitsuntersuchungen, Qualitätslenkung etc.) und die Fehlerkosten (Ausschuß, Nacharbeit, Mengenabweichung, Wertminderung). Teilweise kommen diese, sofern sie planbar sind, aus der Stückliste (Ausschuß- und Wertminderungsquote)[38].

Kalkulation - Finanzbuchhaltung

Die Beziehungen zwischen der Kalkulation und der Finanzbuchhaltung sind indirekter Art. Einkaufsdaten gehen über die Kreditorenbuchhaltung in den Materialstammsatz ein, Daten der Anlagenbuchaltung finden sich im Betriebsmittelstammsatz wieder.

Die in der Finanzbuchhaltung notwendige Bewertung der Lagerbestände basiert auf kalkulierten Materialkosten. Auch hier ist die Verbindung indirekt, da diese Kosten im Materialstammsatz abgelegt sind.

Kalkulation - Kostenrechnung

Der Funktion nach ist die Vorkalkulation integraler Bestandteil der Kostenrechnung. EDV-mäßig wird sie allerdings häufig in Verbindung mit den Systemen zur Auftragsabwicklung oder zur Materialwirtschaft realisiert und deswegen hier als eigener Bereich angesehen.

Der Gesamtkomplex der Kalkulation wird innerhalb von drei Bereichen gelöst: die Vorkalkulation innerhalb der planerisch-dispositiven Aufgaben, die mitlaufende Kalkulation als Bestandteil des Bereichs Kontrolle der Mengen, Zeiten und Kosten und die Nachkalkulation als Teilgebiet des Kostenrechnungssystems.

Wenn das Kalkulationsergebnis in der Vor- und Nachkalkulation methodisch in

---

[38] Siehe auch Rauba, A.: Qualitätskostenrechnung als Informationssystem. QZ Qualität und Zuverlässigkeit, 33 (1988) Nr. 10, S. 559 - 563.

gleicher Weise ermittelt wird, d. h. wenn in der Vorkalkulation z. B. nicht mit approximativen, heuristischen Verfahren gearbeitet wird, sollte ein identisches Modul für beide Kalkulationen eingesetzt werden.

Die Ergebnisse vorangegangener Nachkalkulationen für ähnliche Erzeugnisse (wenn die Kalkulation auf Kenngrößen oder Ähnlichkeitsvergleichen beruht) oder für Baugruppen werden direkt oder indirekt (über den Materialstammsatz, der Bestandteil des Materialwirtschaftssystems ist) an die Kalkulation übermittelt.

Speziell für die Kalkulation, die sehr früh im Entwicklungsprozeß eines neuen Produkts durchgeführt wird, sind von der Kostenrechnung einige Analysen im Rahmen der Nachkalkulation durchzuführen. Hier sind die Verbindungen von den Kosten und Kostenstrukturen zu den Informationen, die in der Entwicklung eines Produkts sukzessive gewonnen werden, zu ermitteln. Diese Informationen sind: Anforderungsliste, Lösungsprinzip-Kombination, Geometrie, Stückliste, Arbeitsplan und eventuell Prüfplan. Ebenso sind Korrelationskoeffizienten zwischen gleichen Anforderungslisten unterschiedlicher Produkte und ihren Kosten zu bilden, um bei der entwurfs- und konstruktionsbegleitenden Kalkulation Aussagen über die Verläßlichkeit der Kalkulationsergebnisse machen zu können.

Im Rahmen der Kostenabweichungsanalyse sind die Ergebnisse der Vorkalkulation denen der Nachkalkulation gegenüberzustellen und auf die Abweichungsbestandteile hin zu untersuchen[39].

Kalkulation - Personalwirtschaft

Die Kalkulation benötigt einen Zugriff auf die Lohnsätze, die mit den Lohnarten und Lohngruppen und den Zeiten, die dem Arbeitsplan entnommen werden, die Grundlage bilden für die Ermittlung der Personalkosten für einen Auftrag bzw. ein Produkt.

Wenn darüber hinaus die Mitarbeitereinsatzplanung (Zuordnung Mitarbeiter - Aufträge) zur genauen Berechnung der Kosten in die Kalkulation eingeht, ist ein Zugriff auf Abrechnungs-Stammdaten des Mitarbeiters notwendig.

---

[39] Zur Abweichungsanalyse vgl. auch: Kraemer, W.: Wissensbasierte Systeme zum intelligenten Soll-Ist-Kostenvergleich. In: Rechnungswesen und EDV. 10. Saarbrücker Arbeitstagung. Hrsg.: A.-W. Scheer. Heidelberg 1989, S. 182 - 209.

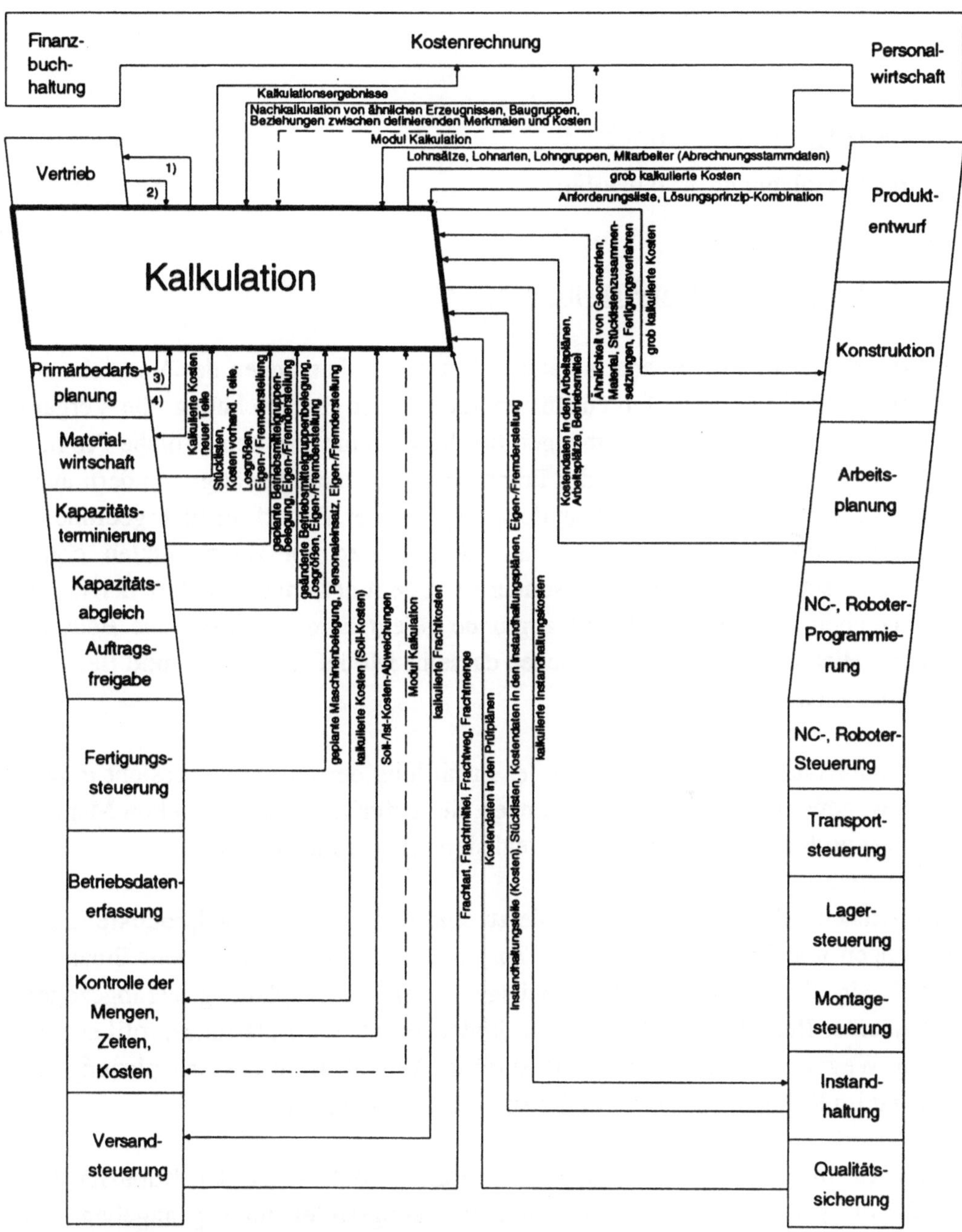

1) Kalkulierte Kosten für Auftrag (Teil, Arbeitsgang), für (Serien-) Produkt, für Ersatzteil;
2) Kundenauftragsdaten (technische Spezifikation, Verkaufsmenge, Termin), Höchstpreis;
3) Kalkulierte Kosten;
4) geplante Produkte, Produktvarianten;

Abbildung 2.2:   Interdependenzen der Kalkulation

2.3 Primärbedarfsplanung

<u>Primärbedarfsplanung - Vertrieb</u>   Seite 27
<u>Primärbedarfsplanung - Kalkulation</u>   Seite 45

<u>Primärbedarfsplanung - Materialwirtschaft</u>

Die Ermittlung des Primärbedarfs kann sich neben Schätzungen des Vertriebs auf mathematische Prognoseverfahren stützen, die aus der Hochrechnung von Vergangenheitszahlen erwartete Absatzmengen für die Zukunft ermitteln. Solche Prognoseverfahren werden nicht nur in der Primärbedarfsplanung benötigt, sondern auch in der Materialwirtschaft, und zwar dort, wo sich der Bedarf an untergeordneten Baugruppen und Einzelteilen nicht aus dem Bedarf an Endprodukten ergibt (deterministische Bedarfsplanung), sondern wo dem erwarteten Bedarf der in der Vergangenheit aufgetretene Bedarf zugrunde gelegt wird (stochastische Bedarfsplanung). Hier sollte in beiden Bereichen dasselbe Modul zur Absatz- und Bedarfsermittlung verwandt werden.

Die Primärbedarfsplanung hat neben der Ermittlung der aus Vertriebssicht möglichen bzw. gewinnoptimalen Absatzmengen die Aufgabe, diese ermittelten Mengen zumindest grob auf kapazitätsmäßige Realisierbarkeit zu überprüfen.

In klassischen PPS-Systemen müßte hierzu eine Auflösung der Endprodukte in die Baugruppen und Einzelteile erfolgen. Zu jeder Baugruppe bzw. jedem Einzelteil müßte dann der entsprechende Arbeitsgang der Arbeitsplanung herangezogen werden; unter Berücksichtigung von Losgrößen könnte ein Belastungsprofil erstellt werden. Wegen seiner Aufwendigkeit ist dieses Vorgehen für die Grobplanung der Kapazität im Rahmen der Primärbedarfsplanung jedoch ungeeignet.

Geeigneter sind hier Belastungsmatrizen pro Endprodukt[40], die den Kapazitätsbedarf für die gesamte Fertigung über alle Fertigungsstufen hinweg angeben. Sie werden durch Summierung der Belastungsprofile der Teile- und Baugruppenfertigungen ermittelt.

---

[40] Zu den Belastungsmatrizen vgl. Scheer, A.-W.: Wirtschaftsinformatik - Informationssysteme im Industriebetrieb. 3. Auflage, Berlin u.a. 1990, S. 376 f.

Diese kumulierten Belastungsmatrizen können entweder pro Endprodukt oder als durchschnittliches Belastungsprofil pro Endproduktgruppe abgelegt werden. Mit den Belastungsmatrizen kann schnell und einfach überprüft werden, ob die vorhandene Kapazität für den geplanten zukünftigen Absatz ausreicht oder ob Engpässe entstehen.

Nur im mittel- bis längerfristigen Bereich können kapazitätsmäßige Anpassungen vorgenommen werden. Deshalb ist die Unterstützung der Primärbedarfsplanung durch eine grobe Kapazitätsrechnung unerläßlich (Funktionsintegration).

Damit man die kumulierten Belastungsmatrizen erstellen kann, ist ein Zugriff auf die Stücklisten und Teile notwendig. Hierbei kann es sich um konkrete Stücklisten definierter Teile oder um Standardstücklisten von (fiktiven) Teilen handeln. Die Stücklisten sind im Materialwirtschaftssystem gespeichert. Diese Stücklisten werden zu dem Zeitpunkt benötigt, zu dem die (weitgehend statischen) Belastungsmatrizen erstellt werden. Bei der eigentlichen Kapazitätsrechnung braucht nicht auf sie zugegriffen zu werden.

Die Primärbedarfsplanung ermittelt nicht nur den längerfristigen Bedarf, der Grundlage für die kapazitätsmäßigen Anpassungen und die strategische Beschaffungsplanung[41] ist, sondern auch den mittelfristigen Bedarf, der im Rahmen der Produktionsplanung in Fertigungsaufträge umgesetzt wird. Dieser Primärbedarf ist an die Materialwirtschaft zur Brutto-/Netto-Rechnung weiterzuleiten.

Werden im Rahmen der Materialwirtschaft Engpässe sichtbar, daß z. B. benötigte Teile nicht fristgerecht beschafft werden können, sind diese an die Primärbedarfsplanung zurückzumelden, so daß hier entsprechende Verschiebungen, eventuell unter Einbeziehung des Kunden (Verbindung zur Auftragsabwicklung), vorgenommen werden können.

Die geplanten Fertigungsaufträge der Materialwirtschaft für Endprodukte und Ersatzteile werden dem Primärbedarf gegenübergestellt. Die Bildung der Fertigungsaufträge gibt die geplante Erfüllung des Primärbedarfs an, die rückgemeldeten Fertigungsaufträge spiegeln die tatsächliche Erfüllung des Primärbedarfs wider.

---

[41] Zur strategischen Beschaffungsplanung vgl. auch Pekayvaz, B.: Strategische Planung in der Materialwirtschaft. Frankfurt/M. 1985 (Europäische Hochschulschriften, Reihe V, Volks- und Betriebswirtschaft, Bd. 620. Hrsg.: P. Lang).

<u>Primärbedarfsplanung - Kapazitätsterminierung</u>

Über die Materialwirtschaft wird von der Primärbedarfsplanung an die Kapazitätsterminierung übermittelt, inwieweit sich der Primärbedarf aus Kundenaufträgen und inwieweit er sich aus einem dispositiven Produktionsprogramm zusammensetzt. In der Kapazitätsterminierung sind zunächst die Fertigungsaufträge einzulasten, die aus Kundenaufträgen resultieren, und dann diejenigen, die dem dispositiven Produktionsprogramm entstammen.

Wenn alle in der Materialwirtschaft gebildeten Aufträge eingelastet werden können, erfolgt die Meldung an das Primärbedarfsplanungssystem, daß der Primärbedarf mit den in der Materialwirtschaft aufgrund der Durchlaufterminierung gebildeten Terminen erfüllt werden kann. Wenn dies nicht der Fall ist, müssen die Fertigungsaufträge erst im Kapazitätsabgleich weiterverarbeitet werden. Von dort kommen dann die entsprechenden Kennungen an die Primärbedarfsplanung.

<u>Primärbedarfsplanung - Kapazitätsabgleich</u>

Zur prioritätsmäßigen Steuerung ist dem Kapazitätsabgleich über die Materialwirtschaft und die Kapazitätsterminierung die Zusammensetzung des Primärbedarfs aus fest vorliegenden Kundenaufträgen, geplanten Kundenaufträgen und dispositiven Produktionsprogrammaufträgen zu übermitteln.

Wenn die Steuerungsmechanismen innerhalb ·des Kapazitätsabgleichs zur Zuordnung von Fertigungsaufträgen zu Betriebsmittelgruppen es ermöglichen, daß der Primärbedarf ohne zeitliche Verschiebungen realisiert werden kann, ist vom Kapazitätsabgleich eine Kennung über die Realisierbarkeit des Primärbedarfs an die Primärbedarfsplanung zu übergeben.

Werden dagegen im Kapazitätsabgleich mengenmäßige oder terminliche Veränderungen an Fertigungsaufträgen vorgenommen, die Auswirkungen auf die Erfüllung des Primärbedarfs haben, sind diese Änderungen der Primärbedarfsplanung bekanntzugeben.

Dort sind entsprechende Neu- oder Umplanungen vorzunehmen, indem das Produktionsprogramm angepaßt wird.

Primärbedarfsplanung - Betriebsdatenerfassung

Die Primärbedarfsplanung übergibt dem Betriebsdatenerfassungssystem die Primärbedarfe an Teilen als Soll-Daten für die Fertigung in der letzten Fertigungsstufe. Wenn keine Abweichung der produzierten Mengen stattfindet, können die Soll-Daten als Ist-Ausbringungsmengen quittiert werden. Bei einer automatisierten Erfassung von Ist-Daten werden Soll- und Ist-Zahlen im BDE-System aufgenommen und zum Vergleich an das System der Kontrolle von Mengen, Zeiten und Kosten weitergegeben.

Primärbedarfsplanung - Kontrolle der Mengen, Zeiten, Kosten

Im System der Kontrolle von Mengen, Zeiten und Kosten werden die Soll-Daten des Primärbedarfs, die über das Betriebsdatenerfassungssystem zur Verfügung gestellt werden, mit den Ist-Daten aus dem Fertigungsprozeß, die ebenfalls im Betriebsdatenerfassungssystem aufgenommen werden, verglichen. Abweichungen werden an die Primärbedarfsplanung übergeben, die eventuell am folgenden Produktionsprogramm Anpassungen vornimmt.

Primärbedarfsplanung - Versandsteuerung

Die Primärbedarfsplanung übermittelt in der Vorschau die geplanten Absatzmengen an die Versandsteuerung, die darauf aufbauend die notwendigen Kapazitäten plant. Insbesondere wenn Filialen oder Auslieferungslager angefahren werden, ist für die Planung des Versands (vom Werk zum Auslieferungslager) nicht ein konkret vorliegender Kundenauftrag, sondern der geschätzte Primärbedarf maßgebend. Die Primärbedarfsmenge muß grob räumlich zugeordnet werden, z. B. ist festzulegen, welcher Anteil der Gesamtmenge jeweils auf ein Auslieferungslager entfällt.

Primärbedarfsplanung - Produktentwurf

Der Anstoß zur Entwicklung eines neuen Produkts kann entweder aus der Auftragsabwicklung kommen (Kundenanforderung), kann in der Produktentwurfs-Abteilung selbst entstehen (technische Neu- oder Weiterentwicklung) oder liegt in der Primärbedarfsplanung begründet.

In der Primärbedarfsplanung können bestimmte Indikatoren für einen neuen Produktentwurf vorliegen, sei es, daß sich bestimmte Produktgruppen durch einen nach unten weisenden Absatztrend auszeichnen und nach Alternativ-Produkten gesucht wird, oder daß sich bei anderen Produkten ein Aufwärtstrend abzeichnet, der eine Ausweitung der entsprechenden Produktgruppe nahelegt.

Somit liegt die Verbindung zwischen der Planung des Primärbedarfs und dem Produktentwurf zum einen im Anstoß eines neuen Entwurfs durch die Primärbedarfsplanung.

Zum anderen kann die Primärbedarfsplanung eine erste grobe wirtschaftliche Bewertung des neuen Produkts unterstützen, indem mit den zur Verfügung stehenden Vergleichszahlen ähnlicher Produkte und den Marktkenntnissen der Planer eine Schätzung des möglichen Absatzes des neuen Produkts vorgenommen wird.

Die Primärbedarfsplanung sollte relativ früh in der Definitionsphase eines neuen Produkts die Absatzmengen, wenn auch in breiten Toleranzen, prognostizieren, da bei Kleinserien andere Lösungsprinzip-Kombinationen sinnvoll sind als in der Massenfertigung.

<u>Primärbedarfsplanung - Konstruktion</u>

Mit Fortschreiten der technischen Definition eines neuen Produkts und Konkretisierung der Vorgaben des Produktentwurfs in der Konstruktion sollte auch eine Detaillierung der prognostizierten Absatzmengen erfolgen.

Die absetzbare Menge z. B. beeinflußt, wie das Produkt aus fertigungstechnischer Sicht konstruiert wird (Integralbauweise oder Differentialbauweise, Konstruktion für Fertigung auf kostengünstigeren Einzweckmaschinen oder auf flexiblen CNC-gesteuerten Maschinen).

Auch die Typen- und Variantenvielfalt, die im Rahmen der Primärbedarfsplanung festgelegt wird, beeinflußt die Konstruktion. Eine "variantenfreundliche" Konstruktion stellt erhöhte Anforderungen, speziell im Hinblick auf fertigungsgerechtes Konstruieren.

Primärbedarfsplanung - Arbeitsplanung

Die Erstellung der kumulierten Belastungsmatrizen zur Unterstützung der Berechnung des groben Kapazitätsbedarfs benötigt einen Zugriff der Primärbedarfsplanung auf die Arbeitspläne der Teile. Hier kann es sich um Arbeitspläne definitiver Produkte oder um Standardarbeitspläne von (fiktiven) Teilen handeln.

Mit Hilfe der Belastungsmatrizen kann überprüft werden, ob ein ermittelter Primärbedarf kapazitätsmäßig darstellbar ist.

Primärbedarfsplanung - Kostenrechnung

Für die Bestimmung des optimalen Absatzprogramms benötigt die Primärbedarfsplanung aus der Kostenrechnung die Nachkalkulationen der Produkte, die weiterhin Bestandteil des Produktmix sein sollen. Diese Verbindung ist allerdings indirekt, da die Daten der Nachkalkulation im Materialstammsatz abgelegt werden.

Aus den Prognoserechnungen der Primärbedarfsplanung kann der geplante Absatz bzw. aus der Grobplanung, die oft in Verbindung mit der Primärbedarfsplanung durchgeführt wird, die geplante Produktionsmenge zur Berechnung der Planbeschäftigung übernommen werden.

Primärbedarfsplanung - Personalwirtschaft

Wenn die Primärbedarfsplanung nicht nur den zukünftigen Absatz aus Vertriebssicht plant, sondern die material-, betriebsmittel- und personalmäßigen Konsequenzen grob mit berücksichtigt, so kann aus der längerfristigen Primärbedarfsplanung die längerfristige Personalbedarfsplanung, die Aufgabe der Personalwirtschaft ist, abgeleitet werden. Die Ableitung des Personalbedarfs aus dem Primärbedarf in der längerfristigen Vorausschau ist notwendig, da kapazitätsmäßige Anpassungen im Personalbereich eine lange Vorlaufzeit benötigen.

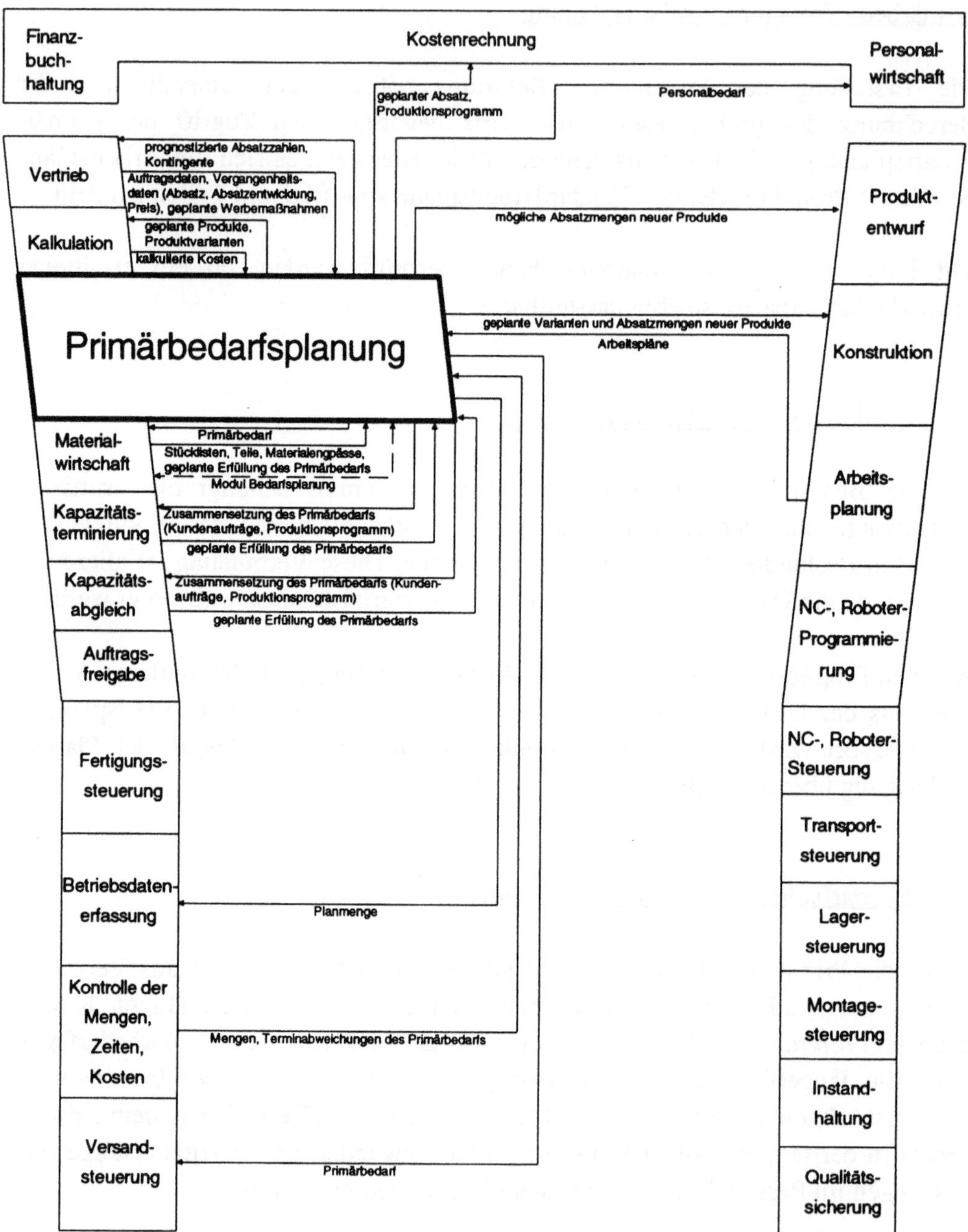

Abbildung 2.3:   Interdependenzen der Primärbedarfsplanung

2.4 Materialwirtschaft

Materialwirtschaft - Kapazitätsterminierung

In der Materialwirtschaft werden aufgrund des vorliegenden Primärbedarfs (bei deterministisch disponierten Teilen) unter Berücksichtigung der Lagerbestände die Bedarfe an untergeordneten Baugruppen und Einzelteilen periodengenau ermittelt. Für diese Bedarfe werden Fertigungsaufträge gebildet. Die Fertigungsaufträge werden mit den zugehörigen Teilestammsätzen an die Kapazitätsterminierung übergeben, damit die Einlastung der Aufträge auf Betriebsmittel oder Betriebsmittelgruppen[42] erfolgen kann.

Die Fertigungsauftragsdaten müssen Informationen über die zu fertigenden Produkte, die Mengen und die Termine enthalten. Sollen Bedarfsentstehung und -verfolgung über mehrere Stufen hinweg nachvollzogen werden, so müssen auch die Daten der auslösenden Aufträge mitgeführt und weitergeleitet werden.

Bei der Entscheidung, ob bestimmte Teile eigenerstellt oder fremdbezogen werden, wird in der Materialwirtschaft eine Annahme aufgrund von Standardvorgaben getroffen. In der Kapazitätsterminierung können diese allerdings außer Kraft gesetzt werden, wenn betriebliche Umstände dies erfordern (Ausfall von Betriebsmitteln oder Personal, wobei eine Verschiebung im Kapazitätsabgleich aufgrund von Vollauslastung in späteren Perioden nicht möglich ist.). Das kann dazu führen, daß Teile, die standardmäßig selbst erstellt werden, von außen bezogen werden oder bestimmte Arbeitsgänge nach außen vergeben werden.

Überkapazitäten können dazu führen, Teile, die normalerweise fremdbezogen werden, selbst zu erstellen. Dabei ist wie im Fall des Kapazitätsausfalls Voraus-

---

[42]   Meist wird im Rahmen der Produktionsplanung auf Betriebsmittelgruppen geplant, während in der Steuerung die Betriebsmittelebene betrachtet wird; vgl. dazu auch Glaser, H.: Material- und Produktionswirtschaft. 3. Auflage, Düsseldorf 1986, S. 69; er verwendet den Begriff Kapazitätsterminierung allerdings in einem eher steuernden Sinne.

setzung, daß der Kapazitätsabgleich nicht zum Zuge kommt. In allen Perioden muß bereits in der Kapazitätsterminierung die Einlastung erfolgreich, d. h. ohne Verletzung von Kapazitätsgrenzen, verlaufen sein. Wenn dagegen in bestimmten Perioden Kapazitätslücken auftreten und der Kapazitätsabgleich für einen Ausgleich zu sorgen hat, kann die Wahl der Eigenerstellung statt Fremdbezug erst nach Vollendung des Kapazitätsabgleichs erfolgen.

Damit die make-or-buy-Entscheidungen getroffen werden können, ist ein Zugriff auf das Einkaufssystem des Materialwirtschaftssystems zur Feststellung der Preise von Teilen bzw. Arbeitsgängen notwendig. Wenn diese Informationen nicht standardmäßig vorliegen, wird von der Kapazitätsterminierung über das Einkaufssystem eine Anfrage an mögliche Lieferanten geleitet; die Angebote, die im Einkaufssystem erfaßt werden, werden in der Kapazitätsterminierung bearbeitet.

Nachdem die Kapazitätsterminierung die Einlastung der Fertigungsaufträge vorgenommen hat, wird der Materialwirtschaft mitgeteilt, inwieweit die Vorgaben aus dispositiver Sicht kapazitätsmäßig erfüllt werden können.

Wird das Unternehmen mit einem durchgängigen System von Fortschrittszahlen[43] gesteuert, was in der montageorientierten Reihenfertigung bei Serienproduktion möglich ist, so wird im Rahmen der Materialwirtschaft keine Brutto-/Netto-Rechnung durchgeführt, sondern nur eine Brutto-Rechnung, nämlich die zeitbezogene Fortschreibung der teilebezogenen Fortschrittszahlen. An die Kapazitätsterminierung werden keine Fertigungsaufträge übergeben, da im Fortschrittszahlensystem keine Aufträge gebildet werden, sondern die fortgeschriebene Anzahl zu fertigender Teile.

Materialwirtschaft - Kapazitätsabgleich

Die in der Materialwirtschaft gebildeten und im Rahmen der Kapazitätsterminierung eingelasteten Fertigungsaufträge werden im Rahmen des Kapazitätsabgleichs so umverteilt, daß Kapazitätsunterdeckungen beseitigt werden und eine möglichst gleichmäßige Kapazitätsauslastung erfolgt. Das kann dazu führen, daß teilweise die im Rahmen der Materialwirtschaft gebildeten Fertigungsaufträge ihre Gültig-

---

[43] Zu Fortschrittszahlen vgl. Meyer, B.E., Schefenacker, R.: Erfahrungen mit einem EDV-gestützten Fortschrittszahlensystem für Automobilzulieferer. ZWF Zeitschrift für wirtschaftliche Fertigung, 78 (1983) Nr. 4, S. 170 - 172.

keit verlieren. Dies ist dann der Fall, wenn die dort zu einem Auftrag zusammengefaßten Bedarfe, die aus mehreren, zu unterschiedlichen Terminen anfallenden übergeordneten Bedarfen resultieren, aus Kapazitätsgründen wieder geteilt und zu unterschiedlichen Zeiten gefertigt werden müssen.

Der Kapazitätsabgleich benötigt also nicht nur die Bedarfe pro Teil, sondern auch die verursachenden Bedarfe übergeordneter Teile mit deren Terminen.

Dabei ist auch die Information wichtig, ob es sich bei dem auslösenden Auftrag um einen Kundenauftrag oder einen Lagerauftrag handelt, da die aus dem ersteren resultierenden Bedarfe untergeordneter Teile mit größerer Priorität einzuplanen sind als die Teile-Bedarfe, die aus Lageraufträgen resultieren.

Die make-or-buy-Entscheidungen für Teile, Arbeitsgänge oder Folgen von Arbeitsgängen aus der Materialwirtschaft sind möglicherweise im Kapazitätsabgleich zu revidieren. Wenn es keine Möglichkeit gibt, die Fertigungsaufträge so einzuplanen, daß die Kapazitätsobergrenze in keiner Periode überschritten wird und die Aufträge fristgerecht gefertigt werden, sollte geprüft werden, ob ein Fremdbezug den Kapazitätsausgleich herbeiführen kann. Der Kapazitätsabgleich benötigt aus dem Einkaufssystem der Materialwirtschaft die Information, welche Teile und Arbeitsgänge fremdbeschafft werden können und welche Preise diese haben.

Überkapazitäten können auf der anderen Seite dazu führen, Teile oder Arbeitsgänge, die normalerweise fremdbezogen werden, selber zu erstellen bzw. auszuführen. Auch hier ist ein Preis-/Kosten-Vergleich notwendig. Das unter der Schnittstelle Materialwirtschaft - Kapazitätsterminierung zur make-or-buy-Entscheidung Gesagte gilt analog.

Wenn im Kapazitätsabgleich Termine oder Mengen von Aufträgen geändert werden oder Aufträge eliminiert oder neu kreiert werden, sind diese Änderungen an die Materialwirtschaft zu übertragen. Diese hat dann die Disposition mit den geänderten Daten neu auszuführen.

Für alle Aufträge ist der Materialwirtschaft über ein Realisierungskennzeichen mitzuteilen (sofern nicht schon in der Kapazitätsterminierung geschehen), ob sie eingeplant sind.

Materialwirtschaft - Auftragsfreigabe

Bevor ein Fertigungsauftrag freigegeben werden kann, muß überprüft werden, ob die notwendigen Materialien in ausreichender Menge vorhanden sind. Hier greift die Auftragsfreigabe auf Daten der Materialwirtschaft zu. Wenn die Verfügbarkeit gegeben ist, werden für diese Materialien Reservierungen vorgenommen. Dabei werden von der Auftragsfreigabe Veränderungen im Datenbestand der Materialwirtschaft initiiert.

Wenn ein Fertigungsauftrag freigegeben wird und damit von der Planungsphase in die Realisierungsphase übergeht, ist aus dem System zur Auftragsfreigabe heraus der Druck der zu dem Fertigungsauftrag gehörenden Materialentnahmescheine anzustoßen.

Wird in einer Unternehmung mit Hilfe der belastungsorientierten Auftragsfreigabe[44] gesteuert, so erfolgt ein Großteil der Datenübertragung direkt von der Materialwirtschaft und nicht vom Kapazitätsabgleich in die Auftragsfreigabe. Dabei ist zu beachten, daß die belastungsorientierte Auftragsfreigabe selbst eine spezielle Art der Kapazitätseinlastung darstellt, die in der Freigabeprozedur begründet liegt. Trotzdem soll die belastungsorientierte Auftragsfreigabe hier als eine mögliche Ausprägung der Auftragsfreigabe und nicht als eine Form der Kapazitätswirtschaft angesehen werden, da die Auswirkungen auf die Kapazitätsbelegung in der spezifischen Freigabeart begründet sind.

Die Anwendung der Philosophie der belastungsorientierten Auftragsfreigabe unterstellt, daß für die Fertigungsaufträge nur eine Durchlaufterminierung, nicht aber eine Kapazitätsterminierung durchgeführt wird. Dies geschieht bereits in der Disposition der Materialwirtschaft. Die mit Fertigstellungsterminen versehenen Fertigungsaufträge werden unter Umgehung der (klassischen) Kapazitätsterminierung und des Kapazitätsabgleichs an die belastungsorientierte Auftragsfreigabe übermittelt. In der Auftragsfreigabe werden die Starttermine der Aufträge mit der

---

[44]   Zur belastungsorientierten Auftragsfreigabe vgl. Wiendahl, H.-P.: Von der belastungsorientierten Auftragsfreigabe zur durchlauforientierten Fertigungssteuerung. In: Praxis der belastungsorientierten Fertigungssteuerung. Hrsg.: H.-P. Wiendahl. 2. Auflage, Hannover 1986, S. 17 - 52;
Wiendahl, H.-P.: Belastungsorientierte Fertigungssteuerung: Grundlagen, Verfahrensaufbau, Realisierung. München-Wien 1987;
Bechte, W.: Kontroll- und Planungssystem zur belastungsorientierten Fertigungssteuerung im Dialog - Konzept und Realisierung des Systems KPS-F. In: Praxis der belastungsorientierten Fertigungssteuerung. Hrsg.: H.-P. Wiendahl. 2. Auflage, Hannover 1986, S. 89 - 118;
Schmidt, K.-U.: Produktionsplanung und -steuerung in der Fabrik der Zukunft. In: Praxis der belastungsorientierten Fertigungssteuerung. Hrsg.: H.-P. Wiendahl. 2. Auflage, Hannover 1986, S. 1 - 16.

Terminschranke als erstem Steuerungsparameter verglichen. Für Aufträge, deren Starttermine früher als diese Terminschranke liegen, erfolgt solange eine Freigabe, bis zum erstenmal mit den von den Aufträgen benötigten Kapazitätseinheiten die Belastungsschranke überschritten wird.

Materialwirtschaft - Fertigungssteuerung

Die Fertigungssteuerung führt eine arbeitsgangbezogene Freigabe durch. Wie bei der Auftragsfreigabe im Rahmen der der Planung zuzuordnenden Systeme wird auch hier eine Material-Verfügbarkeitsprüfung durchgeführt. Für das in der Auftragsfreigabe reservierte Material wird die Entnahme vom Fertigungssteuerungssystem angestoßen. Wenn ein automatisiertes Lager eingebunden ist, erfolgt die Übertragung der Sollvorgaben von der Fertigungssteuerung an die Lagersteuerung, welche zur richtigen Verbuchung auch die entsprechende Reservierungsnummer erhalten muß. Diese benötigt die Fertigungssteuerung aus der Materialwirtschaft.

Dort, wo das Verhältnis von Input-Mengen zu Output-Mengen in den Fertigungsstufen variieren kann, übergibt die Materialwirtschaft die Plankoeffizienten an die Fertigungssteuerung, damit dort auf der Basis der realisierten Menge (= Ist-Input der nächsten Stufe) in einer Fertigungsstufe der Soll-Output der nächsten Fertigungsstufe ermittelt werden kann. Der Soll-Output einer Fertigungsstufe ermittelt sich wie folgt:

$$\text{Soll-Output} = \text{Ist-Input} \times \frac{\text{Plan-Output}}{\text{Plan-Input}}$$

oder

$$\text{Soll-Output} = \text{Ist-Input} \times \text{Plankoeffizient}[45].$$

Die Materialwirtschaft verwaltet die Lager für Rohstoffe, Einzelteile und Baugruppen sowie Hilfs- und Betriebsstoffe; der Fertigungssteuerung ist die Verwaltung der Werkstattbestände zugeordnet. Wegen der prinzipiell gleichen Vorgänge bei der Verwaltung der Lager sollten hier gleiche EDV-Unterstützungs-Module genutzt werden.

---

[45] Vgl. Becker, J.: Architektur eines EDV-Systems zur Materialflußsteuerung. Berlin u.a. 1987 (Betriebs- und Wirtschaftsinformatik, Bd. 22. Hrsg.: H.R. Hansen, H. Krallmann, P. Mertens, A.-W. Scheer, D. Seibt, P. Stahlknecht, H. Strunz, R. Thome), S. 76.

Teilweise sind die Objekte der Lagerverwaltungssysteme identisch. Dies gilt insbesondere für Förderhilfsmittel, die von der Fertigungssteuerung verwaltet werden, wenn sie im Werkstattbestand gebunden sind, und von der Materialwirtschaft, wenn sie mit definierten Teilen Lagerorten zugewiesen sind. Dabei müssen sowohl belegte als auch freie Förderhilfsmittel lückenlos innerhalb des gesamten Materialflusses verfolgt werden können.

Materialwirtschaft - Betriebsdatenerfassung

In der Materialflußverfolgung und -steuerung bei auftragsbezogener Fertigung kann es vorkommen, daß bei Überschreiten der Produktionsmenge in einer Fertigungsstufe nicht die gesamte produzierte Menge weiterverarbeitet wird, sondern die Übermenge einem dispositiven Zwischenlager zugebucht wird[46]. Damit Übermengen erkannt werden, sind Vergleiche von Planzahlen und Istzahlen notwendig.

Die Planmengen sind dabei die Mengen, die beim ursprünglichen Planungslauf in der Materialwirtschaft über die Stücklistenauflösung bzw. über Optimierungsalgorithmen festgelegt wurden. Die Plan-Menge (Plan-Output = Plan-Input x Plankoeffizient) wird von der Materialwirtschaft an die Betriebsdatenerfassung als Vorgabe für die Fertigung gemeldet. Von dort wird sie zusammen mit den Soll-Werten (Soll-Output = Ist-Input x Plankoeffizient) und den Ist-Werten (Ist-Output = Ist-Input x Istkoeffizient) an die Kontrolle der Mengen, Zeiten und Kosten weitergegeben.

Materialwirtschaft - Kontrolle der Mengen, Zeiten, Kosten

Vom Produktionsdatenanalysesystem werden fertigungsauftragsbezogen die Gutmenge und der Ausschuß an das Materialwirtschaftssystem gemeldet. Damit können die Aufträge entlastet und die Ausschußkoeffizienten überprüft bzw. angepaßt werden.

---

[46] Zu dispositiven Zwischenlagern vgl. Becker, J.: Architektur eines EDV-Systems zur Materialflußsteuerung. Berlin u.a. 1987 (Betriebs- und Wirtschaftsinformatik, Bd. 22. Hrsg.: H.R. Hansen, H. Krallmann, P. Mertens, A.-W. Scheer, D. Seibt, P. Stahlknecht, H. Strunz, R. Thome), insbesondere S. 76 f. und S. 167 - 178.

Materialwirtschaft - Versandsteuerung

In der Versandsteuerung werden Verpackungsstücklisten benötigt, die den Stücklisten der Materialwirtschaft vom Aufbau her entsprechen (Datenstrukturintegration) und unter Umständen auch in der Materialwirtschaft benötigt werden (Datenintegration). Weitere Datenstruktur-Analogien liegen in den Daten der Lieferscheine und Ladelisten, die im Rahmen der Versandsteuerung für den Kunden erstellt werden und die im Rahmen der Materialwirtschaft von den Lieferanten entgegengenommen und verbucht werden.

Geplante Umlagerungen zwischen Werken oder Filialen eines Unternehmens werden von der Materialwirtschaft angestoßen und von der Versandsteuerung umgesetzt. Die realisierten Umlagerungen werden von der Versandsteuerung an die Materialwirtschaft (eventuell über Betriebsdatenerfassung und Kontrolle der Mengen, Zeiten, Kosten) übergeben.

Materialwirtschaft - Produktentwurf

Wenn während des Produktentwurfs die Anforderungsliste bzw. die Lösungsprinzip-Kombination für ein neues Produkt erstellt ist, ist zu untersuchen, ob für bestimmte Funktionen innerhalb der Gesamtfunktion Teile oder Baugruppen bereits vorhanden sind, d. h. lagermäßig geführt oder gefertigt werden. Dazu benötigt der Konstrukteur ein Materialklassifikationssystem, das über die Eingabe von funktionalen Anforderungen auf die entsprechenden Teile/Baugruppen verweist. Hier sollte auf das in der Materialwirtschaft geführte Klassifikationssystem und die dort gehaltenen Stammsätze zugegriffen werden (siehe auch Integration Materialwirtschaft - Konstruktion).

Wenn die Teile/Baugruppen, die die geforderten funktionalen Eigenschaften aufweisen, fremdbezogen werden, ist die Beschaffungsmöglichkeit zu analysieren, insbesondere wenn es sich um kritische Teile handelt. Die Anforderung, daß diese kritischen Teile für das im Entwurf befindliche Produkt notwendig sind, ist an den Einkauf zu übermitteln, so daß dort Aktivitäten zur Sicherstellung des Bezugs eingeleitet werden können.

Schon während des Entwurfsprozesses sollte begleitend eine Stückliste in stark vereinfachter Form erstellt werden, die möglicherweise keine konkreten Teile, sondern Funktionsbeschreibungen enthält. Durch auf Vergangenheitswerten beruhende Korrelationen zwischen Funktionsbeschreibungen, Teileklassifikationen, Ausgangsmaterialien und eventuell Kosten oder Kostenstrukturen können schon im Entwurfsprozeß Rückschlüsse auf eine mögliche Stücklistenstruktur und Kostenintervalle gezogen werden. Die Daten werden im weiteren Verlauf der Festlegung der Lösungsprinzipien und der Bestimmung der Geometrie der Komponenten simultan verfeinert.

Materialwirtschaft - Konstruktion

Bei der Konstruktion eines Teils sollten - soweit möglich - vorhandene Teile verwandt werden, damit die Teilevielfalt nicht unnötig ansteigt. Dazu ist es notwendig, daß der Konstrukteur auf Teile-Informationen zugreifen kann. Diese Teile-Informationen sollten wegen der Problematik des Neuanlaufs und des Auslaufs von Teilen den gleichen Informations- und Aktualitätsstand wie im Materialwirtschaftssystem haben.

Neuanlauf und Auslauf von Teilen müssen in beiden Systemen synchronisiert werden. Die Materialwirtschaft benötigt für die Disposition die aus konstruktiven Gesichtspunkten resultierenden Termine; die Konstruktion benötigt die aus produktionsplanerischer Sicht erforderlichen Termine und die noch vorhandenen Lagerbestände für die entsprechende Anpassungskonstruktion. Auch Auslauftermine, die von der Beschaffungsseite gegeben sind, müssen frühzeitig im Konstruktionsprozeß berücksichtigt werden.

Da der Konstrukteur nicht unbedingt die Materialnummer eines gesuchten Teils kennt, muß es ihm möglich sein, über ein Materialklassifikationssystem auf ein gewünschtes Teil zuzugreifen.

Dabei tastet er sich über Hierarchiestufen von Materialgruppen (z. B. Hilfsstoffe - Verbindungselemente - Schrauben - Metallschrauben) zur gewünschten Materialklasse (Sechskantschrauben) vor oder gelangt über Schlagwörter (Schraube, Kopfschraube, Innengewinde-Schraube) direkt zur gesuchten Materialklasse. Er gibt dann innerhalb der Materialklasse die entsprechenden Ausprägungen zu den in der Materialklasse festgelegten Sachmerkmalen (z. B. Gewindeart, Durchmesser, Länge des Schaftes) an. Das Materialklassensystem verweist auf die entsprechenden Materialstammsätze, die den geforderten Kriterien genügen.

Ebenso wird in der Materialwirtschaft zur Teile-Suche ein Materialklassifikationssystem benötigt. Die Menge an Klassifikationsmerkmalen, die der Disponent benötigt, überschneidet sich in großen Teilen mit der Menge der Klassifikationsmerkmale, die der Konstrukteur benötigt. Die Überschneidungsmenge wird umso größer, je mehr der Konstrukteur Aufgaben übernimmt, die traditionellerweise erst später in der Vorgangskette auftreten. Wenn er kostengerecht konstruiert und während des Konstruktionsvorgangs kalkuliert (siehe unten), benötigt er ausgeprägtere Möglichkeiten der Teile-Klassifikation als herkömmlicherweise. Die große Überschneidung der Klassifikationsanforderungen legt die Forderung nahe, ein einheitliches Klassifikationssystem für beide Bereiche aufzubauen.

Im Zuge der Reduzierung der Teilevielfalt auf Baugruppenebene sind Normteile-Kataloge für die Konstruktion und Materialwirtschaft gleichermaßen von Bedeutung.

Die im Rahmen des Konstruktionsprozesses festgelegten Stücklisten der Teile sind an das Materialwirtschaftssystem zu übergeben. Änderungen an der Stückliste eines Teils, resultieren sie nun aus fertigungstechnischen (PPS-System) oder aus konstruktiven Gegebenheiten (CAD-System), sollten grundsätzlich in beiden Bereichen aktuell ersichtlich sein.

Auch hier spielt die Anlauf- und Auslaufproblematik von Stücklistenkomponenten in einigen Branchen eine erhebliche Rolle. Es muß in der Konstruktion definiert werden, ob ein neu anlaufendes Teil ein 100%iges Substitut für das auslaufende Teil ist, ob zusätzliche Funktionen erfüllt werden oder andere Stücklistenkomponenten betroffen sind. Dies hat z. B. Auswirkungen auf die Ersatzteilstückliste, die geändert werden muß, je nachdem, ob bei einem Defekt des alten Teils das neue Teil in bestehenden Produkten das alte ersetzen kann. Wenn dies nicht der Fall ist, muß auch das alte Teil weiter bevorratet werden. Diese Anforderung ist an das Materialwirtschaftssystem zu übermitteln.

Die Integration zwischen CAD und Materialwirtschaft vollzieht sich demnach durch konsistente Informationen über

- Materialstammsätze inkl. Normteile-Kataloge,
- Stücklisten,
- Materialklassifikation.

Wenn begleitend zum Konstruktionsprozeß die Kosten für ein Teil abgeschätzt werden sollen, sind Ergänzungen im Materialstammsatz notwendig. Hier sind Informationen aufzunehmen, wie "Wirkbewegungen, Wirkflächen, Oberfläche, technisch-physikalische Größen, Leistungsdaten, Materialeinzelkosten, Fertigungseinzelkosten, Sondereinzelkosten"[47].

Auch zusätzliche Datensätze, die nur zum Teil aus den Daten der bestehenden Struktur abgeleitet werden können, müssen von der Materialwirtschaft bereitgestellt werden, z. B. Daten über die Funktionsstruktur von Produkten, d. h. Daten über den Anteil, den einzelne Baugruppen zur Erfüllung der Funktion des Enderzeugnisses erbringen.

Materialwirtschaft - Arbeitsplanung

Zur Erstellung der Arbeitspläne ist ein Zugriff auf die Materialstammsätze notwendig. Zu den benötigten Informationen gehören Angaben zum Rohstoff, geometrische Daten, Qualitätsangaben und Daten zur Ermittlung des Ausschußfaktors.

Darüber hinaus braucht der Arbeitsplaner die Stücklisteninformationen aus dem Materialwirtschaftssystem.

Die Materialwirtschaft benötigt aus der Arbeitsplanung Informationen, um die Entscheidung über Eigenfertigung oder Fremdbezug treffen zu können. Dazu gehören die Kosten pro Arbeitsgang, Losgrößen und Durchlaufzeiten. Diese sind in der Materialwirtschaft mit den entsprechenden Informationen aus dem Einkaufssystem (Bezugsquellen, Preise bei unterschiedlichen Lieferanten, Liefermengen, Lieferzeiten) zu vergleichen.

Je nachdem, wie statisch oder wie zeitlich nahe am Fertigungsgeschehen Arbeitspläne erstellt werden, benötigt der Arbeitsplaner unterschiedliche Daten aus der Materialwirtschaft. Wenn die Arbeitspläne erst kurz vor der Fertigung erstellt werden, gehen Informationen aus der aktuellen Lagersituation (Bestand an vorhandenen Rohstoffen oder Baugruppen) in den (auftragsbezogenen) Arbeitsplan ein.

---

[47] Becker, J.: Konstruktionsbegleitende Kalkulation mit einem Expertensystem. In: Rechnungswesen und EDV. 9. Saarbrücker Arbeitstagung. Hrsg.: A.-W. Scheer. Heidelberg 1988, S. 115 - 136, insbesondere S. 134.

Nach erfolgter Arbeitsplanung werden Daten über Durchlaufzeiten, Losgrößen oder Ausschußfaktoren sowie Angaben über Materialzustände, Oberflächen und Toleranzen[48] an die Materialwirtschaft zur Aufnahme im Materialstammsatz bzw. Stücklistenstruktursatz übergeben.

Zwischen dem Materialstammsatz (Materialwirtschaft) und dem Arbeitsplanstammsatz (Arbeitsplanung) muß eine datenmäßige Verbindung geschaffen werden, damit die zu einem Materialstammsatz gehörenden Arbeitspläne bzw. die nach einem Arbeitsplan bearbeiteten Teile erkannt werden können.

Die Struktur zur Abspeicherung einer Stückliste eines Teils innerhalb der Materialwirtschaft entspricht der Struktur einer Stückliste eines Betriebsmittels, das der Arbeitsplanung zugeordnet ist. Die wesentlichen Informationen sind: Nummer des übergeordneten Objektes, Nummer des untergeordneten Objektes, Koeffizient, mit dem das untergeordnete Teil in das übergeordnete Teil eingeht, Gültigkeitsvermerke.

Hier kann eine identische Datenstruktur für unterschiedliche Inhalte genutzt werden (Datenstrukturintegration).

Die Materialwirtschaft verwaltet die Lager der Rohstoffe, Einzelteile, Baugruppen, Hilfs- und Betriebsstoffe; die Arbeitsplanung verwaltet die Fertigungshilfsmittel-Lager. Wegen der gleichen zu bearbeitenden Vorgänge ist eine Modulintegration anzustreben.

<u>Materialwirtschaft - Lagersteuerung</u>

Der Materialwirtschaft sind die Stammdatenverwaltung der Teile und der Lager sowie die Lagerverwaltung mit Reservierungen, Lagerbewegungsverbuchungen, Lagerbewertung und Inventur zugeordnet. Der Lagersteuerung obliegt bei automatisierten Lagersystemen die Bereitstellung und Einlagerung von Werkstücken und Fertigungshilfsmitteln.

Wird aufgrund von Auslagerungsanforderungen, die aus der Fertigungssteuerung kommen, eine Lagerbewegung durchgeführt, so ist die Lagerabgangsmenge lagergenau (aber nicht unbedingt lagerplatzgenau) mit Hinweis auf die von der Ferti-

---

[48]   Vgl. Spur, G., Krause, F.-L.: CAD-Technik. München-Wien 1984, S. 485 f.

gungssteuerung erhaltene Reservierungsnummer an das Materialwirtschaftssystem zu übermitteln. Dies gilt für Einlagerungen, die aus Fertigungszugang oder Beschaffungszugang resultieren, analog. Im Materialwirtschaftssystem kann damit der vollständige Nachweis über alle lagerortbezogenen Bewegungen und die Veränderungen des Gesamtlagerbestands aller Teile geführt werden.

Werden Zukaufteile angeliefert, so werden sie nach der Qualitätsprüfung dem Lager belastet. Daraus resultiert an das Lagersteuerungssystem die Anforderung zur physischen Einlagerung. Es werden hier Lagerzubuchungen zunächst im Materialwirtschaftssystem und dann in der Lagersteuerung vorgenommen.

Damit das Lagersteuerungssystem eine korrekte Zuordnung von Objekten zu Lagerplätzen und Paletten vornehmen kann, benötigt es einige Stammdaten aus dem Materialwirtschaftssystem. Dazu gehören Daten über Lagereinheiten, Verpackungseinheiten, Abmessungen und Gewicht der Teile, Anforderungen an die Lagerumgebung (Temperatur, Feuchtigkeit), Verfalldaten u. a. Während die Materialwirtschaft die Lagerverwaltung (dann, wenn automatisierte Lagersysteme zum Einsatz kommen) lagerortgenau durchführt, verwaltet die Lagersteuerung lagerplatzgenau. Der Lagerort ist beiden gemeinsames Ordnungskriterium. Bei unterschiedlichem Aggregationsniveau sind einige der Vorgänge, die durch die Systeme abzuhandeln sind, und die verwendeten Datenstrukturen identisch. Zubuchungen, Abbuchungen, Umbuchungen sind in beiden Systemen durchzuführen. Die Basis der Aggregation ist für die Materialwirtschaft der Lagerort (das Lager), für die Lagersteuerung der Lagerplatz.

<u>Materialwirtschaft - Instandhaltung</u>

Bei der Durchführung der drei wesentlichen Aufgaben der Instandhaltung, nämlich Wartung, Inspektion und Instandsetzung, ergibt sich eine Reihe von materialwirtschaftlichen Aufgaben und von Datenstruktur-Analogien zur Materialwirtschaft.

Materialwirtschaft und Instandhaltung benötigen gleichermaßen die Datenstruktur des Teilestamms und der Stückliste. In der Materialwirtschaft werden dort die Stamminformationen der Rohstoffe, Einzelteile, Baugruppen und Fertigerzeugnisse sowie ihrer Zusammensetzung angegeben, in der Instandhaltung die der Instandhaltungsmaterialien. Auch ein Materialklassifikationssystem, wie es in der Materialwirtschaft eingesetzt wird, sollte Bestandteil des Instandhaltungssystems sein, damit ein Zugriff auf Ersatzteile über eine Klassifizierung mit Angabe von Ausprägungen der technischen Merkmale möglich ist.

Ein Fertigungsauftrag, wie er im Rahmen der Materialwirtschaft gebildet wird, entspricht in seiner Struktur einem Instandhaltungsauftrag.

Im Rahmen der Instandhaltungsplanung muß der Bedarf der in einer Instandhaltungsmaßnahme auszutauschenden Materialien sowie der benötigten Hilfs- und Zusatzstoffe ermittelt werden. Dazu sind ein Dispositionsmodul mit Bedarfsauflösung und Brutto-/Netto-Rechnung sowie ein Lagerverwaltungsmodul notwendig.

Die Stammsätze der Zukauf-Instandhaltungsteile müssen an das Einkaufssystem des Materialwirtschaftssystems übertragen werden.

Ein aus der Disposition der Instandhaltung resultierender Bedarf an Zukaufteilen ist an das Einkaufssystem innerhalb der Materialwirtschaft zu melden, so daß dort ein Beschaffungsauftrag generiert werden kann. Bestellmenge und voraussichtlicher Liefertermin sind dem Instandhaltungssystem zu dispositiven Zwecken mitzuteilen.

Die Instandhaltungsabrechnung benötigt die für die Instandhaltungsmaßnahmen anfallenden Kosten. Ein Teil dieser Kosten sind - neben den Beschaffungskosten für Zukaufteile - die Personalkosten für Externe, die ebenfalls über das Einkaufssystem ermittelt werden. Sie dienen auch als Grundlage für die Entscheidung, ob bestimmte Maßnahmen durch Eigenleistung oder Fremdleistung erbracht werden sollen. Dazu müssen z. B. die Anfragen in der Instandhaltung spezifiziert und über das Einkaufssystem an mögliche "Lieferanten" weitergeleitet werden. Die darauf eingehenden Angebote werden über das Einkaufssystem dem Instandhaltungssystem zugeleitet.

Materialwirtschaft - Qualitätssicherung

Der Materialstammsatz muß einige qualitätsrelevante Daten umfassen. Dazu gehören Kennzeichen, welcher Art die Prüfung sein soll (keine Prüfung, Prüfen bei Wareneingang (fremd/eigen), Prüfen bei Warenausgang (Bereitstellung), begleitende Prüfung in der Fertigung, automatische Prüfauftragsgenerierung). Außerdem muß angegeben werden, ob eine Stichprobenprüfung erlaubt ist. Der Materialstamm muß den Verweis auf den Prüfplan enthalten. Für die Durchlauf- und Kapazitätsterminierung sind die erforderlichen Prüfzeiten im Materialstammsatz zu hinterlegen.

Bei der Qualitätsprüfung ist ein Zugriff sowohl auf diese steuernden Daten als auch auf die beschreibenden Daten des Teils notwendig, da sie neben den im Prüfplan festgelegten Daten die Grundlage der Prüfung sind. Dies gilt sowohl für Eigenfertigungsteile bei der fertigungsbegleitenden Qualitätssicherung als auch für Zukaufteile bei der Wareneingangsprüfung. Hier werden Daten aus der Materialwirtschaft mit Daten aus der Qualitätssicherung zusammengeführt. Die relevanten Informationen aus der Materialwirtschaft sind Daten über das Teil (Nummer und Bezeichnung), über den Lieferanten (Nummer und Name), über die Bestellung (Nummer, Chargen-Nummer beim Lieferanten) und den Auftrag, sofern notwendig (Auftrags- bzw. Projekt-Nummer, Kostenträger). Daten aus der Qualitätssicherung sind solche über Qualitäten (Qualitätsmerkmale), Ausschuß (erlaubte Ausschußquote AQL = acceptable quality level), statistische Vorgaben, wenn keine Vollprüfung durchgeführt wird, (Stichprobengröße), Prüfmittel (Nummer, Bezeichnung), Prüfhilfsmittel (Nummer, Bezeichnung) und Prüfpläne (Nummer, Text).

Die in der Qualitätssicherung ermittelte Ausschußquote bei der Teile- und Montagefertigung geht in die Stückliste ein, damit zur Sicherstellung der geforderten Menge des Endprodukts auf allen untergeordneten Stufen ausreichend Material bereitgestellt und gefertigt wird.

Die positive Beurteilung eines Wareneingangs durch die Qualitätssicherung führt zu einer Lagerverbuchung eingegangener Teile im Materialwirtschaftssystem. Wenn Fehler auftreten, sind die Häufigkeiten je Fehlerklasse und die Fehlernummer zu erfassen und dem Materialwirtschaftssystem zu übergeben. Die Lieferantenbeurteilung, Bestandteil des Einkaufssystems innerhalb der Materialwirtschaft, basiert zum Teil auf Informationen aus der Qualitätssicherung, wie Ausschußquote, erfaßte Qualitäten innerhalb der zulässigen Toleranzgrenzen, über- oder unterschrittene Mengen oder Terminabweichungen.

Durch die zunehmende Umsetzung der Just-in-time-Philosophie treten Verlagerungen in der Qualitätsprüfung zwischen Zulieferer und Hersteller auf. Die zeitnahe Anlieferung beim Hersteller verbietet dort eine Qualitätsprüfung. Die Feststellung von Mängeln bei angelieferten Teilen hätte beim Hersteller wegen der fehlenden Pufferlager zur Folge, daß die Betriebsmittel bis zur nächsten eingehenden Lieferung nicht genutzt würden. Deswegen muß die Qualitätseinhaltung der eingegangenen Waren vom Zulieferer sichergestellt werden.

Die Integration auf der organisatorischen Seite sieht vor, daß man sich auf von beiden Seiten akzeptierte Prüf- und Meßverfahren und entsprechende Geräte einigt, daß sogar teilweise Prüfingenieure des Herstellers die Lieferanten unterstützen.

Da die Kommunikation zwischen Hersteller und Zulieferer weitgehend über das Einkaufsmodul des Materialwirtschaftssystems erfolgt, erfordert die datenmäßige Integration die Weitergabe der Qualitätsanforderung vom Qualitätssicherungssystem an das Materialwirtschaftssystem und von dort weiter zum Lieferanten.

Die Ergebnisse der Qualitätsprüfung beim Lieferanten werden zunächst im Materialwirtschaftssystem erfaßt und von dort an die Qualitätssicherung weitergegeben. Die Übertragung vom Lieferanten an den Hersteller kann dabei entweder auf herkömmlichem Weg (z. B. über den Lieferschein) oder direkt auf elektronischem Weg erfolgen. Hierbei kann es sich um eine Kommunikation über Telex/Teletex und Weiterverarbeitung im Materialwirtschaftssystem, über eine standardisierte Datenschnittstelle (Weiterentwicklung von EDIFACT[49]) oder über eine direkte Programm-zu-Programm-Kommunikation zwischen dem Vertriebssystem des Zulieferers und dem Einkaufssystem des Herstellers handeln.

Wenn die Wareneingangsprüfung durch die Just-in-time-Anlieferung vom Hersteller zum Zulieferer übergeht, vollzieht sich demnach der Informationsfluß zwischen Materialwirtschaft und Qualitätssicherung in umgekehrter Richtung. Bei traditioneller Wareneingangsprüfung meldet die Qualitätssicherung der Materialwirtschaft die Prüfergebnisse, bei Just-in-time-Anlieferung werden diese von der Materialwirtschaft, die sie vom Lieferanten erhält, an die Qualitätssicherung übergeben.

---

[49] Vgl. Einführung in EDIFACT. Hrsg.: Deutsches Institut für Normung (DIN). Berlin 1988;
DIN 16556: Handelsdatenaustausch. Hrsg.: Deutsches Institut für Normung (DIN). Berlin 1990;
Leismann, U.: EDIFACT. IM Information Management, 4 (1989) Nr. 1, S. 60 - 61;
Mehnen, H.: Telekommunikation in Handel, Transport und Verwaltung nach internationalem Standard: ein Leitfaden zur Einführung und Anwendung des automatisierten Datenaustausches nach dem neuen ISO-Standard 9735 EDIFACT. Hrsg.: Arbeitsgemeinschaft für Wirtschaftliche Verwaltung (AWV). Eschborn 1989 (AWV-Schrift Nr. 455);
EDIFACT - Elektronischer Datenaustausch für Verwaltung, Wirtschaft und Transport. Dokumentation einer Tagung des DIN Deutsches Institut für Normung 1990. Berlin 1990;
Essen, V. von: EDI - Gefährliche Abstinenz. Diebold Management Report (1990) Nr. 7, S. 3 - 10.

So wie bei den Stammdaten der Materialwirtschaft eine Unterteilung in Teile-Stammdaten und ein darüberliegendes Klassifikationssystem sinnvoll ist, so bietet sich auch für die Qualitätssicherung eine Stammdatenverwaltung in Form von Fehlerkatalogen mit rein identifizierender Fehlerschlüssel-Nummer und einem Klassifikationssystem zur systematischen Ordnung von Fehlern an. Das Klassifikationssystem für die Stammdatenverwaltung der Materialwirtschaft ist genauso strukturiert wie das für die Qualitätssicherung (Datenstrukturintegration).

Die Materialwirtschaft setzt die mengenmäßigen Vorgaben der Disposition zusammen mit den Arbeitsplänen aus der Arbeitsplanung in Fertigungsaufträge um. In gleicher Weise bildet die Qualitätssicherung Prüfaufträge aus den Prüfplänen, die im Rahmen der Prüfplanung erstellt wurden.

Materialwirtschaft - Finanzbuchhaltung

Der Lieferantenstammsatz des Einkaufssystems der Materialwirtschaft entspricht dem Kreditorenstammsatz der Finanzbuchhaltung. Hier sollte ein einheitlicher Stammsatz vorliegen, der die allgemeinen Daten, die für beide Bereiche notwendig sind (Nummer, Name, Ort, Zahlungsbedingungen), und die bereichsspezifischen Daten enthält.

Die Materialwirtschaft meldet den langfristigen Materialbedarf an die Finanzbuchhaltung zur finanzwirtschaftlichen Disposition. Aus dem Lagerwirtschaftssystem der Materialwirtschaft werden Bestandswerte an die Finanzbuchhaltung übergeben. Das Einkaufssystem meldet Bestelldaten, Rechnungsdaten und Bestellobligo-Daten.

Die Ermittlung der Materialkosten für fremdbezogene Teile geschieht ebenfalls über einen Informationsverbund zwischen dem Einkaufssystem und dem Finanzbuchhaltungssystem.

Wenn bei der Bestellung alle Kostendaten bekannt sind (Kosten pro Stück, anteilige Frachtkosten, anteilige Skonti), kann bei Wareneingang die wertmäßige Fortschreibung des Bestandes in der Materialwirtschaft und der Finanzbuchhaltung durchgeführt werden. Bestimmte Kostenanteile liegen allerdings meist erst bei Rechnungseingang, der normalerweise nach dem Wareneingang erfolgt, bzw. bei Begleichung der Rechnung fest.

Diese in der Finanzbuchhaltung erfaßten Kostenbestandteile sind den Durchschnittskosten der Teile zuzuaddieren, sofern der Bestand im Lager mindestens gleich der gelieferten Menge ist. Ist der Bestand niedriger, müssen diese Kostenbestandteile anteilsmäßig dem Lagerbestand und einem Preisdifferenzkonto zugebucht werden[50].

Die geschilderte Vorgehensweise zeigt neben dem Datenverbund auch einen Funktionsverbund. Die Bewertung der Lager ist ursprünglich eine Aufgabe der Finanzbuchhaltung zur Bestimmung des Umlaufvermögens, wird jedoch bereits im Rahmen der Materialwirtschaft bei jeder Lagerbewegung durchgeführt. Hier ist also eine Funktion eines Bereichs in einen anderen Bereich integriert (vgl. auch Schnittstelle Materialwirtschaft - Kostenrechnung).

Materialwirtschaft - Kostenrechnung

Die Materialwirtschaft stellt der Kostenrechnung die Stammdaten der Teile, die Materialklassifikation und Stücklisten zur Verfügung, die diese für die Kostenarten-, Kostenstellen- und Kostenträgerrechnung benötigt. Die Ergebnisse der Kostenträgerstückrechnung werden der Materialwirtschaft zur Abspeicherung im Teilestammsatz übermittelt.

Ebenso werden der Materialwirtschaft Kostenarten- und Kostenstellen-Stammdaten von der Kostenrechnung zur Verfügung gestellt, zum einen für den Bezug der Lagerstammsätze zu Kostenstellen (Stammdaten), zum anderen für die Kontierung beim Bestellvorgang oder bei der Lagerentnahme. Auch die Leistungsartenstammsätze sowie die Auftrags-Stammsätze, die für die Kostenrechnung notwendig sind, müssem dem Materialwirtschaftssystem bekannt sein, da bei der Erfassung von Zu- und Abgängen in der Materialwirtschaft die für die Kostenrechnung notwendigen Daten mit angegeben werden, damit Doppelerfassungen vermieden werden können.

Für die Ermittlung der Planbeschäftigung werden die Nettobedarfsmengen aus der Disposition innerhalb der Materialwirtschaft an die Kostenrechnung zur Kostenplanung übergeben.

---

[50] Vgl. System RM: Produktionsplanung und -steuerung, Einkauf, Materialwirtschaft, Rechnungsprüfung, Instandhaltung. Hrsg.: SAP. Walldorf 1985, S. 125 - 143.

Die Materialabrechnung als Teil der Kostenartenrechnung hat folgende Aufgaben:

"a)   Erfassung der mengenmäßigen Materialbewegungen, d. h. der Zu- und Abgänge,

b)   Ermittlung und Kontrolle der mengenmäßigen Materialbestände,

c)   Bewertung der Materialverbrauchsmengen, d. h. Ermittlung der Materialkosten,

d)   Bewertung der Materialbestände,

e)   Weiterverrechnung und Kontrolle der Materialkosten."[51]

Wenn diese Aufgaben innerhalb des Kostenrechnungssystems erfüllt werden, wo sie definitionsgemäß hingehören, benötigt das Kostenrechnungssystem aus dem Lagerwirtschaftssystem der Materialwirtschaft alle mengenmäßigen Bewegungen. Außerdem benötigt die Kostenrechnung die Rechnungseingänge aus dem Rechnungsprüfungssystem zur Bewertung der mengenmäßigen Bewegungen. Diese Daten sind z. B. Grundlage für die Berechnung der Preisabweichung im Rahmen eines Festpreissystems.

Die Aufgaben a) bis d) sind heute allerdings DV-technisch in den Materialwirtschaftssystemen integriert, so daß diese als "Vor-Systeme" zur Kostenrechnung angesehen werden können, in denen die mengenmäßige **und** die wertmäßige Komponente zusammengeführt werden. Dementsprechend werden auch beide Komponenten an die Kostenrechnung zur Durchführung der Kostenstellen- und Kostenträgerrechnung weitergeleitet.

Eine weitere Form der Integration wird sichtbar: Funktionen, die nachgelagerten Bereichen zugeordnet sind, wie hier Kostenrechnungsfunktionen als Auswertefunktionen operativer Systeme, wandern in die vorgelagerten Bereiche, hier die Materialwirtschaft, und werden mit den dortigen operativen Funktionen vereint.

<u>Materialwirtschaft - Personalwirtschaft</u>

Wenn das Entgelt der Einkäufer nicht nur zeitabhängig ist, sondern auch auf anderen quantitativen oder qualitativen Merkmalen basiert (Anzahl Bestellungen, Bestellsumme), müssen diese Daten aus dem Einkaufssystem des Materialwirtschaftssystems bereitgestellt werden.

---

[51]   Vgl. Kilger, W.: Einführung in die Kostenrechnung. 3. Auflage, Wiesbaden 1987, S. 78.

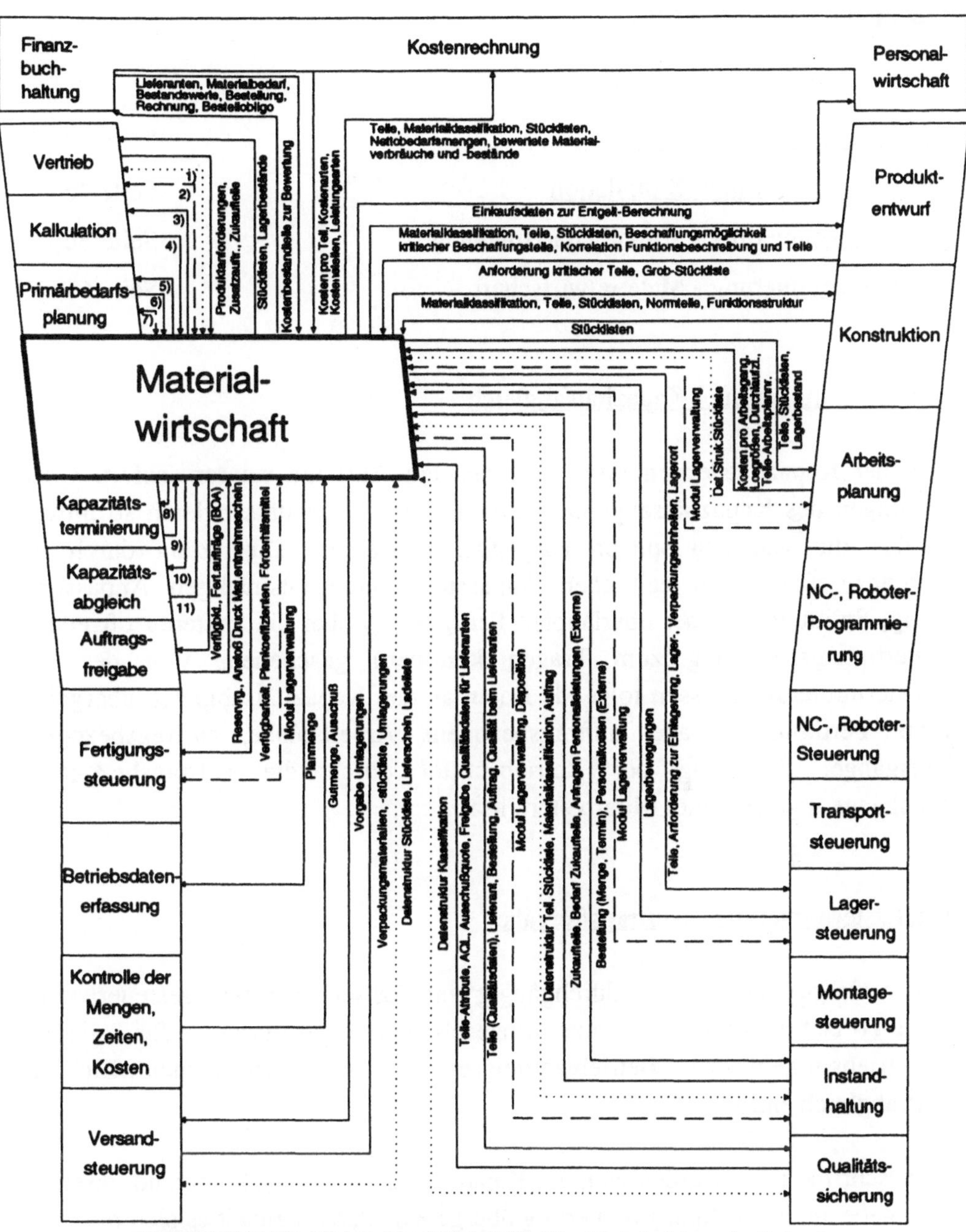

Abbildung 2.4:   Interdependenzen der Materialwirtschaft

2.5 Kapazitätsterminierung

Kapazitätsterminierung - Kapazitätsabgleich

Die in der Kapazitätsterminierung eingelasteten Aufträge werden, sofern Überschreitungen des Kapazitätsangebots vorliegen, im Kapazitätsabgleich so umverteilt, daß die Kapazitätsspitzen ausgeglichen werden. Dies kann durch die Steuerungsverfahren der zeitlichen Anpassung, intensitätsmäßigen Anpassung, Raffung, Splittung und der überlappten Fertigung (wobei die letzteren oft erst in der Fertigungssteuerung zum Tragen kommen) geschehen. Von der Kapazitätsterminierung müssen folgende Daten an den Kapazitätsabgleich übergeben werden: Fertigungsaufträge, auftragsbezogene Arbeitspläne, auftragsbezogene Arbeitsgänge, Belastung der Betriebsmittel durch die auftragsbezogenen Arbeitsgänge und geplanter Mitarbeitereinsatz.

Kapazitätsterminierung - Auftragsfreigabe

Wenn in einem Unternehmen durchgängig mit Fortschrittszahlen gesteuert wird, wird die Fortschrittszahl des Absatzes umgesetzt in Fortschrittszahlen für Teile, die den Betriebsmitteln bzw. Betriebsmittelgruppen zugewiesen werden. Ein Kapazitätsabgleich entfällt.

Die Fortschrittszahlen werden, von der Kapazitätsterminierung kommend, direkt in der Freigabe an die Fertigungssteuerung übergeben. Dabei handelt es sich nicht um Freigabe eines Auftrags, der im Fortschrittszahlenkonzept explizit nicht vorgesehen ist, sondern um die eventuell durch Trigger gesteuerte Weiterleitung von Fortschrittszahlen zur Fertigung von Teilen auf Betriebsmitteln.

Kapazitätsterminierung - Fertigungssteuerung

Die Kapazitätsterminierung erstellt unter Zuhilfenahme des Arbeitsplans für ein Teil, das der Arbeitsplanung entstammt, einen Fertigungs-Arbeitsplan für einen konkreten Auftrag. Dieser Arbeitsplan wird an die Fertigungssteuerung übertragen, die die minutengenaue Einplanung der Arbeitsgänge mit Reihenfolgebestimmung an den Einzelmaschinen vornimmt. Wenn ein Arbeitsgang freigegeben wird, bewirkt die Fertigungssteuerung, daß die Kapazitätsterminierung die auftragsbezogene Arbeitsgangbeschreibung der Fertigung zur Verfügung stellt. Entweder wird die Arbeitsgangbeschreibung ausgedruckt oder über Bildschirme zur Verfügung gestellt.

Die Fertigungssteuerung hat zum Teil die gleichen Aufgaben wie die Kapazitätsterminierung zu erfüllen, nur auf einem detaillierteren Niveau. Die Kapazitätsterminierung lastet Fertigungsauftrags-Arbeitsgänge auf Betriebsmittelgruppen ein oder gesamte Arbeitspläne auf Fertigungsinseln; die Fertigungssteuerung lastet die Arbeitsgänge betriebsmittelgenau ein, wobei auch die zeitliche Differenzierung zunimmt. Das Raster in der Terminierung ist der Tag oder die Woche, das der Steuerung Stunden oder Minuten. Der logische Vorgang ist aber identisch und sollte durch ein einheitliches Modul, z. B. auch mit gleichen Anzeigemöglichkeiten von Belastungsprofilen, unterstützt werden.

Kapazitätsterminierung - Kontrolle der Mengen, Zeiten, Kosten

Das System der Kontrolle von Mengen, Zeiten und Kosten muß die über das Betriebsdatenerfassungssystem erhaltenen Produktionsdaten so aggregieren, daß sie den Vorgaben, die die Kapazitätsterminierung bestimmt hat, (die von der Fertigungssteuerung detailliert wurden) gegenübergestellt werden können. Dies gilt allerdings nur, wenn im Kapazitätsabgleich keine Änderungen an den Fertigungsaufträgen vorgenommen wurden.

Die Vorgaben werden aus der Kapazitätsterminierung direkt an das Kontrollsystem übergeben. Es erfolgt nicht, wie sonst üblich, die Übermittlung an das Betriebsdatenerfassungssystem, da die Produktionsdaten nicht dem Aggregationsniveau der Kapazitätsterminierung entsprechend erfaßt werden, sondern auf dem detaillierteren Niveau der Fertigungssteuerung.

Das System der Kontrolle von Mengen, Zeiten und Kosten meldet alle Daten der Fertigungsaufträge kapazitätsbezogen. Diese Daten sind insbesondere Beginn, Ende und Dauer der Bearbeitung eines Auftrags und Bearbeitungszeit pro Teil des Auftrags auf den in Anspruch genommenen Betriebsmitteln bzw. Betriebsmittelgruppen sowie Rüstzeiten, Liege- und Transportzeiten als auch durchgeführte Splittings und Überlappungen.

Kapazitätsterminierung - Versandsteuerung

In der Versandsteuerung sind die zu versendenden Aufträge den Frachtmitteln periodengenau zuzuordnen. Diese Funktion entspricht der Einlastung der Kapazitätsterminierung. In beiden Fällen liegen Aufträge vor, die Kapazitäten für einen definierten Zeitraum in Anspruch nehmen, die Kapazitäten sind beschränkt, unterschiedliche Aufträge bedürfen unterschiedlicher Kapazitätsarten, die Kapazitäten verbrauchen sich nicht, sondern stehen nach Erledigung des Auftrags wieder zur Verfügung. In beiden Fällen sind Zuordnungen von Aufträgen zu Kapazitäten vorzunehmen und Belastungsübersichten zu erstellen. Die Nutzung eines einheitlichen Moduls für diese Aufgaben ist anzustreben.

Kapazitätsterminierung - Konstruktion

Beim fertigungsgerechten Konstruieren sollte darauf geachtet werden, daß die Teile so konstruiert werden, daß sie Maschinen, die permanent einen Engpaß darstellen, so wenig wie möglich in Anspruch nehmen. Die Daten der Engpaßmaschinen sowie der Maschinen, die nicht ausgelastet sind und deswegen für die Bearbeitung neuer Produkte aus kapazitätsorientierter Sicht geeignet sind, erhält die Konstruktion aus der Kapazitätsterminierung.

Kapazitätsterminierung - Arbeitsplanung

Die Arbeitsplanung erstellt teilebezogene Arbeitspläne, die Kapazitätsterminierung erstellt unter Zuhilfenahme der teilebezogenen Arbeitspläne und der Betriebsmitteldaten auftragsbezogene Arbeitspläne. Beide Arbeitspläne weisen ähnliche Strukturen auf.

Zu den benötigten Betriebsmitteldaten gehören:

- Anzahl und Art vorhandener Fertigungsmittel für eine Bearbeitung,
- Kapazität eines Fertigungsmittels pro Periode (Schicht, Tag, Woche),
- Anzahl und Art vorhandener Werkzeuge für diese Bearbeitung,
- Standzeiten und Rest-Standzeiten von Werkzeugen,
- Anzahl und Art vorhandener Vorrichtungen.

Aus den Arbeitsplänen und Arbeitsgängen, die die Arbeitsplanung für die Teile festgelegt hat, sind die Belastungen der Betriebsmittel (Rüstzeiten, Bearbeitungszeiten) zu ersehen, die die Kapazitätsterminierung benötigt. Auch Ausweichaggregate und Daten über Splitting sind in den Arbeitsplänen gespeichert.

Bei einer zeitnahen Integration von Arbeitsplanung und Kapazitätsterminierung können die auftragsbezogenen Arbeitspläne unter Berücksichtigung der aktuellen Kapazitätssituation so erstellt werden, daß Engpaßmaschinen weitgehend vermieden werden, so daß im Kapazitätsabgleich nur noch wenige Aufträge umzudisponieren sind.

Diese Art der Integration kann noch einen Schritt weiter gehen:

In flexiblen Produktionssystemen reicht es nicht aus, daß nur die eigentliche Fertigung sich schnell an Änderungen in den Aufträgen im Teilespektrum anpaßt, auch die planerischen Arbeiten im Vorfeld der Fertigung müssen flexibler werden. Dort, wo schnelle Reaktionsfähigkeit notwendig ist, muß der in zwei Schritten ablaufende Sukzessivplanungsprozeß - die Erstellung der Arbeitspläne in der Arbeitsplanung und die später stattfindende Einlastung der Aufträge, die auf diesem Arbeitsplan basieren, - in einen Vorgang integriert werden. Der Arbeitsplan wird nicht mehr losgelöst von der Kapazitätssituation erstellt, sondern diese geht direkt in die Spezifizierung des Arbeitsplans ein, d. h. daß in Abhängigkeit von der Auslastung der für eine bestimmte Bearbeitung in Frage kommenden Betriebsmittel diejenigen in den Arbeitsplan aufgenommen werden, die zum geforderten Fertigungszeitpunkt genügend freie Kapazität aufweisen. Mit der Erstellung des Arbeitsplans wird gleich die notwendige Kapazität an dem entsprechenden Betriebsmittel für diesen Auftrag einschließlich der notwendigen Werkzeuge und Vorrichtungen reserviert.

Die traditionelle Trennung zwischen Erstellung des allgemeinen Arbeitsplans und der Umsetzung in den fertigungsauftragsbezogenen Arbeitsplan ist dadurch aufgehoben. Aufgaben der Arbeitsplanung und der Kapazitätsterminierung sind durch diese Funktionsintegration in der Arbeitsplanung zusammengewachsen.

Unter der Bedingung, daß die Trennung zwischen teilebezogenem Arbeitsplan und auftragsbezogenem Arbeitsplan erhalten bleibt, ist aus der Umsetzung des teilebezogenen in einen auftragsbezogenen eventuell eine Anpassung des teilebezogenen Arbeitsplans durchzuführen. Wenn nämlich eine systematische Abweichung zwischen den (Standard-)Vorgaben des teilebezogenen Arbeitsplans und der dispositiven Umsetzung in den auftragsbezogenen Arbeitsplan vorliegt, sind die Standard-Vorgaben entsprechend denen des auftragsbezogenen Arbeitsplans abzuändern. Für den Fall, daß z. B. eine im Standardarbeitsplan aufgeführte Maschine systematisch (und nicht nur sporadisch) im auftragsbezogenen Arbeitsplan durch ein Ausweichaggregat ersetzt wird, sollte dieses als Erst-Aggregat in den teilebezogenen Arbeitsplan übernommen werden.

Kapazitätsterminierung - Instandhaltung

Bei vorbeugender Instandhaltung läuft der Hauptdatenfluß von der Instandhaltung zur Kapazitätsterminierung. Die im Rahmen der Instandhaltung festgelegten zeitlich fixierten Wartungsmaßnahmen mindern in der entsprechenden Periode die Kapazität des betroffenen Betriebsmittels. Dabei genügt im Rahmen der Kapazitätsterminierung die globale Reduzierung des Kapazitätsangebots; ausschlaggebend ist die Periodeneinteilung, wie sie in der Kapazitätswirtschaft zugrundegelegt wird (Schicht, Tag, Woche).

Die genaue Terminierung einer Instandhaltungsmaßnahme mit Angabe des Anfangs- und Endzeitpunkts ist im Rahmen der Kapazitätsterminierung meist nicht notwendig; sie wird an die Fertigungssteuerung im Kurzfristbereich übermittelt.

In der Kapazitätsterminierung werden die Arbeitspläne der Arbeitsplanung in Auftrags-Arbeitspläne umgeformt. Ebenso werden in der Instandhaltung die Instandhaltungspläne in Arbeitspläne für spezielle Instandhaltungsaufträge umgeformt.

Auf diesen Daten aufbauend, benötigen das Instandhaltungssystem und das PPS-System ein Modul zur Kapazitätsterminierung. Hier werden die aus den bestehenden Instandhaltungsaufträgen resultierenden Kapazitätsbedarfe dem Kapazitätsangebot gegenübergestellt. Das Kapazitätsangebot in der Instandhaltung bezieht sich vor allem auf Personal, aber auch auf Spezialwerkzeuge und sonstige Fertigungshilfsmittel sowie zur Instandhaltung notwendige Geräte (z. B. Meßgeräte).

Kapazitätsterminierung - Qualitätssicherung

Im Rahmen der Kapazitätsterminierung werden die fertigungsauftragsbezogenen Arbeitspläne erstellt. Wenn neben dem standardmäßigen teilebezogenen Prüfplan auch ein fertigungsauftragsbezogener Prüfplan erstellt wird, ist eine Datenstrukturintegration zwischen dem Arbeitsplan und dem Prüfplan anzustreben.

Zur Verbindung von fertigungsauftragsbezogenem Arbeitsplan und Prüfplan gibt es grundsätzlich drei Möglichkeiten:

-    Der fertigungsauftragsbezogene Arbeitsplan enthält in seinen Arbeitsgängen die Beschreibung der entsprechenden Prüfvorgänge.

-    Der fertigungsauftragsbezogene Arbeitsplan enthält die auftragsbezogenen Daten für die Qualitätsprüfung (Stichprobenumfang, Annahme- und Rückweisezahl) und einen Verweis auf den (Standard-)Prüfplan.

-    Der fertigungsauftragsbezogene Arbeitsplan enthält einen Verweis auf den auftragsbezogenen Prüfplan, der die auftragsabhängigen und -unabhängigen Daten für die Qualitätsprüfung umfaßt.

Bei der ersten Realisierungsmöglichkeit ist ein gleicher Aufbau einer Arbeitsgangbeschreibung und einer Prüfvorschrift Voraussetzung. Da hier die Prüfanweisung integraler Bestandteil des Arbeitsplans ist, muß der Datensatzaufbau von Prüfanweisung und Arbeitsanweisung dieselbe Struktur aufweisen. Die anderen Möglichkeiten sind unabhängig davon, ob eine Datenstrukturintegration zwischen fertigungsauftragsbezogenem Arbeitsplan und fertigungsauftragsbezogenem Prüfplan realisiert ist.

Je mehr die Qualitätssicherung in den Fertigungsablauf integriert wird, um so mehr stellen die Qualitätssicherungskapazitäten begrenzte Ressourcen, wie Betriebsmittel oder Personal, dar und müssen dementsprechend eingeplant werden.

Hier ist eine Funktionsintegration zu verwirklichen, indem Aufgaben der Qualitätssicherung (Terminierung der Prüfvorgänge) in die Kapazitätsterminierung eingebunden werden.

Kapazitätsterminierung - Kostenrechnung

Der Verbund zwischen Kapazitätsterminierung und Kostenrechnung ist nur indirekter Art, da zwar die Verteilung von Aufträgen auf Betriebsmittel unter Kostengesichtspunkten vorgenommen werden soll, die einfließenden Kostendaten aber den Stammsätzen der Arbeitspläne und Betriebsmittel entnommen werden, die nicht der Kostenrechnung zugeordnet sind, allerdings von dieser ermittelt und zur Verfügung gestellt worden sind.

Kapazitätsterminierung - Personalwirtschaft

Die Kapazitätsterminierung greift auf die Stammdaten der Mitarbeiter, der Lohngruppen und eventuell der Organisationsstruktur sowie der Schichtpläne zu, die in der Personalwirtschaft geführt werden. Damit kann in der Kapazitätsterminierung ermittelt werden, ob für die eingeplanten Aufträge genügend Personal vorhanden ist und wie hoch die entsprechenden Personalkosten sind.

In der mittelfristigen Kapazitätsterminierung wird der Bestand an Mitarbeitern nicht als fix angesehen, sondern als in Grenzen veränderbar. Aus der Kapazitätsterminierung resultiert eine Personalbedarfsplanung, die an die Personalwirtschaft übermittelt wird. In bestimmten Branchen ist auch eine kurzfristige Rekrutierung von Personal auf Zeit üblich. Hierbei kann es sich um freie Mitarbeiter der Firmen handeln, um Leih-Arbeiter oder um sonstige zeitweilig beschäftigte Lohnempfänger (z. B. Studenten), die als Saison-Arbeiter oder zum Ausgleich kurzfristiger Kapazitätsbedarfsspitzen eingesetzt werden. Der zusätzliche, zeitweilige Bedarf wird von der Kapazitätsterminierung an die Personalwirtschaft gemeldet. In umgekehrter Richtung erfolgt die Mitteilung über die Verfügbarkeit dieses Personals.

Die Entscheidung über Eigenerstellung oder Fremdbezug basiert auf dem Vergleich der Kosten, die für den Fremdbezug aus dem Einkaufssystem des Materialwirtschaftssystems und für die Eigenerstellung - was die Lohnkosten angeht - der Personalwirtschaft entnommen werden.

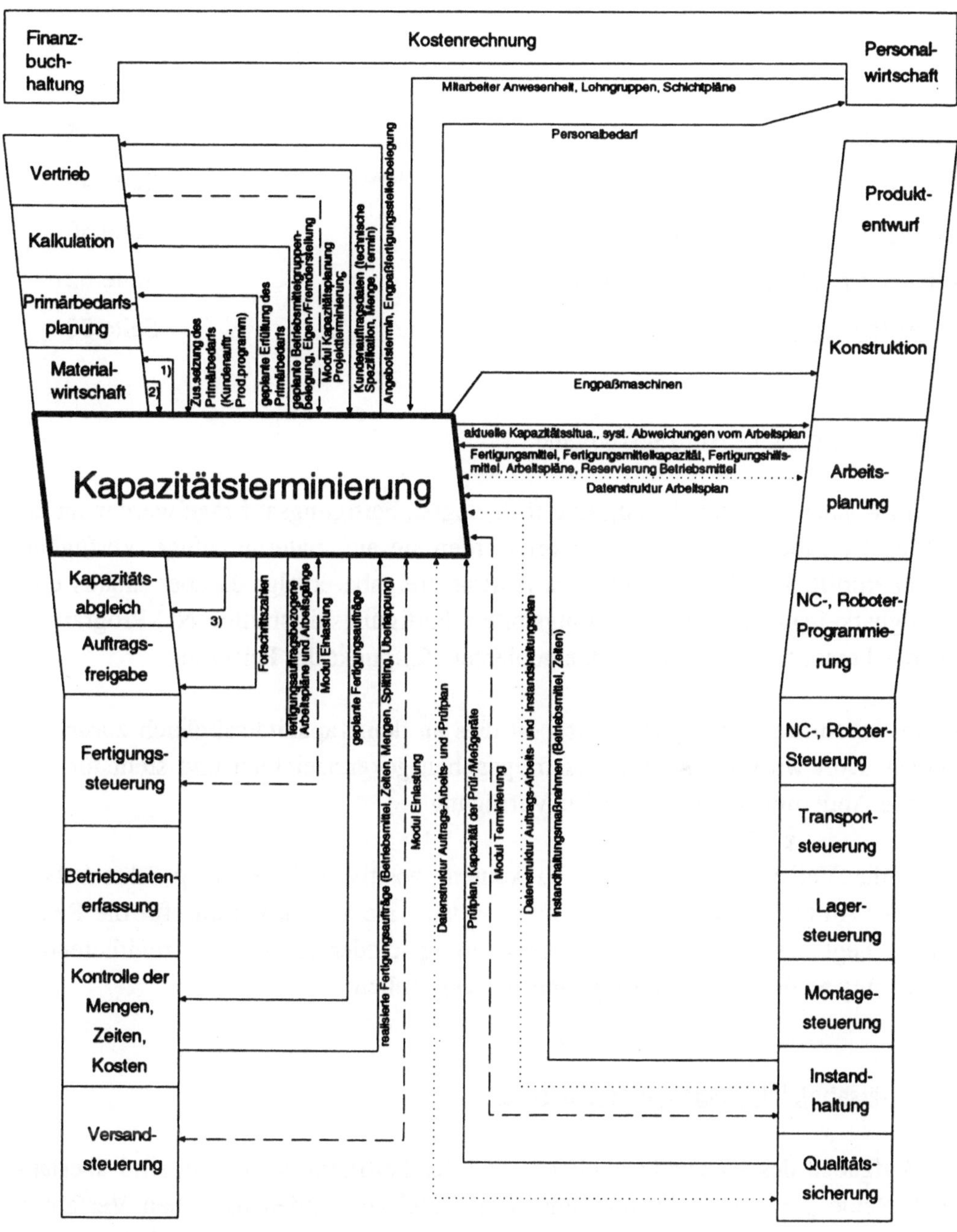

1) Anfrage, Realisierungskennzeichen Fertigungsaufträge;
2) Fertigungsaufträge(Menge, Termin), Teile, Preise von Teilen und Arbeitsgängen, Fortschrittszahlen;
3) Fertigungsaufträge mit Arbeitsplänen und Arbeitsgängen, Betriebsmittelbelastung, Mitarbeitereinsatz;

Abbildung 2.5:   Interdependenzen der Kapazitätsterminierung

2.6 Kapazitätsabgleich

Kapazitätsabgleich - Auftragsfreigabe

Die im Kapazitätsabgleich endgültig festgelegten Fertigungsaufträge werden an die Auftragsfreigabe weitergegeben. Dort werden sie auf materialmäßige Verfügbarkeit überprüft. Bei der dynamischen Auftragsfreigabe erfolgt darüber hinaus eine Verfügbarkeitsprüfung der Fertigungsmittel, Fertigungshilfsmittel, NC-Programme und des Personals, bezogen auf den geplanten Zeitpunkt der Fertigung.

Wenn ein Auftrag freigegeben wird, ist dies an den Kapazitätsabgleich zurückzumelden. Dort wird der Auftrag als freigegeben gekennzeichnet und steht für dispositive Änderungen nicht mehr zur Verfügung.

Sollte die Verfügbarkeitsprüfung zu keinem positiven Ergebnis geführt haben, kann der Auftrag trotzdem freigegeben werden - die Verantwortung für die Realisierung liegt dann bei der Fertigungssteuerung -, oder er wird zur revidierenden Einplanung an den Kapazitätsabgleich zurückgegeben.

Kapazitätsabgleich - Fertigungssteuerung

Die Aufgaben des Kapazitätsabgleichs und der Fertigungssteuerung sind überlappend: Beide gleichen Belastungsspitzen aus und verwenden dieselben Verfahren zur Sicherstellung der termingerechten Produktion der Fertigungsaufträge. Dazu gehören intensitätsmäßige Anpassung, zeitliche Anpassung (Einsatz von Mehrarbeit), Verkürzung von Übergangszeiten, Überlappung, Splitting, Raffung und Entraffung.

Kapazitätsabgleich und Fertigungssteuerung unterscheiden sich aber im Aggregationsniveau und im zeitlichen Horizont. Der Kapazitätsabgleich plant normalerweise Arbeitsgänge betriebsmittelgruppenbezogen oder sogar gesamte Arbeitspläne fertigungsinselbezogen, die Fertigungssteuerung hingegen plant betriebsmittelgenau bei zeitlich kürzerem Horizont. Die funktionale Aufgabe der Einlastung aber ist beiden gemein und sollte durch ein einheitliches Modul abgedeckt werden.

Kapazitätsabgleich - Kontrolle der Mengen, Zeiten, Kosten

Das System der Kontrolle von Mengen, Zeiten und Kosten muß die über das Betriebsdatenerfassungssystem erhaltenen Produktionsdaten so aggregieren, daß sie den Vorgaben, die im Kapazitätsabgleich bestimmt wurden, (die von der Fertigungssteuerung detailliert wurden) gegenübergestellt werden können.

Die Verbindung ist analog zu der zwischen dem Produktionsdatenanalysesystem und der Kapazitätsterminierung. Die Vorgaben werden aus dem Kapazitätsabgleich direkt an das Kontrollsystem übergeben. Es erfolgt nicht, wie sonst üblich, die Übermittlung an das Betriebsdatenerfassungssystem, da die Produktionsdaten nicht dem Aggregationsniveau der Kapazitätsterminierung entsprechend erfaßt werden, sondern auf dem detaillierteren Niveau der Fertigungssteuerung.

Das System der Kontrolle von Mengen, Zeiten und Kosten übermittelt an den Kapazitätsabgleich die Daten der Fertigungsaufträge kapazitätsbezogen. Diese Daten sind wie bei der Terminierungsschnittstelle Beginn, Ende und Dauer der Bearbeitung eines Auftrags und Bearbeitungszeit pro Teil des Auftrags auf den in Anspruch genommenen Betriebsmitteln bzw. Betriebsmittelgruppen, außerdem Rüstzeiten, Liege- und Transportzeiten, durchgeführte Splittings und Überlappungen.

Kapazitätsabgleich - Versandsteuerung

Wenn durch den Kapazitätsabgleich Verschiebungen in den Terminen der Kundenaufträge bedingt sind, die zu einem späteren Eintreffen im Versandlager führen, sind diese Termine der Versandsteuerung zu übergeben.

Sind die betroffenen Aufträge bereits zum Versand eingeplant, muß eine Umdisposition vorgenommen werden, ansonsten ist nur der Termin anzupassen.

In der Versandsteuerung müssen manchmal Zuordnungen von Kundenaufträgen zu Verladungen geändert werden, wenn z. B. Frachtkapazitäten fehlen. Es gibt Überschneidungen funktionaler Art zu den Aufgaben des Kapazitätsabgleichs: ein Modul zur Durchführung eines Abgleichs von (Fertigungs- bzw. Fracht-)Kapazitäten wird hier wie dort benötigt.

Kapazitätsabgleich - Arbeitsplanung

Der Kapazitätsabgleich kommt immer dann zum Tragen, wenn der Kapazitätsbedarf in bestimmten Perioden höher ist als das Kapazitätsangebot oder Durchlaufzeiten von Aufträgen zu lang sind, was sich darin äußert, daß deren Anfangstermine in der Vergangenheit bzw. die Endtermine hinter dem Liefertermin des Kundenauftrags bzw. des Primärbedarfs-"Auftrags" liegen.

Wenn Kapazitätsspitzen durch Verlagerung von Arbeitsgängen in vorhergehende Perioden abgebaut werden, muß sichergestellt sein, daß die vorhergehenden Arbeitsgänge so weit abgeschlossen sind, daß der verschobene Arbeitsgang begonnen werden kann. Dabei können unter Umständen gleiche Steuerungsfunktionen zum Tragen kommen wie bei der Reduzierung von Durchlaufzeiten, nämlich Reduzierung von Übergangszeiten, Überlappung oder Splitting.

Die für den Einsatz dieser Steuerungsfunktionen notwendigen Daten - Liegezeiten und Transportzeiten, minimale Überlappungszeit, minimale Weitergabemenge, sowie minimale Bearbeitungszeit (zur Entscheidung über Splitting) - stehen in den von der Arbeitsplanung erstellten Arbeitsplänen und Arbeitsgängen.

Wenn ein Ausgleich von Kapazitätsspitzen durch Verlagerung auf andere Betriebsmittel erreicht werden soll, muß die Kapazitätsterminierung auf alternative Arbeitspläne oder alternative Arbeitsgänge innerhalb des Arbeitsplans aus dem Arbeitsplanungssystem zugreifen. Bei systematischen Abweichungen der Vorgaben der Arbeitsplanung im Kapazitätsabgleich (z. B. Verlagerung von Arbeitsgängen von einer permanenten Engpaßmaschine auf Ausweichaggregate) sind die Vorgaben des Arbeitsplans in der Arbeitsplanung entsprechend zu ändern.

Kapazitätsabgleich - Kostenrechnung

Die Verbindung zwischen dem Kapazitätsabgleich und der Kostenrechnung ist davon abhängig, inwieweit die Kostenrechnung die Planung von Aufträgen begleitet und bis zu welchem Zeitpunkt die Module des (meist mit der Auftragsabwicklung gekoppelten) Vorkalkulationssystems genutzt werden. Sie kommt dann zum Tragen, wenn das Vorkalkulationssystem anhand von Näherungsalgorithmen eine erste Kostenschätzung abgibt, die der Vertrieb für die Angebotsphase benötigt, nach Auftragseingang aber die (exakteren) Verfahren der Kostenrechnung für die Kalkulation herangezogen werden, und wenn zweitens die Kostenrechnung nach definierten Meilensteinen im Planungs- und Realisierungsprozeß die Angaben der Vorkalkulation überprüft. Diese Meilensteine sind für die Vorkalkulation der Abschluß der Planungen im Kapazitätsabgleich und die durchgeführte Feinplanung der Fertigungssteuerung, für die Nachkalkulation der Abschluß des Produktionsprozesses, dessen Kosten auf Basis der in der Betriebsdatenerfassung aufgenommenen und im Produktionsdatenanalysesystem ausgewerteten Daten ermittelt werden.

Nach dem Kapazitätsabgleich stehen dispositiv die grundlegenden Daten der Fertigungsaufträge zur Kalkulation fest, wie Losgrößen, eingesetzte Betriebsmittel- bzw. Betriebsmittelgruppen, Personaleinsatz, benötigte Sonderwerkzeuge.

Kapazitätsabgleich - Personalwirtschaft

Wenn im Kapazitätsabgleich Umterminierungen vorgenommen werden, muß auch hier - wie in der Kapazitätsterminierung - ermittelt werden, welches Personal eingesetzt werden kann und wie hoch die entsprechenden Personalkosten sind. Dazu sind Zugriffe auf die Lohngruppen, die Personalstammdaten, Schichtpläne und eventuell die Organisationsstruktur notwendig. Damit können alternative Umplanungen bewertet werden. Auch die Personalkosten von Zusatzschichten oder Überstunden können durch Zugriff auf die Daten des Personalwirtschaftssystems ermittelt werden. Wenn die im Kapazitätsabgleich stattgefundene Glättung des Bedarfs Personalbedarf offen läßt, kann dieser möglicherweise durch den zeitweiligen Einsatz freier Mitarbeiter oder Externer (Leih-Arbeiter von Fremdfirmen, Studenten) gedeckt werden. Die Anforderung erfolgt vom Kapazitätsabgleich an die Personalwirtschaft, die Verfügbarkeitsmeldung in umgekehrter Richtung.

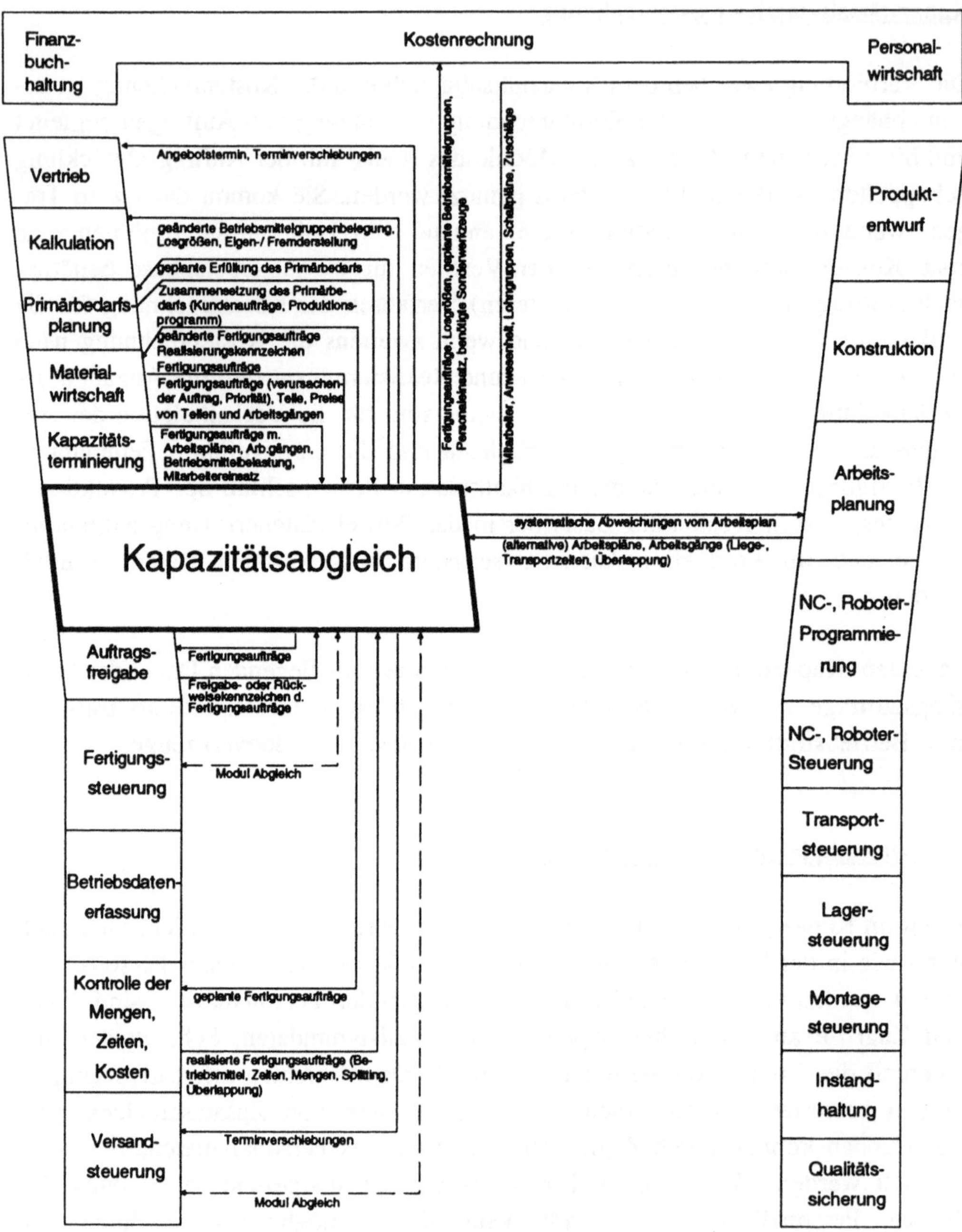

Abbildung 2.6: Interdependenzen des Kapazitätsabgleichs

2.7 Auftragsfreigabe

Auftragsfreigabe - Fertigungssteuerung

Über die Auftragsfreigabe werden alle Fertigungsaufträge, die den Status "bereit zur Realisierung" haben, an die Fertigungssteuerung geleitet, die die Reihenfolgeplanung auf den Maschinen vornimmt. Zum einen werden neue, zum anderen dispositiv geänderte Aufträge an die Fertigungssteuerung gegeben. Solche Änderungen können sich auf Mengen oder Termine beziehen, es können aber auch technische Änderungen oder Stornierungen sein.

Zu den übertragenen Auftragsdaten zählen: Auftragsnummer, zu fertigende Teile, Menge, Termin, auslösender Kunden- oder Produktionsprogramm-Auftrag, auftragsbezogener Arbeitsplan mit den auftragsbezogenen Arbeitsgängen und Verweisen auf alternative Arbeitspläne bzw. alternative Arbeitsgänge innerhalb eines Arbeitsplans.

Für die dynamische Auftragsfreigabe muß die Fertigungssteuerung dem Bereich Freigabe die geplante Betriebsmittel- und Personalbelegung übermitteln, damit die Auftragsfreigabe nur realisierbare Fertigungsaufträge an die Fertigungssteuerung weiterleitet.

Auch bei der belastungsorientierten Auftragsfreigabe teilt die Fertigungssteuerung die tatsächliche Betriebsmittel- und Personalbelegung mit. Die Auftragsfreigabe kann unter Beachtung der konkreten Belastungssituation nur solange Aufträge freigeben, bis zum ersten Mal die Belastungsschranke überschritten wird.

Auftragsfreigabe - Instandhaltung

Wenn mit traditioneller Auftragsfreigabe gesteuert wird, meldet die Instandhaltung der Kapazitätsterminierung bzw. dem Kapazitätsabgleich geplante Instandhaltungsmaßnahmen, so daß dort die Kapazität in den entsprechenden Perioden um die Dauer der Instandhaltungsmaßnahmen reduziert werden kann. Wenn die belastungsorientierte Auftragsfreigabe angewendet wird, entfallen die Bereiche der herkömmlichen Kapazitätsterminierung und des -abgleichs, da die belastungsorientierte Auftragsfreigabe selbst ein Verfahren zur Kapzitätsbelegung darstellt. Es müssen die Dauern von geplanten Instandhaltungsmaßnahmen an den spezifizierten Betriebsmitteln in diesem Fall direkt der Auftragsfreigabe übermittelt werden, damit dort die Plan-Kapazität in der entsprechenden Periode reduziert werden kann. Dabei brauchen nicht die exakten Anfangs- und Endzeitpunkte der Instandhaltungsmaßnahmen bekannt gegeben zu werden, sondern nur die Gesamtdauer pro Periode, und zwar der Periodeneinteilung folgend, die der Auftragsfreigabe zugrunde liegt.

Auftragsfreigabe - Kontrolle der Mengen, Zeiten, Kosten

Wenn mit Hilfe der belastungsorientierten Auftragsfreigabe gesteuert wird, erfolgt die Rückmeldung der kapazitätsbezogenen Fertigungsauftragsdaten vom System der Kontrolle von Mengen, Zeiten und Kosten an die Auftragsfreigabe. Jeder Auftrag, der im Produktionsdatenanalysesystem als fertiggestellt erkannt wird, ist im Freigabesystem mit dem entsprechenden Status zu versehen; der offene bzw. in Arbeit befindliche Auftragsbestand wird um den fertiggestellten Auftrag verringert.

Auftragsfreigabe - Qualitätssicherung

Die Freigabe für nachfolgende Fertigungsaufträge kann nur erfolgen, wenn die Qualitätsprüfung für die darin eingehenden Teile zu einem positiven Ergebnis geführt hat. Im Gegensatz zur Dateninterdependenz Fertigungssteuerung - Qualitätssicherung, wo arbeitsgangbezogen Prüfergebnisse verarbeitet werden, sind hier nur die teilebezogenen Prüfergebnisse von Interesse.

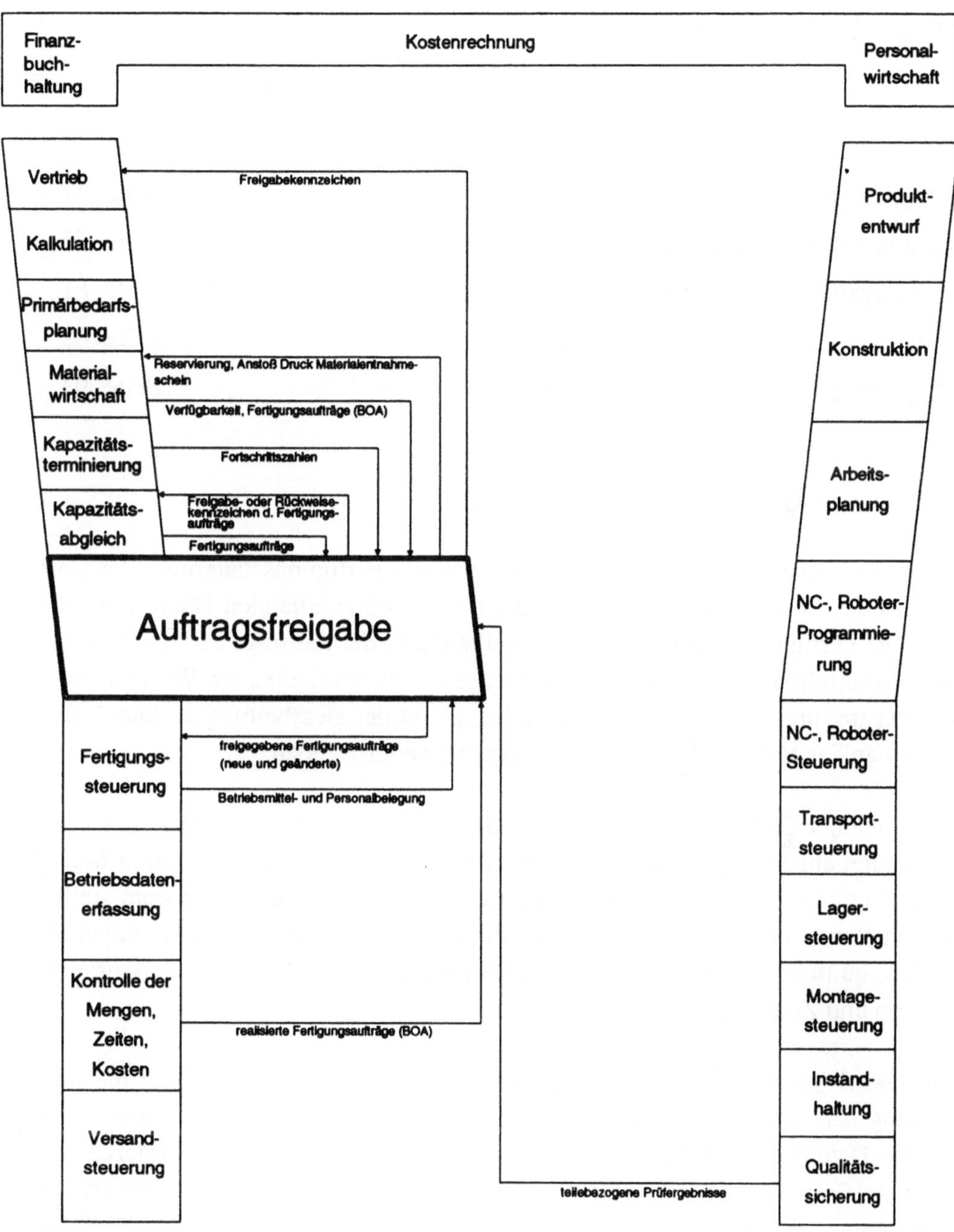

Abbildung 2.7:   Interdependenzen der Auftragsfreigabe

2.8 Fertigungssteuerung

Fertigungssteuerung - Betriebsdatenerfassung

Das Betriebsdatenerfassungssystem erhält von der Fertigungssteuerung alle Daten, die für eine redundanzfreie Erfassung der im Betrieb anfallenden Daten notwendig sind. Die Fertigungssteuerung legt die Reihenfolge der Aufträge auf den einzelnen Betriebsmitteln fest. Sie bestimmt die Menge der zu bearbeitenden Werkstücke pro Arbeitsgang und den Anfangs- und Endzeitpunkt der Bearbeitungen. Diese Daten werden an das Betriebsdatenerfassungssystem weitergegeben.

Bei manueller Eingabe der Daten durch den Werker werden ihm entweder nur einige Daten angezeigt (Auftrag, Betriebsmittel), und er gibt die gefertigten Mengen sowie Anfangs- und Endzeitpunkte pro Arbeitsgang ein, oder das System stellt als Default-Werte alle Soll-Daten zur Verfügung, die, wenn sie genau eingehalten werden, quittiert werden. Nur bei Abweichungen sind die tatsächlich angefallenen Mengen und Zeiten einzugeben.

Über das System der Kontrolle von Mengen, Zeiten und Kosten erfolgt die Rückmeldung der Betriebsdaten an die Fertigungssteuerung. Unter der Voraussetzung, daß die Daten, die zur direkten Steuerung der Betriebsmittel und Förderzeuge in den zugehörigen Steuersystemen verarbeitet werden, ohne manuelle Zwischeneingaben auf direktem elektronischem Weg als erfolgte Bearbeitung, durchgeführter Transport oder Ein-/Auslagerung weitergeleitet werden, übernimmt das Betriebsdatenerfassungssystem nur die Funktion eines Datentransportmittels[52].

---

[52] Roschmann, K.H.: Stand und Entwicklungstendenzen der Betriebsdatenerfassung im CIM-Konzept. CIM-Management, 6(1990) Nr. 3, S. 4-9.

Fertigungssteuerung - Kontrolle der Mengen, Zeiten, Kosten

Das System der Kontrolle von Mengen, Zeiten und Kosten bereitet für die Fertigungssteuerung alle Daten auf, die diese für die kurzfristige Steuerung des Fertigungsprozesses benötigt[53].

Dazu zählen die Fertigungsauftragsdaten (Gutmenge, Ausschuß, benötigte Zeit, erreichte Qualitäten), die für die Steuerung der folgenden Arbeitsgänge notwendig sind, die Maschinendaten (Bearbeitung, Wartung, Störung, Wartezeit), die für die Maschinenbelegung notwendig sind, und die Personaldaten (Anwesenheit, Abwesenheit, bearbeitete Aufträge, Wartezeit), die für die kurzfristige Personaleinsatzplanung gebraucht werden.

Fertigungssteuerung - Versandsteuerung

Terminliche und mengenmäßige Änderungen an Fertigungsaufträgen, die Auswirkungen auf den geplanten Zugang zum Versandlager haben, sind der Versandsteuerung zu melden, so daß dort Disposition und Tourenplanung auf den jeweils aktuellen Plandaten aufbauen können.

Fertigungssteuerung - Konstruktion

Konstruktive Änderungen, die sofort in der Fertigung beachtet werden müssen, sind der Fertigungssteuerung unmittelbar von der Konstruktion zu übergeben. Ausgangspunkt einer solchen Änderung können aufgetretene Anomalien bei den Werkstücken sein, wie sie vom Kontrollsystem an die Konstruktion gemeldet wurden, die bei den folgenden Werkstücken dieser Serie schon ausgeschlossen werden sollen.

Wenn die Fertigungssteuerung berechtigt ist, aus fertigungstechnischen Gesichtspunkten eigenmächtig Änderungen am Werkstück vorzunehmen, müssen diese an die Konstruktion gemeldet werden, damit dort eine vollständige und fehlerfreie Dokumentation der Geometrie der Werkstücke erfolgen kann.

---

[53] Oft wird eine Aufbereitung von Betriebsdaten als Aufgabe der Betriebsdatenerfassung angesehen. Vgl. z B. BDE-Funktionalität von Leitständen. CIM-Management, 6(1990) Nr. 3, S. 59 - 63; Roschmann, K.: BDE als integraler Bestandteil eines PPS-Systems. HMD - Theorie und Praxis der Wirtschaftsinformatik, 27(1990) Nr. 151, S. 17 - 27.

<u>Fertigungssteuerung - Arbeitsplanung</u>

Bevor die Fertigungssteuerung einen Arbeitsgang zur Produktion freigibt, muß eine Verfügbarkeitsprüfung stattfinden. Diese bezieht sich neben Material, Personal und Prüfmitteln auf Maschinen, Werkzeuge und Vorrichtungen, welche datenmäßig der Arbeitsplanung zugeordnet sind.

Wenn in der Fertigungssteuerung, z. B. wegen ungeplanten Ausfalls von Maschinen, die Teile nicht nach dem Arbeitsplan gefertigt werden können, der in der Kapazitätsterminierung bzw. im Kapazitätsabgleich vorgesehen war, muß auf alternative Arbeitspläne/Arbeitsgänge der Arbeitsplanung zugegriffen werden.

In bestimmten Fertigungstypen, z. B. Produktion in Fertigungsinseln[54], ist es nicht sinnvoll, daß die Kapazitätsterminierung einen auftragsbezogenen Arbeitsplan anlegt. In der Fertigungsinsel werden mehr Verwaltungsaufgaben und dispositive Funktionen als bei der Werkstattfertigung dezentralisiert und den Insel-Verantwortlichen übertragen. Dazu gehört auch die Erstellung von auftragsbezogenen Arbeitsgängen aus dem allgemeinen Arbeitsplan ("Teil komplett fertigen") und den standardisierten Arbeitsgängen[55]. Die Fertigungsinsel benötigt allgemeine, standardisierte Angaben und erstellt selber die konkreten Vorgaben für die Fertigung in Arbeitsplänen und Arbeitsgängen. Hier findet also eine Funktionsintegration dergestalt statt, daß in der Fertigungsinsel Aufgaben der Arbeitsplanung (Erstellen des auftragsunabhängigen Arbeitsplans), der Kapazitätsterminierung (Erstellen des auftragsabhängigen Arbeitsplans) und der Fertigungssteuerung (minutengenaue Zuordnung von Arbeitsgängen zu Maschinen) vereinigt werden.

---

[54] Zu Fertigungsinseln vgl. Tüchelmann, Y.: Anwendungssoftware zur Planung, Organisation, Steuerung und Überwachung von Fertigungsinseln mit hohem Automatisierungsgrad. In: Fertigungsinseln - Fertigungsstruktur mit Zukunft, AWF-Fachtagung 1987. Hrsg.: Ausschuß für Wirtschaftliche Fertigung (AWF). Bad Soden 1987, S. 13.1 - 13.16;
Heinz, K.; Martin, J.: Fertigungsinseln: Fluß- und Verrichtungsprinzip unter einem Dach. In: Fertigungsinseln - Fertigungsstruktur mit Zukunft, AWF-Fachtagung 1987. Hrsg.: Ausschuß für Wirtschaftliche Fertigung (AWF). Bad Soden 1987, S. 2.1 - 2.14;
Lentes, H.-P.: Fertigungsinsel - Ein Weg zur Verbesserung der Industriearbeit - Steigerung der Produktivität - Verbesserung der Arbeitsbedingungen - Erweiterung der Dispositionsspielräume. In: Fertigungsinseln, AWF-Fachtagung 1988. Hrsg.: Ausschuß für Wirtschaftliche Fertigung (AWF). Bad Soden/Ts. 1988, S. 9 - 68;
Tüchelmann, Y.: Informationsverarbeitung in flexibel automatisierten Fertigungssystemen. Zeitschrift für Wirtschaftliche Fertigung und Automatisierung (ZWF CIM), 83(1988) H. 10, S. 507 - 512;
Bötzow, H.: Die Fertigungsinsel als Konzept zur Einführung flexibler Automation in mittelständischen Industriebetrieben der Einzel- und Kleinserienfertigung. Düsseldorf 1988 (Fortschrittberichte der VDI-Zeitschriften, Reihe 2: Fertigungstechnik, Nr. 155).

[55] Vgl. Ruffing, T.: Fertigungssteuerung bei Fertigungsinseln. Köln 1991. (Neue Formen der Arbeitsorganisation. Hrsg.: Ausschuß für Wirtschaftliche Fertigung (AWF)).

In den Arbeitsplänen, die der Arbeitsplanung zugeordnet sind, werden nur die Zeiten für die Komplett-Bearbeitung des Teils geführt. Wenn sich aufgrund der in der Fertigungsinsel ausgeführten Bearbeitungen und der daraus resultierenden, in den dezentralen Arbeitsgängen gespeicherten Zeiten Änderungen an der Gesamtbearbeitungszeit und -belastung ergeben, sind diese der Arbeitsplanung mitzuteilen.

Die Anpassung von Werten in der Arbeitsplanung durch Informationen aus der Fertigungssteuerung ist nicht auf die Fertigungsinsel-Produktion beschränkt. Jede Art der systematischen geplanten Abweichung vom teilebezogenen Arbeitsplan in der Fertigung (andere Maschinenzeiten, andere Personalzeiten, andere Überlappungs- oder Splittingrealisierungen, abweichende Übergangsdauern etc.) sollte im Arbeitsplan durch entsprechende Änderung ihren Niederschlag finden.

Fertigungssteuerung - NC-, Roboter-Programmierung

Bei Vorliegen von Standard-NC-Programmen, bei denen vor der Ausführung bestimmte Parameter geändert werden müssen, erfolgt die Angabe der Parameter von der Fertigungssteuerung aus. Hier liegt eine Funktionsintegration dergestalt vor, daß Aufgaben der NC-Programmierung in die Fertigungssteuerung übergehen.

Daneben findet sich eine rein organisatorische Integration, indem die Mitarbeiter, in deren Zuständigkeitsbereich die Fertigungssteuerung liegt, NC-Programmieraufgaben übernehmen, z. B. bei der Programmierung an der Maschine oder nahe der Maschine in der Werkstattprogrammierung. In der Organisationsform der Fertigungsinsel findet sich häufig die NC-Programmierung als in die Insel integrierte Aufgabe.

Fertigungssteuerung - NC-, Roboter-Steuerung

Bevor ein Arbeitsgang eines Auftrags freigegeben wird, muß überprüft werden, ob das zugehörige NC-Programm verfügbar ist. Die Fertigungssteuerung greift dabei auf die NC-Programmbibliotheksverwaltung zu.

Unmittelbar vor der Bearbeitung an der NC-Maschine stößt die Fertigungssteuerung die Übertragung des NC-Programms von dem Programmverwaltungsrechner an die NC-Maschine an und initiiert dort den Start der Bearbeitung.

Fertigungssteuerung - Transportsteuerung

Die vollständige computergestützte Integration im fertigungsnahen Bereich erfordert, daß jeder Arbeitsgang der Fertigungssteuerung als teilfertiggestellt zurückgemeldet wird, wenn ein Förderhilfsmittel (Palette, Behälter etc.) gefüllt ist. Die Fertigungssteuerung stößt den Transport des Transportmittels (carrier, FFZ = Flurförderzeug) zu dieser Bearbeitungsstelle zwecks Aufnahme des Förderhilfsmittels und dann zur Zielstation an. Die Zielstation ergibt sich aus der weiteren Bearbeitung der Werkstücke. Sie ist entweder das nachfolgende Betriebsmittel (wenn sofort der nächste Arbeitsgang folgt), ein Zwischenlager (zur kurzfristigen Lagerung vor der nächsten Bearbeitung) oder ein Lager (bei Beendigung aller Arbeitsgänge eines Arbeitsplans). Für die Generierung der Transport-Aufträge muß die Fertigungssteuerung die Förderhilfsmittel und Förderhilfsmittelkapazitäten (aus der Transportsteuerung direkt oder aus der Arbeitsplanung) kennen, Splitting- und Überlappungs-Vorgaben der Fertigungssteuerung sollten sich an den Förderhilfsmittelkapazitäten orientieren.

Der Fertigungssteuerung obliegt weiterhin die Verfolgung und Bestandsführung der Förderhilfsmittel, die in den Werkstattbeständen gebunden sind.

Besondere Bedeutung erlangen die Förderhilfsmittel, wenn in der Fertigungssteuerung nach Kanban-Prinzipien[56] gesteuert wird. Hier ist der Behälter maßgebendes Steuerungsinstrument. Jeder aus dem Pufferlager vor einer Fertigungsstufe entnommene Behälter löst einen Auftrag für die Fertigung der Teile dieses Behälters an die vorhergehende Fertigungsstufe aus. Diese Meldung kann über die Kanban-Karte, den Behälter selbst oder die Erfassung im Fertigungssteuerungssystem erfolgen.

Die Schnittstelle zwischen der Fertigungssteuerung und den technischen CAM-Systemen kann auch so gelöst sein, daß die Fertigungssteuerung nur bis auf Arbeitsgangebene Vorgaben macht und Rückmeldungen verarbeitet und die feineren Ebenen den technischen Steuerungen zugewiesen werden. Dies kann auf zwei Arten geschehen. Im ersten Fall übergibt die Fertigungssteuerung der Teilefertigung, dem Transport, dem Lager und der Montage die arbeitsgangbezogenen Daten (Teile-Nummer, Arbeitsgangbeschreibung, evtl. mit NC- bzw. Roboter-Programm-Nummer, Betriebsmittel-Nummer, Anfangs- und Endtermin), und die technischen Steuerungen übernehmen die zeitliche Synchronisation.

---

[56] Vgl. Wildemann, H.: Flexible Werkstattsteuerung nach Kanban-Prinzipien. München 1984.

Im zweiten Fall übergibt die Fertigungssteuerung einer der technischen Steuerungen die Vorgaben, und die weitere Spezifizierung der Arbeitsgänge (z. B. palettengenaue Steuerung) und die Weitergabe der Anforderungen an die nächste Bearbeitungsstelle erfolgen im CAM-Bereich ohne Einschaltung der Fertigungssteuerung. Dies kann so realisiert werden, daß die Fertigungssteuerung einem mobilen Datenträger, der dem Werkstück oder dem Transporthilfsmittel wie ein warenbegleitender Laufzettel zugeordnet wird, die für die weitere Steuerung notwendigen Daten mitgibt. Dabei handelt es sich um Teile-Nummern, Werkstückdaten, Maschinendaten, Anfahrtsziellisten, NC-Programm-Nummern bzw. Roboter-Programm-Nummern, Einstellparameter, Prüfwerte und Fertigungszustände. Die Informationen werden damit von der Fertigungssteuerung an die Transportsteuerung übergeben und von dort an die NC-, Roboter-Steuerungen, Lager- und Montagesteuerungen weitergegeben.

Fertigungssteuerung - Lagersteuerung

Da der Fertigungssteuerung die Koordination aller kurzfristigen betrieblichen Abläufe obliegt, kommt der Anstoß zur Einlagerung von Teilen aus der Fertigungssteuerung. Dies kann hervorgerufen werden durch die BDE-Meldung, daß ein Teil oder eine Palette zur Einlagerung bereitliegt, oder durch die Rückmeldung aus dem Transportsystem, daß der Transport des Förderhilfsmittels mit den entsprechenden Teilen zur Einlagerungsstrecke stattgefunden hat.

Auch die Auslagerung von Teilen wird von der Fertigungssteuerung angestoßen. Maßgebend dafür ist die Einplanung der Bearbeitung dieses Teils in der folgenden Fertigungsstufe. Dabei wird der Lagersteuerung die Reservierungsnummer, die in der Materialwirtschaft bei der Auftragsfreigabe vergeben wurde, von der Fertigungssteuerung zur richtigen Verbuchung mit übergeben.

Wenn zum reibungslosen Ablauf der Montage von der Lagersteuerung Teile montagegerecht kommissioniert werden, übergibt die Fertigungssteuerung der Lagersteuerung die Information über die Zusammenführung von Teilen, die an einem Montage-Bearbeitungsplatz benötigt werden. Die Anordnung der Teile auf dem Förderhilfsmittel ist entweder direkt in der Steuerung des Kommissioniermittels (z. B. Roboter) gespeichert und wird über entsprechende Programmnummern angesprochen oder wird von der Fertigungssteuerung übergeben.

Fertigungssteuerung - Montagesteuerung

In teilautonomen Bereichen steuert die Montagesteuerung die Montagebearbeitungsplätze ohne zwischenzeitlichen Eingriff der Fertigungssteuerung (z. B. bei der Steuerung und zeitlichen Synchronisierung einer getakteten Bearbeitung an einem Rundtisch oder bei der zeitlichen und logischen Abstimmung mehrerer, im Bearbeitungsprozeß aufeinanderfolgender Roboter).

Überall dort, wo an unterschiedlichen Stellen im Montageprozeß Teile zugeführt werden, muß die übergeordnete Fertigungssteuerung eingreifen, da hier Lager- und Transportsysteme in den Ablauf einzubeziehen sind. Für jeden teilautonom gesteuerten Bereich übergibt die Fertigungssteuerung der Montagesteuerung die Montageaufträge mit den zugehörigen Anfangs- und Endterminen.

Fertigungssteuerung - Instandhaltung

Die Instandhaltung meldet der Fertigungssteuerung die geplanten Instandhaltungsmaßnahmen mit ihren Anfangs- und Endterminen, damit zu dieser Zeit keine Aufträge an den betroffenen Betriebsmitteln eingeplant werden. Wenn die von der Instandhaltung vorgegebenen Zeiten technisch ungünstig sind (z. B. Auseinanderreißen eines zusammenhängenden Loses), meldet dies die Fertigungssteuerung zurück an die Instandhaltung und gibt sinnvolle Alternativen für das Verschieben von Instandhaltungsaufgaben.

Diese Termine müssen von der Instandhaltung akzeptiert oder als nicht durchführbar zurückgewiesen werden. Ein freigegebener Instandhaltungsauftrag ist dann für beide Seiten bindend.

Bei einem Störfall meldet die Instandhaltung der Fertigungssteuerung den voraussichtlichen Endtermin der Instandsetzungsarbeit.

Nicht nur die Einsatzfähigkeit von Maschinen ist von der Instandhaltung der Fertigungssteuerung zu melden, sondern ebenso die der Fertigungshilfsmittel. Wenn ein Werkzeug oder eine Vorrichtung instandgesetzt (überarbeitet, nachgeschliffen) wird, sind die Anfangs- und Endtermine von der Instandhaltung zur Verfügung zu stellen, da in dieser Zeit die entsprechenden Arbeitsgänge nicht ausgeführt werden können.

Die Instandhaltung hat selbst Steuerungsaufgaben zu übernehmen, die denen der Fertigungssteuerung entsprechen, wie Zuordnung von Instandhaltungsaufgaben zu Personen, Reihenfolgeplanung, Ausgleich von Kapazitätsspitzen, Belegung von Instandhaltungsbetriebsmitteln. Hier sollten von Fertigungssteuerung und Instandhaltung gleiche Module zur Einlastung, zum Abgleich und zur Reihenfolgeplanung verwendet werden.

Fertigungssteuerung - Qualitätssicherung

Die Qualitätssicherungsmaßnahmen, die im Rahmen der Kapazitätsterminierung analog zur Planung der Betriebsmittelkapazitäten nur grob eingelastet worden sind, müssen in der Fertigungssteuerung zeitgenau und reihenfolgegenau eingeplant werden. Dazu benötigt die Fertigungssteuerung von der Qualitätssicherung die aktuell verfügbare Kapazität der Prüfressourcen. Sie wird gegengerechnet gegen den Prüfbedarf aus den Aufträgen, der von der Kapazitätsterminierung weitergeleitet wird.

Je nachdem, ob integriert bei der Arbeitsgangbearbeitung, nach Abschluß des Arbeitsgangs oder nach Fertigstellung des Teils geprüft wird, ist die Bindung zwischen Fertigungssteuerung und Qualitätssicherung unterschiedlich stark.

Im ersten Fall, z. B. bei Meß- und Prüfsensoren, die in NC-Maschinen oder Robotern integriert sind, kann der nächste Bearbeitungsschritt innerhalb des Arbeitsgangs erst nach erfolgreich verlaufener Prüfung/Messung durchgeführt werden. Hier ist die Fertigungssteuerung aber erst nach Abschluß der Durchführung des gesamten Arbeitsgangs involviert, da die Steuerung innerhalb des Arbeitsgangs Bestandteil der technischen Steuerungen (Steuerungen der NC-, CNC-Maschinen und Roboter, Montagesteuerung) ist.

Im zweiten Fall wird der nächste Arbeitsgang an einem Werkstück erst freigegeben, wenn das Ergebnis der Prüfung des vorangegangenen Arbeitsgangs innerhalb der vorgegebenen Toleranzen liegt. Anderenfalls muß das Werkstück ausgesondert oder zur Nachbearbeitung weitergeleitet werden. Die Qualitätsangaben, die zur Fertigungssteuerung kommen, werden demnach auch zur Ansteuerung von Transportsystemen oder Lagersystemen weiterverarbeitet.

Bei einer teilebezogenen Prüfung kann die Fertigungssteuerung die Meldung der Fertigstellung eines Teils erst dann veranlassen, wenn auch die Qualitätsprüfung für dieses Teil stattgefunden hat.

Die Ergebnisse der Prüfung werden bei Abschluß des Arbeitsgangs entweder direkt von den Maschinen der Fertigungssteuerung überstellt[57], von den Prüfmitarbeitern im Prüfsystem erfaßt und anschließend der Fertigungssteuerung mitgeteilt oder von der Betriebsdatenerfassung aufgenommen und über das Produktionsdatenanalysesystem dem Fertigungssteuerungssystem für die Weiterverarbeitung übermittelt (siehe dort). Sie werden in den Auftragssätzen, die die Fertigungssteuerung arbeitsgangbezogen verwaltet, vermerkt und mit an die Produktionsplanung zurückgemeldet (Kapazitätsterminierung und Materialwirtschaft).

Die Integration von Fertigungssteuerung und Qualitätssicherung vollzieht sich demnach auf zwei Stufen:

-   Die Qualitätssicherungsaufgaben sind dann ein in den Fertigungsprozeß integrierter Bestandteil, wenn die Qualitätsprüfung ein Arbeitsschritt innerhalb eines Fertigungsarbeitsgangs ist und der folgende Arbeitsschritt in Abhängigkeit vom Ergebnis der Qualitätsprüfung bestimmt wird. Hier werden die Qualitätssicherungsaufgaben ebenso gesteuert wie die Fertigungsarbeitsschritte; d. h. die kurzfristig dispositiven Aufgaben der Qualitätssicherung gehen über in die Fertigungssteuerung. Hier liegt Funktionsintegration vor.

-   Dort, wo die Qualitätsprüfung vom eigentlichen Fertigunsprozeß entkoppelt ist, z. B. bei der Funktionsprüfung von vormontierten Baugruppen oder bei der Endkontrolle, sind für die Durchführung der Prüfung gleiche dispositive Aufgaben wahrzunehmen wie bei der Fertigungssteuerung. Dazu gehören Reihenfolgeplanung, Zuordnung von Prüfaufgaben und Personal zu Prüfmitteln. Hier werden von der Fertigungssteuerung und der Qualitätssicherung gleiche Module zur kurzfristigen Steuerung benötigt, d. h. es handelt sich bei dieser Art der Verbindung um Modulintegration.

---

[57] Vgl. Frank, W.: CIM-Komponenten in der Qualitätssicherung. In: Produktionsforum '88 - Die CIM-fähige Fabrik, 8. IAO-Arbeitstagung. Hrsg.: IPA-IAO, Stuttgart 1988 (IPA-IAO Forschung und Praxis, Bd. T9. Hrsg.: IPA-IAO);
Krimg, J. R.: Integrierte CAQ-Funktionen. CIM Management, 5(1989) Nr. 4, S. 4 - 9.

Fertigungssteuerung - Finanzbuchhaltung

Die Fertigungssteuerung übergibt der Finanzbuchhaltung die Werkstattbestände, die dort zur Berechnung des Umlaufvermögens benötigt werden.

Fertigungssteuerung - Kostenrechnung

Fertigungssteuerung und Kostenrechnung sollten identische interne Aufträge benutzen, denen die mengenmäßigen (Fertigungssteuerung) und bewerteten (Kostenrechnung) Leistungen zugerechnet werden. Auch sollte der verursachende Kostenträger, soweit dies möglich ist, in der Fertigungssteuerung mitgeführt werden, so daß alle Bewegungen direkt dem Kostenträger zugeordnet werden können. Die Fertigungssteuerung liefert die aktuellsten und detailliertesten Werte zur Kostenermittlung **vor** dem eigentlichen Produktionsprozeß. Wenn in der Kostenrechnung die Vorgaben der heuristischen Vorkalkulation nach definierten Planungsstadien (z. B. nach Kapazitätsabgleich und nach Fertigungssteuerung) mit den exakteren Kalkulationsverfahren der Kostenrechnung überprüft werden sollen, benötigt die Kostenrechnung für die genaue Vorkalkulation von der Fertigungssteuerung alle Kosten verursachenden Faktoren: Fertigungsaufträge mit den zugehörenden Teile-, Stücklisten- und fertigungsauftragsbezogenen Arbeitsplaninformationen, Losgrößen, geplante Betriebsmittel, Personaleinsatz, benötigte Sonderwerkzeuge (zur Ermittlung der Sondereinzelkosten der Fertigung) sowie vorzunehmende Transportvorgänge, die sich erst aus der konkreten Betriebsmittelzuordnung und den geplanten Splittings und Überlappungen, Raffungen und Entraffungen ergeben, und schließlich geplante Lagervorgänge.

Fertigungssteuerung - Personalwirtschaft

Wie Kapazitätsterminierung und Kapazitätsabgleich benötigt auch die Fertigungssteuerung Daten über An- und Abwesenheit von Mitarbeitern, Krankheit und Urlaub und deren voraussichtliche Dauer sowie Schichtpläne. Auch Informationen über Personalkosten sind für die kurzfristige Steuerung des Mitarbeitereinsatzes, die Wahl des Fertigungsverfahrens und die Entscheidung über Eigenerstellung oder Fremdbezug, sofern sie im Kurzfristbereich noch getroffen werden kann, notwendig.

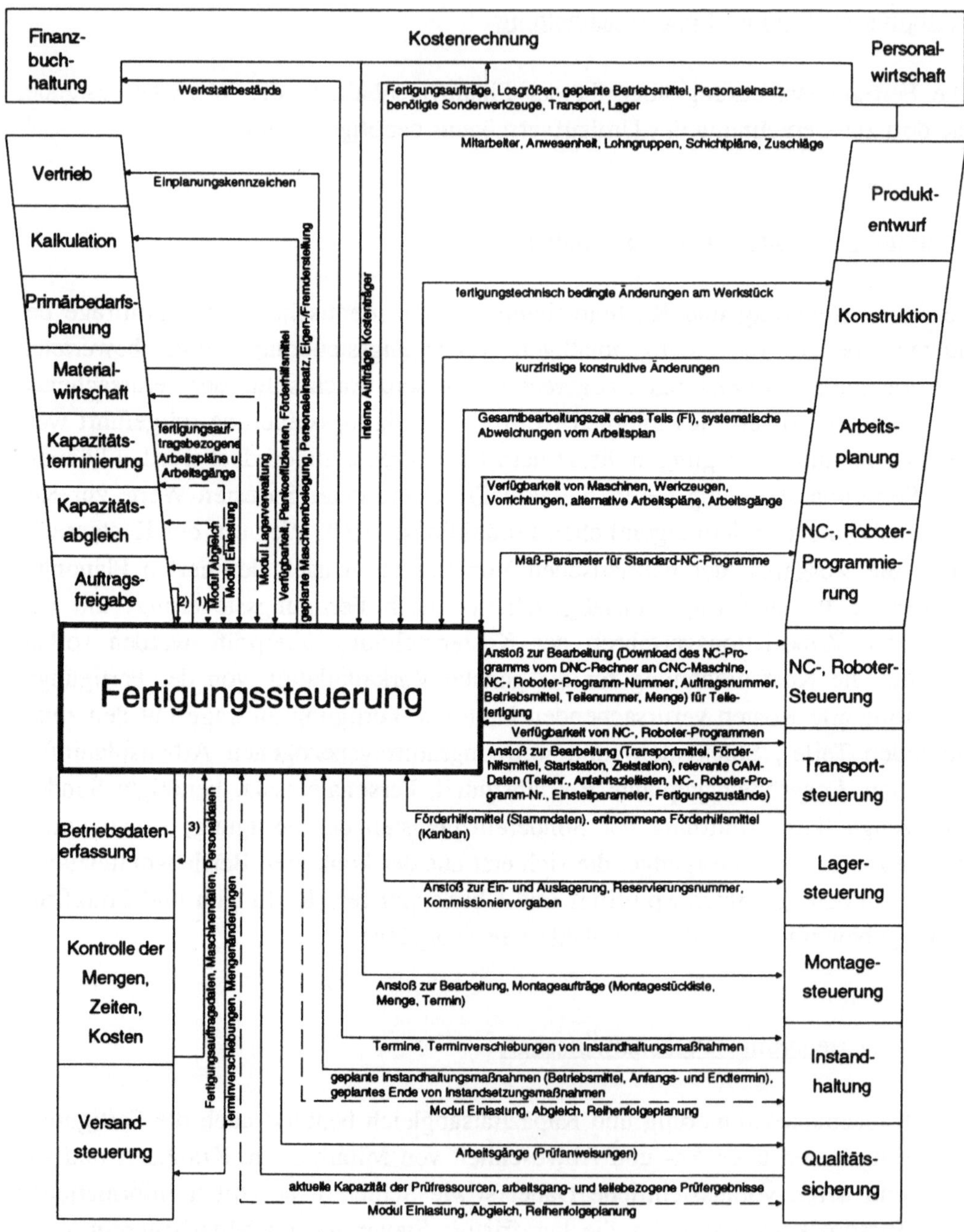

Abbildung 2.8: Interdependenzen der Fertigungssteuerung

2.9 Betriebsdatenerfassung

Betriebsdatenerfassung - Kontrolle der Mengen, Zeiten, Kosten

Ein Großteil der Daten, die als Rückmeldung des betrieblichen Geschehens in die Betriebsdatenerfassung fließen, werden im Datenanalysesystem zur Kontrolle von Mengen, Zeiten und Kosten aufbereitet und ausgewertet.

Es handelt sich hierbei um Auftragsdaten (Auftragsfortschritt, Auftragsstatus, Stückzahlen), Personaldaten (Anwesenheitszeit, Arbeitszeit, Lohnkosten), Maschinendaten (Produktionszeit, Stillstandszeit, Störungsursachen) und Prozeßdaten (Qualität, Prozeßparameter, Einstelldaten). Auch die im Rahmen von Instandhaltungsmaßnahmen anfallenden Informationen (Art der Maßnahme, Mitarbeiter, Zeiten, Arbeitsfolgen) werden vom BDE-System zur weiteren Auswertung an das System der Kontrolle von Mengen, Zeiten und Kosten übermittelt.

Damit der Soll-/Ist-Vergleich durchgeführt werden kann, müssen die Sollvorgaben von den Funktionalbereichen Materialwirtschaft, Fertigungssteuerung, Instandhaltung und Qualitätssicherung über die Betriebsdatenerfassung an das Kontrollsystem weitergeleitet werden.

Betriebsdatenerfassung - NC-, Roboter-Steuerung

Alle für andere Bereiche wichtigen Daten der NC-Bearbeitung werden im Betriebsdatenerfassungssystem aufgenommen. Es sind dies: Auftragsnummer, NC-Programm-Nummer, bearbeitende Maschine, eventuell Mitarbeiter, Teile-Nummer, Anzahl bearbeiteter Teile, Gutmenge und Ausschuß (sofern hier schon erkannt).

Betriebsdatenerfassung - Transportsteuerung

Die Transportsteuerung übergibt die Daten der Durchführung eines Transports (ausführendes Transportmittel, aufgenommenes Transporthilfsmittel, Auftragsnummer (sofern vorhanden), Ausgangsort und Zielort sowie Startzeit und Endzeit des Transports) an das Betriebsdatenerfassungssystem. Hier können Daten der speicherprogrammierbaren Steuerungen (SPS)[58] ohne manuelle Zwischenschritte direkt an das BDE-System übergeben werden.

Betriebsdatenerfassung - Lagersteuerung

Die Lagersteuerung übergibt die Daten der durchgeführten Lagerbewegungen an das Betriebsdatenerfassungssystem. Es handelt sich dabei um: Angabe des Lagerorts, Teile-Nummer, ein- bzw. ausgelagerte Menge, Reservierungsnummer (sofern vorhanden), Auftragsnummer (sofern vorhanden), Anzahl und Art der Transporthilfsmittel, Menge an Teilen pro Transporthilfsmittel, Dauer der Lagerungszeit (bei verderblichen Produkten).

Betriebsdatenerfassung - Montagesteuerung

Die Betriebsdatenerfassung nimmt von der Montagesteuerung die Daten der durchgeführten Montagebearbeitungen auf: Montageplatz, Auftragsnummer, Anzahl der montierten Werkstücke (Gutmenge/Ausschuß), Beginn von Bearbeitungsschritten, Ende von Bearbeitungsschritten, bearbeitende Mitarbeiter.

Betriebsdatenerfassung - Instandhaltung

Das Betriebsdatenerfassungssystem nimmt alle im Rahmen von Instandhaltungsmaßnahmen anfallenden Informationen auf: Art der Instandhaltungsmaßnahme (Inspektion, Wartung, Instandsetzung), Betriebsmittel, an dem die Maßnahme vorgenommen wird (Fertigungsmittel, Fertigungshilfsmittel), ausführende Mitarbeiter (extern/intern), Zeitdaten der Maßnahme (Beginn und Ende), eingesetzte Instandhaltsungsmaterialien, durchgeführte Arbeitsgänge.

---

[58] Zu speicherprogrammierbaren Steuerungen und deren CIM-Einbindung vgl. Grötsch, E.: SPS: Speicherprogrammierbare Steuerungen vom Relaisersatz bis zum CIM-Verbund. München 1988.

Damit die Daten möglichst redundanz- und fehlerfrei erfaßt werden können, werden die Sollvorgaben der Instandhaltungsaufträge und -pläne von der Instandhaltung an das BDE-System übergeben, so daß dort nur die Sollvorgaben quittiert und Änderungen eingegeben werden müssen.

Betriebsdatenerfassung - Qualitätssicherung

Die Qualitätsdaten, die arbeitsgangbezogen oder teilebezogen ermittelt werden, sind über das Betriebsdatenerfassungssystem aufzunehmen. Hier können manuelle Prüfverfahren zum Einsatz kommen, bei denen die Prüfergebnisse über BDE-Terminals erfaßt werden, oder automatisierte Prüfverfahren, bei denen die relevanten Daten von den Meßsystemen (NC-Koordinationmeßgeräten, Meßrobotern, SPC-Meßrechnern[59]) weitergeleitet werden.

Die Qualitätsdaten zur arbeitsschrittbezogenen Steuerung werden dagegen von den technischen Systemen (NC-Steuerungen, Robotern, Montage-, Lager- und Transportsteuerungen) direkt verarbeitet.

Zur richtigen Zuordnung von erkannten Fehlern müssen als Stammdaten Fehlerklassifizierung und Fehlerschlüssel dem BDE-System übergeben werden, zur redundanzfreien Erfassung der Qualitätsdaten die Bewegungsdaten der Prüfaufträge und die Prüfarbeitsgänge als Sollvorgaben.

Betriebsdatenerfassung - Personalwirtschaft

Bei Zeitentlohnung der Mitarbeiter werden über die Betriebsdatenerfassung die Zeiten ermittelt, die die Basis für die Lohnfindung bilden. Sie werden in der Personalwirtschaft mit den entsprechenden Lohngruppensätzen der Mitarbeiter/Mitarbeitergruppen verknüpft.

---

[59] Zu SPC-Meßrechnern vgl. Rauba, A., Sälzle, P.: Marktübersicht der im 1. Halbjahr 1987 auf dem Markt der Bundesrepublik Deutschland angebotenen SPC-Meßrechner. Hrsg.: IPA Fraunhofer Institut für Produktionstechnik und Automatisierung. Stuttgart 1987, S. 1 - 19.

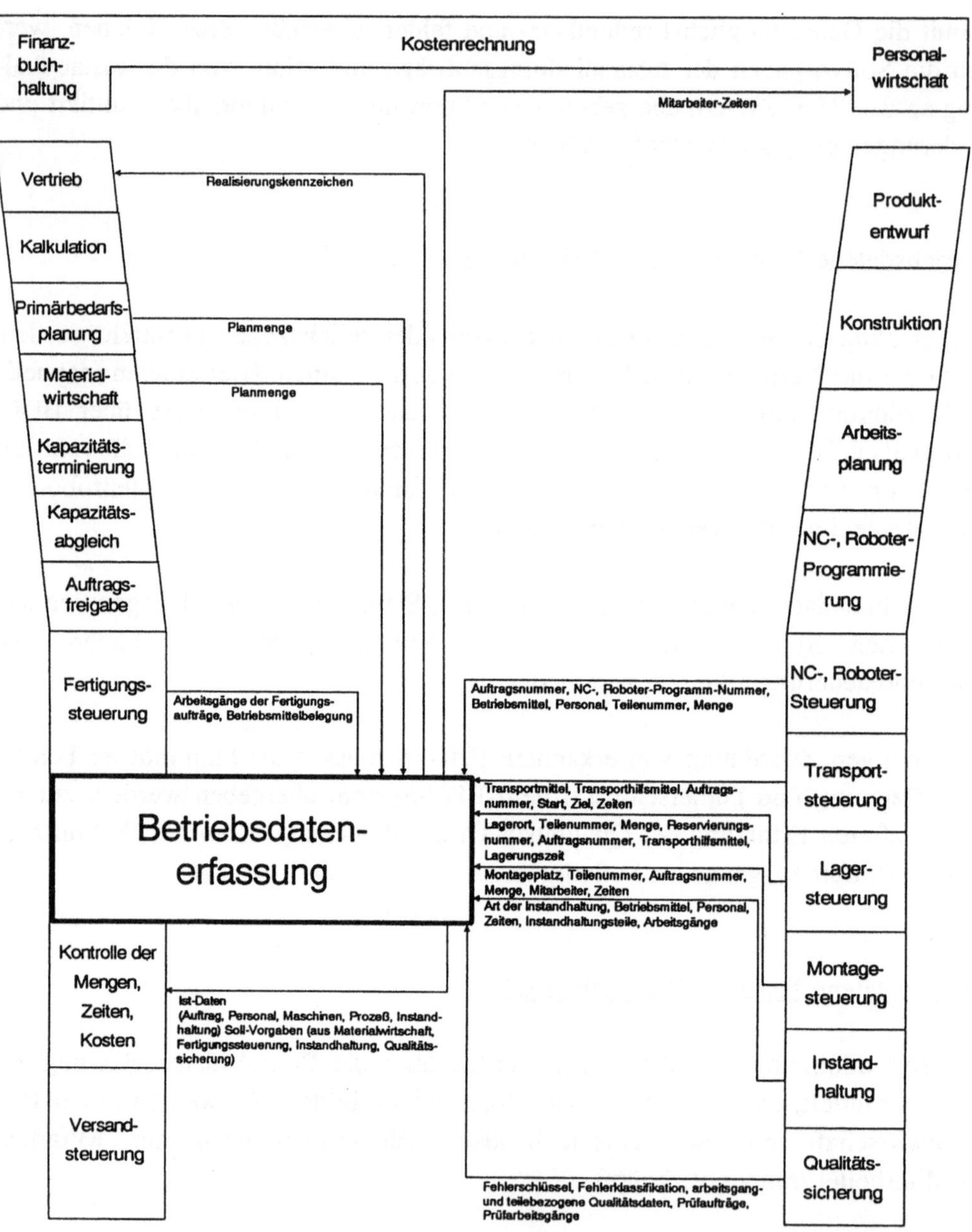

Abbildung 2.9: Interdependenzen der Betriebsdatenerfassung

2.10 Kontrolle der Mengen, Zeiten, Kosten

Kontrolle der Mengen, Zeiten, Kosten - Versandsteuerung

Zeit- oder Mengenabweichungen in der Fertigung, die Auswirkungen auf die Disposition und Tourenplanung in der Versandsteuerung haben, sind vom Kontrollsystem an die Versandsteuerung zu übergeben. Während die Auftragsabwicklung, der Kapazitätsabgleich und die Fertigungssteuerung **Plan**daten in zunehmendem Aktualitätsgrad der die Versandsteuerung berührenden Kunden- und Fertigungsaufträge übermitteln, basiert die Information des Produktionsdatenanalysesystems auf **Realisierungs**daten.

Kontrolle der Mengen, Zeiten, Kosten - Konstruktion

Wenn bei der Bearbeitung eines Werkstücks Soll-/Ist-Abweichungen auftreten, sind diese vom Kontrollsystem zu analysieren. Eine Kollision zwischen Werkzeug und Werkstück kann auf ein fehlerhaftes NC-Programm, aber auch auf eine ungünstige Geometrie des Werkstücks zurückzuführen sein. Mehrfach auftretender Werkzeugbruch bei der Bearbeitung eines Werkstücks kann Folge einer nicht fertigungsgerechten Konstruktion sein.

Anomalien am Werkstück selber (Rißbildung, Lunkerbildung, Lösen von Fügestellen, Spannungen, Bruch) können auf konstruktive Fehlleistungen zurückzuführen sein[60].

Alle Soll-/Ist-Abweichungen, die möglicherweise auf konstruktive Fehler zurückzuführen sind oder durch konstruktive Änderungen behoben werden könnten, sind vom Kontrollsystem der Konstruktion mitzuteilen.

Kontrolle der Mengen, Zeiten, Kosten - Arbeitsplanung

Bei systematischem Abweichen der in der Betriebsdatenerfassung aufgenommenen und im Kontrollsystem der Kontrolle von Mengen, Zeiten und Kosten ausgewerteten Produktionsdaten von den im Rahmen der Arbeitsplanung vorgegebenen Werten muß in den Arbeitsplänen eine Anpassung erfolgen. Diese kann sich auf Maschinenzeiten, Personalzeiten, Ausschußvorgaben und Losgrößenvorgaben beziehen, außerdem auf Übergangsdauern und auf Splitting- oder Überlappungskennzeichen und -mengen.

Auch wenn eine systematische Abweichung der Maschinenbelegung oder sogar des Verfahrens von den in den Arbeitsplänen vorgeschlagenen Zuordnungen erkennbar ist, muß in den Arbeitsplänen eine Überprüfung vorgenommen werden.

Neben den Anpassungen des Arbeitsplans aus der Kapazitätsterminierung, dem Kapazitätsabgleich und der Fertigungssteuerung liegt im Kontrollsystem die dem Produktionsprozeß am nächsten liegende Beeinflussung des Arbeitsplans vor.

Kontrolle der Mengen, Zeiten, Kosten - NC-, Roboter-Programmierung

Anomalien im Fertigungsprozeß, die auf fehlerhafte oder nicht optimal gestaltete NC-Programme zurückzuführen sind, wie Kollisionen, Werkzeugbruch oder Abweichungen in der Geometrie, sind vom Kontrollsystem zu erkennen und an die NC-Programmierung zu melden. Dort sind die entsprechenden Änderungen an den Programmen vorzunehmen.

---

[60] Vgl. Ehrlenspiel, K.: Kostengünstiges Konstruieren. Berlin u.a. 1985, S. 76 - 211.

Kontrolle der Mengen, Zeiten, Kosten - Instandhaltung

Über das Analysesystem werden zum einen Daten aufbereitet, die im Rahmen von Instandhaltungsmaßnahmen anfallen, zum anderen Daten, die Auslöser für solche Maßnahmen sein können[61].

Zur ersten Gruppe gehören Maschinenunterbrechungszeiten aufgrund von Instandhaltungsmaßnahmen, Zeitabweichungen bei der Durchführung solcher Arbeiten, Kostenabweichungen bei Großreparaturen oder Umbauarbeiten einer Anlage und Mengenabweichungen beim Einsatz von Magazinmaterial in Instandhaltungsarbeiten.

In die Instandhaltungsabrechnung sind die Kosten für Eigenleistungen einzubeziehen. Die dafür notwendigen Ausgangsdaten, z. B. welche Mitarbeiter wie lange für Instandhaltungsaufgaben eingesetzt waren, sind pro Instandhaltungsauftrag vom Analysesystem an das Instandhaltungssystem zu übermitteln.

Auslöser von Instandhaltungsmaßnahmen sind Maschinen- und Fertigungshilfsmitteldaten. Zu den Maschinendaten gehören Laufzeiten von Maschinen (für die vorbeugende Instandhaltung notwendige Basisdaten), auftretende Störungen (zum Anstoß für Instandsetzungsarbeiten) und Störgründe (zur Spezifizierung der notwendigen Instandsetzungsarbeiten). Störgründe sind z. B. Ausfall von Maschinen oder Soll-/Ist-Abweichungen bei Meßgrößen der Aggregate, Werkzeugbruch oder sonstige Abweichungen bei Werkzeugen oder anderen Fertigungshilfsmitteln sowie Unterschreiten von Mindestqualitätsanforderungen beim Werkstück (wenn die Qualitätssicherung nicht nur Prüfinstrument, sondern auch Steuerungsinstrument ist). Weiterhin wird die Abfolge von Auftragsarten an Maschinen zum Erkennen von Korrelationen zwischen bestimmten Umrüstvorgängen und Ausfällen übermittelt.

Für die Instandhaltung notwendige Fertigungshilfsmitteldaten sind Standzeiten von Werkzeugen und Vorrichtungen. Diese erlauben die Ermittlung des verschleißbedingten Ersatzzeitpunktes bzw. des Zeitpunktes der Nachbearbeitung (vorbeugende Instandsetzung) des Fertigungshilfsmittels.

---

[61] Die Notwendigkeit der Einbindung der Instandhaltung in das CIM-Umfeld unter Nutzung und Bereitstellung von Daten für das Produktionsdatenanalysesystem wird noch selten erkannt. Vgl.: Instandhaltungssoftware. Realität und Vision. Hrsg.: H. Biedermann, Düsseldorf 1990;
Grünewald, C.; Sent, B.: Einführung eines EDV-Systems in der Instandhaltung. CIM-Management, 6(1990) Nr. 4, S. 26 - 31.

Kontrolle der Mengen, Zeiten, Kosten - Qualitätssicherung

Die Meß- und Prüfdaten, die im Rahmen der Betriebsdatenerfassung aufgenommen wurden, werden im Produktionsdatenanalysesystem aufbereitet und in aggregierter Form vollständig an die Qualitätssicherung übergeben[62]. Dort werden diese Daten ausgewertet und im Informationssystem über die Zeit einem Vergleich unterzogen.

Wenn keine Vollprüfung, sondern eine Stichprobenprüfung durchgeführt wird, muß entschieden werden, ob ein Los angenommen oder abgelehnt wird. Ist die Anzahl der Fehler kleiner oder gleich der statistisch ermittelten Annahmezahl, die auf dem acceptable quality level für das Los beruht, wird das Los angenommen; ist sie größer oder gleich der Rückweisezahl, wird das Los zurückgewiesen; liegt sie dazwischen, muß eine neue Stichprobe durchgeführt werden. Annahmezahl und Rückweisezahl werden dem Kontrollsystem von der Qualitätssicherung übergeben, das Kontrollsystem meldet das Ergebnis der Stichprobenprüfung und stößt eventuell die Qualitätssicherung an, eine neue Stichprobenprüfung durchzuführen.

Bei Auftreten von Toleranzüberschreitungen von wichtigen Merkmalen kann auch das Kontrollsystem die Qualitätssicherung veranlassen, bei einem Los eine 100%-Prüfung statt einer Stichprobenprüfung vorzunehmen. Die entsprechenden Stammdaten sind dem Kontrollsystem mitzuteilen, die aktuellen Daten aus dem Betriebsdatenerfassungssystem werden mit ihnen abgeglichen und führen bei Abweichungen zum Anstoß von Qualitätssicherungsaufgaben.

Kontrolle der Mengen, Zeiten, Kosten - Kostenrechnung

In der Kostenrechnung werden die Kostensätze ermittelt, die das System zur Kontrolle der Mengen, Zeiten und Kosten benötigt.

Die im Rahmen der Betriebsdatenerfassung ermittelten aktuellen Rückmeldungen über Maschinenlaufzeiten, Personaleinsatz und Materialeinsatz werden im Kontrollsystem mit diesen Kostensätzen bewertet, damit sie im Rahmen einer mitlaufenden Kalkulation den Daten der Vorkalkulation gegenübergestellt werden können.

---

[62] Zur Einbindung von aufbereiteten Produktionsdaten in die Qualitätssicherung vgl.: Krautwurst, J.: iQ-Basis - ein Baustein für flexible Qualitätssicherung. CIM-Management, 5(1989) Nr. 4, S. 10 - 15.

Auf der anderen Seite sind die im Datenanalysesystem ausgewerteten Daten Grundlage für die Ermittlung der in der Kostenrechnung geführten Kostensätze. So haben die Stillstandszeiten, die aufgrund von Reparatur- oder Wartungsarbeiten entstehen, und die dort anfallenden Kosten Auswirkungen auf die zu verrechnenden Kostensätze der Betriebsmittel.

Insgesamt benötigt die Kostenrechnung für eine vollständige Erfassung und Verrechnung der Kosten alle Daten der innerbetrieblichen Leistungserstellung. Mengen und Zeiten sind mit den Kostenstellen, in denen sie entstehen, und den Aufträgen, die sie verursachen, der Kostenrechnung zur Verfügung zu stellen. Fertigungsaufträge werden, wenn sie einem Kundenauftrag zuzuordnen sind, als Kostenträgerinformation mitgeführt, Instandhaltungsaufträge sind im Rahmen der Kostenartenrechnung für die Berechnung der Betriebsmittelkosten notwendig, Transportaufträge sind mit der Leistungsmenge (Bezugsgrößenmenge pro Transportanweisung) und der empfangenden Kostenstelle zu übermitteln, damit die Kosten verursachungsgerecht auf diese verrechnet werden können.

Kontrolle der Mengen, Zeiten, Kosten - Personalwirtschaft

Wenn das Entgelt zeitbezogen entrichtet wird, werden die Zeiten von der Betriebsdatenerfassung direkt an die Personalwirtschaft übermittelt. Gehen dagegen zusätzliche Bestandteile in die Lohnfindung ein (z. B. Mengen, Qualitäten), werden die entsprechenden Daten im Kontrollsystem zusammengeführt und gebündelt der Personalwirtschaft zur Verfügung gestellt. Dort werden sie mit den Zeitvorgaben aus der Arbeitsplanung verknüpft.

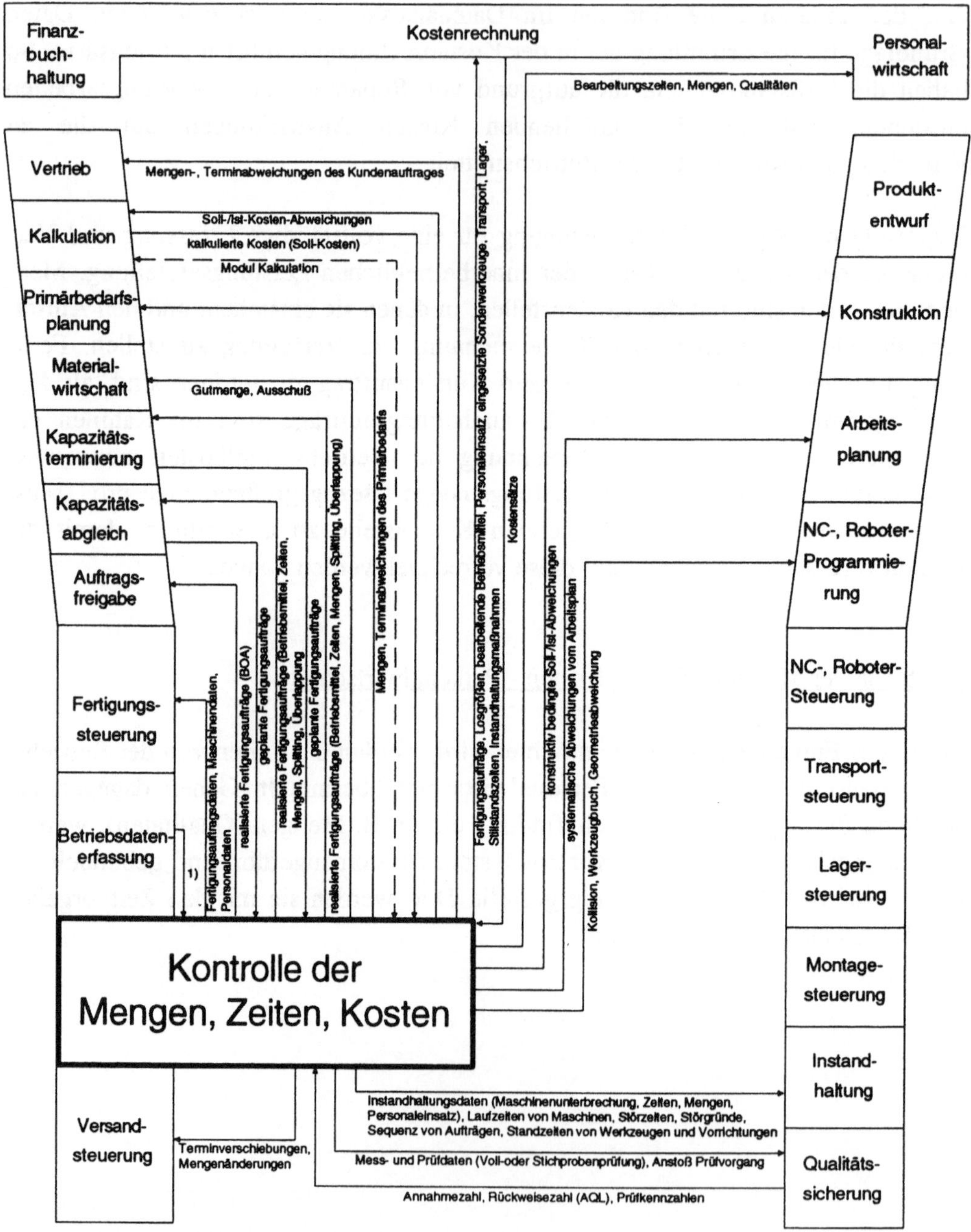

Abbildung 2.10: Interdependenzen des Systems der Kontrolle von Mengen, Zeiten und Kosten

2.11 Versandsteuerung

Versandsteuerung - Konstruktion

Bestimmte Versandrestriktionen sind bereits während des Konstruktionsprozesses zu berücksichtigen, wie Stapelhöhe, Verpackungsmöglichkeit (Verpackungsart, Restriktionen der Verpackungsstraße, Größe des Schrumpfofens), Frachtart und Frachthilfsmittel (Paletten, Frachtbehälter, Container).

Auf der anderen Seite erfordern neue Produkte, wie sie in der Konstruktion festgelegt werden, auch neue Formen der Verpackung und des Versands. Die Anforderungen dieser neuen Produkte bezüglich Verpackungsart (Verpackungsmaterial, Anforderungen an Reiß- und Druckfestigkeit), Verpackungsgröße und Anzahl von zusammenzufassenden Produkten pro Frachthilfsmittel sind von der Konstruktion der Versandsteuerung zu übermitteln.

Versandsteuerung - Arbeitsplanung

Verpackung und Bereitstellung zum Versand sind die letzten Arbeitsschritte in der Fertigung eines Produkts, die im Arbeitsplan ihren Niederschlag finden müssen. Bestimmte Versandrestriktionen, wie Größe und Belastbarkeit von Frachthilfsmitteln (Paletten, Behältern, Containern) und von Frachtmitteln (Pkw, Lkw, Bahn Schiff, aber auch Post, z. B. in der Elektronikindustrie) haben Einfluß auf Parameter des Arbeitsplans, wie z. B. die Losgrößenbildung.

Der Arbeitsplanung muß auch mitgeteilt werden, welchen Zeitbedarf für die Verpackung in die einzelnen Frachthilfsmittel sowie für die Vervollständigung der jeweils notwendigen Frachtpapiere besteht. Dies ist besonders bei zeitkritischen Aufträgen von Bedeutung. Der Zeitbedarf ist u. a. abhängig vom aktuellen Personalbestand und von der Ist-Kapazität des Versandes (siehe Versandsteuerung - Instandhaltung).

Versandsteuerung - Transportsteuerung

In der Versandsteuerung und der Transportsteuerung besteht die Aufgabe, Teile unter Nutzung der vorhandenen Ressourcen kostengünstig von einem Ausgangspunkt zu einem Zielpunkt zu transportieren. Insofern können hier gleiche Planungsalgorithmen zum Tragen kommen.

Die Verbindung zwischen Versandsteuerung und Transportsteuerung besteht weiterhin in der Nutzung der Stammdaten von möglicherweise identischen Förderhilfsmitteln, wobei innerbetrieblich die Abstimmung des Einsatzes von Förderhilfsmitteln mit der Lagersteuerung, überbetrieblich mit der Auftragsabwicklung, die eventuelle Vorgaben des Kunden erfaßt, vorzunehmen ist. Die Verfolgung der Förderhilfsmittel muß lückenlos von den innerbetrieblichen zu den überbetrieblichen Einsatzstellen möglich sein.

Versandsteuerung - Lagersteuerung

Die Versandsteuerung stellt die Aufträge zur Auslieferung zusammen. Die Lagersteuerung benötigt diese Daten, um die entsprechenden Produkte auslagern und bereitstellen zu können.

Teilweise werden die Versandzusammenstellungen am Vorabend der Auslieferung an die Lagersteuerung übertragen, so daß während der Nacht Umlagerungen für die Kommissionierung vorgenommen werden können, da zu dieser Zeit der Lagersteuerungsrechner und die Regalförderzeuge weniger belastet sind.

Die Umlagerung einzelner Produkte an einen anderen, örtlich getrennten Lagerort erzeugt ebenfalls einen Versandauftrag. Dieser wird aber vom Lagersteuerungssystem ausgelöst.

Versandsteuerung - Instandhaltung

Wie an den Fertigungsmitteln müssen auch an den Verpackungsmitteln (Verpackungsstraße, Schrumpfofen), den Frachtmitteln (eigener Fuhrpark) und den Frachthilfsmitteln (Paletten, Behälter, Container) Instandhaltungsarbeiten durchgeführt werden. Diese umfassen alle drei Gebiete der Instandhaltung, nämlich Inspektion, Wartung und Instandsetzung.

Vorbeugende Instandhaltungsmaßnahmen werden termingenau von der Instandhaltung an die Versandsteuerung gemeldet, damit dort die Plan-Kapazität der Verpackungseinheiten und Frachtmittel entsprechend reduziert wird.

Bei Instandsetzungsarbeiten aufgrund von Störungen wird der Versandsteuerung das geplante Ende der Maßnahme übermittelt.

Versandsteuerung - Qualitätssicherung

In der Versandsteuerung sind bestimmte Vorgaben der Qualitätssicherung zu beachten. Dies können Angaben über maximale Erschütterung sein, denen die Produkte ausgesetzt sein dürfen. Sie haben Auswirkungen auf die Art der Verpackung und die Wahl des Frachtmittels. Auch Angaben über zulässige Verschmutzung bis hin zur Forderung der Lieferung staubarmer Produkte, z. B. in der Elektronikindustrie, über längste Dauer des Versands einschließlich der Versandvorbereitungen (bei allen verderblichen Produkten) und über maximale Belastung der Produkte durch Stapelung hat die Qualitätssicherung bereitzustellen.

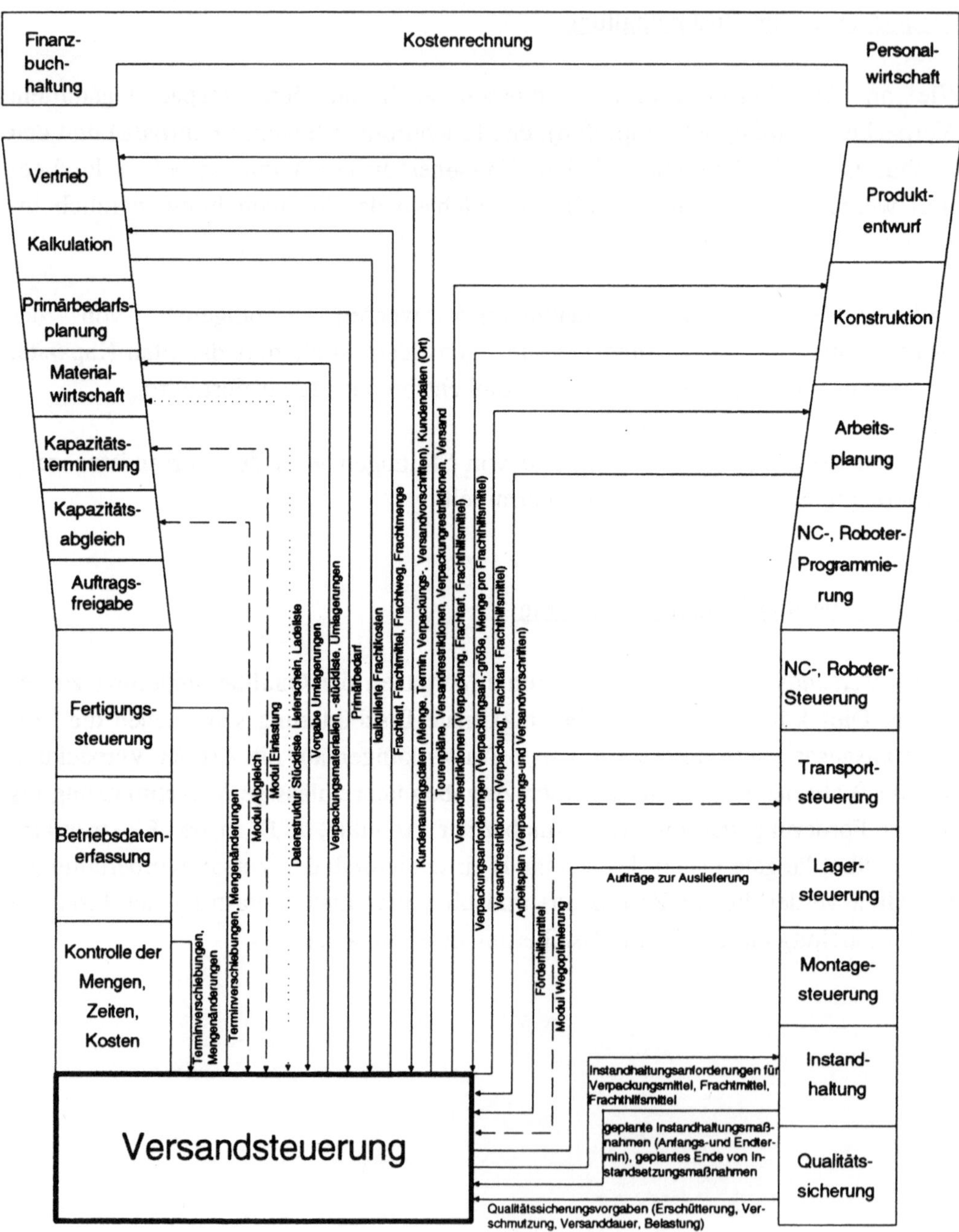

Abbildung 2.11: Interdependenzen der Versandsteuerung

2.12 Produktentwurf

<u>Produktentwurf - Vertrieb</u>   Seite 39

<u>Produktentwurf - Kalkulation</u>   Seite 48

<u>Produktentwurf - Primärbedarfsplanung</u> Seite 57

<u>Produktentwurf - Materialwirtschaft</u>   Seite 67

<u>Produktentwurf - Konstruktion</u>

Die Trennung zwischen Produktentwurf und Konstruktion, wie sie hier vorgenommen wird, findet sich auch anderenorts. Teilweise jedoch wird die Summe der Funktionen, die hier beiden Bereichen zugeordnet wird, insgesamt als Konstruktion bezeichnet (so auch in der VDI-Richtlinie 2222[63]). Hier sollen die Tätigkeiten so aufgeteilt werden, daß Planung (Bestimmung der Gesamtfunktion des zu entwerfenden Produkts und der Teilfunktionen, die zur Gesamtfunktion beitragen) und Konzipierung (Festlegung der möglichen Lösungsprinzipien für die Teilfunktionen und Auswahl der optimalen Lösungsprinzip-Kombination) dem Entwurf zugeschrieben werden. Die Konstruktion umfaßt die Funktionen Gestaltung (Festlegung der Gestalt, maßstäbliche Zeichnung) und Detaillierung (Optimierung aller Gestaltungszonen).

Das in der Konzipierungsphase des Produktentwurfs ausgewählte Lösungskonzept zur Erfüllung der Teilfunktionen innerhalb des Entwicklungsauftrags ist der Konstruktion zu übergeben. Zu diesem Rohentwurf gehören die Anforderungsliste mit den funktionalen Erfordernissen, das zu erreichende Kostenziel und die ausgewählte Lösungsprinzip-Kombination mit grobmaßstäblichen Skizzen oder Schemata und der zugehörige aktuelle Änderungsstand.

Für die Funktionen, für die bereits im Entwurf aufgrund vorliegender Daten eine vorhandene Baugruppen-Stückliste ausgewählt wurde, ist diese mit an die Konstruktion zu übergeben. Gleiches gilt, wenn im Entwurfsprozeß eine Grobstückliste, die eventuell nur Funktionen enthält, definiert wurde.

---

[63] VDI-Richtlinie 2222: Konstruktionsmethodik - Konzipieren technischer Produkte. Hrsg.: Verband Deutscher Ingenieure (VDI). Düsseldorf 1977.

Auch der Maximalrahmen, der im Entwurf für die Qualitätsanforderung an ein Produkt definiert wurde, wird zur weiteren Spezifikation an die Konstruktion übergeben.

Diese Daten benötigt die Konstruktion, um im Gestaltungsprozeß den maßstäblichen Entwurf zu erstellen und die Gestaltungszonen zu optimieren und somit vollständige Stücklisten und Fertigungsverfahren festzulegen. Zum anderen sollen damit aber auch Korrelationen ermittelt werden zwischen den Daten, die im Entwurfsprozeß anfallen und den Daten, zu denen jene im Konstruktionsprozeß weiterverarbeitet werden.

Die Bewertung dieser Daten (möglicherweise unter Hinzuziehung der weiteren Informationen, die erst in der Arbeitsplanung erzeugt werden) mit Kostendaten im Rahmen der Kalkulation läßt, sofern hier ähnliche Anforderungen zu ähnlichen Produkten mit ähnlichen Kostenstrukturen führen, schon frühzeitig im Entwurfsprozeß Rückschlüsse auf Kostenstrukturen zu, die normalerweise erst später im Spezifizierungsprozeß eines neuen Produkts möglich wären.

<u>Produktentwurf - Arbeitsplanung</u>

Schon im Produktentwurf, d. h. bei der Festlegung der Teilfunktionen und der Lösungsprinzip-Kombinationen für ein neues Produkt, soll die fertigungstechnische Realisierbarkeit überprüft werden. Da nicht alle Informationen zur Verfügung stehen, die bei der Arbeitsplanung traditionellerweise als Voraussetzung benötigt werden (technische Beschreibung, Zeichnung, Stückliste), müssen Korrelationen ermittelt werden zwischen Funktionen, die das Produkt erfüllen soll, und möglichen Fertigungsverfahren (in der Planungsphase des Entwurfsprozesses) bzw. zwischen den Lösungsprinzipien, die zur Erfüllung dieser Funktionen eingesetzt werden können, und den Fertigungsverfahren (in der Konzipierungsphase des Entwurfsprozesses).

Die Einbeziehung von Grobfunktionen aus der Arbeitsplanung in den Entwurfsprozeß (Funktionsintegration) soll mögliche Iterationen des traditionell sequentiellen Prozesses Entwurf - Konstruktion - Materialwirtschaft - Arbeitsplanung von vornherein weitgehend ausschalten und durch einen Prozeß der gleichzeitigen Planung **aller** produktbeschreibenden Merkmale in zunehmender Detaillierung ersetzen.

Produktentwurf - Qualitätssicherung

Die Aufgaben der Qualitätssicherung beginnen bereits beim Entwurf[64]. "Im ersten Schritt" der Definition der quality of design, der Entwurfsqualität, "wird ein Maximalrahmen entworfen, der die Wünsche und Vorstellungen des Verbrauchers weitgehend sowohl im Hinblick auf den Gebrauchswert als auch auf den Geltungswert des Erzeugnisses umfaßt"[65].

Es werden also von der Qualitätssicherung (in Verbindung mit Marketing/Vertrieb) die Qualitätsvorgaben gemacht, die das zu entwerfende Produkt erfüllen soll. Sie werden in der Anforderungsliste des Entwurfs als Soll-Daten festgehalten.

Bereits im Entwurf sollte bei fortschreitender Parallelisierung der bisher sequentiell erfolgenden weiteren Schritte des Produktplanungs- und -entstehungsprozesses überprüft werden, ob bestimmte strategisch wichtige Qualitätsvorgaben zu erreichen und deren Erreichung auch zu prüfen ist.

Produktentwurf - Kostenrechnung

Für die entwurfsbegleitende Kalkulation muß der Entwurf der Kostenrechnung die in der Planungs- und Konzipierungsphase anfallenden produktdefinierenden Merkmale übermitteln. Die Kostenrechnung prüft, ob zwischen den Kosten, die im Rahmen der Nachkalkulation für Produkte ermittelt wurden, und den produktdefinierenden Merkmalen signifikante Korrelationen bestehen. Ist dies der Fall, kann die Kalkulation auf diese Korrelationen zugreifen und schon mit der Definition der Teilfunktionen oder der Anforderungsliste des neuen Produkts verläßliche Kostenaussagen machen.

---

[64] Vgl. Arnold, R., Bauer, C.-O.: Qualitätssicherung in Entwicklung und Konstruktion. 2. Auflage, Köln 1987 (Praxiswissen für Ingenieure - Konstruktion. Hrsg.: TÜV Rheinland).

[65] Bauer, A., Meier, R., Richter, H., Sieper, H.-P.: Qualitätskontrolle in der Fertigungsindustrie mit Hilfe von EDV-Anlagen. Opladen 1973, S. 9.

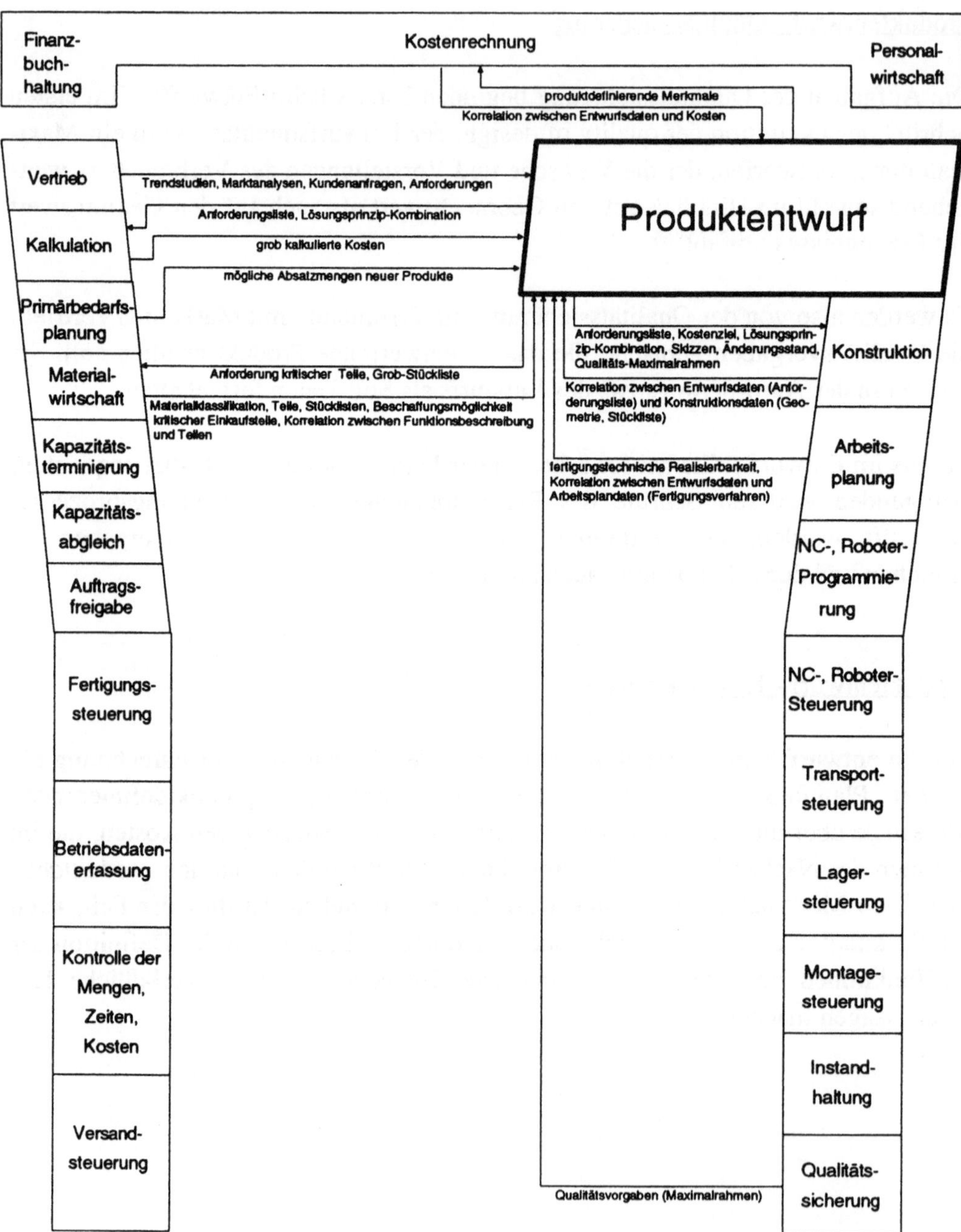

Abbildung 2.12: Interdependenzen des Produktentwurfs

2.13 Konstruktion

Konstruktion - Arbeitsplanung

Damit fertigungsgerecht konstruiert werden kann[66], müssen der Konstruktion die möglichen Fertigungsverfahren, die in der Arbeitsplanung verwaltet werden, bekannt sein, da durch die Erstellung des maßstäblichen Entwurfs die Stücklisten und die Fertigungsverfahren weitgehend festgelegt werden.

Die Ausprägungsmöglichkeiten des Werkstücks werden weiter begrenzt durch die vorhandenen Fertigungsmittel (maschinelle Anlagen) und Fertigungshilfsmittel (Werkzeuge und Vorrichtungen), deren Verwaltung ebenfalls der Arbeitsplanung obliegt.

Die vorhandenen Fertigungsmittel und Fertigungshilfsmittel stellen aber keine unbedingte Restriktion für die Konstruktion dar. Die Gestaltung eines neuen Produkts oder einer neuen Baugruppe kann durchaus neue Fertigungshilfsmittel, neue Ferti-

---

[66] Zur fertigungsgerechten Konstruktion vgl.: Product Data Interfaces in CAD/CAM Applications - Design, Implementation and Experiences. Hrsg.: J. Encarnacao, R. Schuster, E. Vöge. Berlin u. a. 1986;
Meerkamm, H.; Finkenwirth, K.; Röse, U.: Fertigungsgerechtes Konstruieren mit CAD, Proceedings of the International Conference on Engineering Design ICED'88, Budapest 1988;
Bock, M.; Bock, R.; Scheer, A.-W.: Konzeption eines Rahmensystems für einen universellen Konstruktionsberater. Information Management, 5(1990) Nr. 1, S. 70 - 78;
Hübel, C.; Paul, R.; Sutter, B.: Datenbankgestützte technische Modellierung - ein Ansatz für die CAD/CAP-Integration. CIM-Management, 6(1990) Nr. 2, S. 48 - 54.

gungsmittel und neue Fertigungsverfahren erfordern. Da diese zum Teil in der Konstruktion (in diesem Fall der Betriebsmittelkonstruktion) entworfen werden, ergibt sich hier ein Zyklus zwischen Konstruktion und Arbeitsplanung. Der Konstrukteur muß also nicht nur über im Betrieb vorhandene Betriebsmittel und Fertigungsverfahren informiert sein, er muß auch die überhaupt möglichen Fertigungsverfahren kennen. Die Daten der für neue Produkte konstruierten Fertigungsmittel und Fertigungshilfsmittel (Stammdaten und Stücklisten) sind von der Konstruktion an die Arbeitsplanung zu übermitteln.

Bei der Erstellung der Konstruktionszeichnungen unter der Restriktion der vorhandenen Betriebsmittel hat die Arbeitsplanung eine beratende Funktion, so daß fertigungs- und montagegerecht konstruiert werden kann.

Die heutigen CAD-Systeme besitzen eigene Werkzeugverwaltungsprogramme, die notwendig sind, damit verfügbare Werkzeuge in die Konstruktion eines Werkstücks einbezogen werden und in die Standardformate zur Übertragung produktdefinierender Merkmale eingehen können (z. B. Cutter-location-data-Format). Die Werkzeugdaten werden von der Arbeitsplanung übernommen.

Die wesentliche Verbindung zwischen Konstruktion und Arbeitsplanung liegt allerdings in der Übermittlung von Zeichnungen und Stücklisten von Werkstücken, die in der Konstruktion erzeugt und zu denen in der Arbeitsplanung die entsprechenden Arbeitspläne und Arbeitsgänge erstellt werden. Die Übergabedaten müssen mit dem aktuellen Änderungsstand versehen sein. Bei einer automatischen Übertragung von CAD-Informationen in das CAP-System müssen Schnittstellen für die Geometriedaten benutzt werden, die in beiden Systemen interpretiert werden können, wie IGES, SET, STEP, VDA-FS (siehe Integration Konstruktion - NC-Programmierung). Auch sind beschreibende geometrische Daten, wie Variantenparameter, Fertigungselemente und bestimmte Kenndaten sowie administrative Daten, wie Zeichnungsnummern, Teile-Nummern, Teile-Benennung, Stückzahlbereich und Ausgangsmaterial notwendig.

Bei der Anpassungsplanung müssen Konstruktion und Arbeitsplanung den Werkstücken eine einheitliche Klassifizierung zugrundelegen, damit in der Arbeitsplanung der Rumpfarbeitsplan oder Standardarbeitsplan automatisch angezogen werden kann und die zu ändernden oder neu hinzukommenden Arbeitsgänge und Arbeitsfolgen komfortabel ausgewählt werden können. Dies kann über ein beiden Systemen gemeinsames Klassifizierungssystem erfolgen, durch die Bildung von unter gruppentechnologischen Gesichtspunkten zusammengefaßten Teilefamilien oder über Match-Code-Verfahren, die eine einheitliche Nomenklatur voraussetzen.

Auch bei der Variantenplanung sind die Bildung von Teilefamilien und einheitlichen Klassifizierungssystemen in Konstruktion und Arbeitsplanung sowie von Standardarbeitsplänen notwendig. Die Bildung von Teilefamilien sollte auf Basis einer komplexteilgebundenen Werkstückbeschreibung erfolgen, bei der lediglich Maßvarianten betrachtet werden. Die Parameter zur Steuerung der Abmessungen sollten bei der maßstäblichen Gestaltung des Produkts mit eingegeben oder erzeugt werden, so daß der Arbeitsplan für diese Variante automatisch generiert werden kann.

Eine ideale Verbindung liegt dann vor, wenn die Parameter, die im CAD-System die Zuordnung zum Werkstück herstellen und dort den Eingabeaufwand reduzieren, auch in der Arbeitsplanung verwandt werden können, um Teile zu identifizieren und fertigungstechnische Informationen und Arbeitsgänge zuordnen zu können. Ziel muß es sein, daß die werkstückbestimmenden Parameter direkt in Arbeitsganginformationen umgesetzt werden können.

Die vom Verband der Automobilindustrie VDA entwickelte Programmschnittstelle VDA-PS, die als Standard vom Deutschen Institut für Normung DIN als Vornorm 66304 weiterentwickelt wird, zeigt ein Vorgehen für die Variantenplanung. Diese Schnittstelle wurde für den Austausch produktdefinierender Daten zwischen unterschiedlichen CAD-Systemen entwickelt. Sie definiert Norm- und Wiederholteile über Sortenbezeichnungen und Maßtabellen und basiert auf einer CAD-Normteile-Datei, die als CAD-NT ebenfalls vom DIN unter Zugrundelegung der Sachmerkmale nach DIN V 4001 standardisiert wird[67]. Das im VDA-PS entwickelte Vorgehen kann auf die Arbeitsplangenerierung im Rahmen der Variantenplanung übertragen werden.

Die Integration zwischen Konstruktion und Arbeitsplanung vollzieht sich, wenn eine einheitliche Erzeugungslogik eines Werkstücks vom CAD-System für die Generierung der Zeichnung und vom CAP-System zur Generierung des Arbeitsplans interpretiert werden kann.

---

[67] Vgl. CAD-Normteiledatei. Informationsunterlage zur Gestaltung von Vornormen der Reihe DIN V 4001; NSM-Arbeitspapier 08-87. Hrsg.: Deutsches Institut für Normung (DIN). Berlin 1987.

Konstruktion - NC-, Roboter-Programmierung

Einen großen Teil eines NC-Programms macht die Beschreibung der Geometrie eines Teils aus. Da diese bereits in der Konstruktion durch das Anfertigen des maßstäblichen Entwurfs vorliegt, bedeutet eine manuelle Eingabe der Geometrie im NC-Programmiersystem Redundanz der Verarbeitung. Da die Geometrie im CAD-System intern anders abgespeichert ist als im NC-Programmiersystem, hat eine spezielle Schnittstelle die Konvertierung der Geometrieinformationen vom CAD-System ins NC-System sicherzustellen.

Mehrere Alternativen der Kopplung zwischen CAD-System und NC-Programmiersystem zur redundanzfreien Eingabe der Geometrieinformationen sind denkbar und bereits in Programmsystemen realisiert.

Die einfachste Schnittstelle sieht so aus, daß die Geometrieinformationen des CAD-Systems in eine Standardschnittstelle zur CAD-Daten-Übermittlung umgeformt werden. Solche Standardschnittstellen sind z. B. IGES (Initial Graphics Exchange Specification)[68], VDA-FS (Verband der Deutschen Automobilindustrie Freiform-Flächen-Schnittstelle)[69], SET (Standard d'Echange et de Transfert) und STEP (Standard for the Exchange of Product Model Data)[70]. IGES ist die am weitesten verbreitete Schnittstelle, SET wird vor allem in Frankreich im Flugzeugbau und VDA-FS vor allem in Deutschland zum elektronischen Datenaustausch von Freiformflächen zwischen Automobilherstellern und deren Zulieferern angewandt, STEP stellt die neueste Entwicklung auf internationaler Standardisierungsbasis dar.

Die Daten dieser standardisierten Geometrieschnittstelle werden in einem nächsten Schritt (der speziellen CAD-NC-Schnittstelle) in Anweisungen einer NC-Programmiersprache (z. B. APT, EXAPT, COMPACT II, MITURN etc.) umgesetzt.

---

[68] Vgl. Initial Graphics Exchange Specification (IGES) Version 3.O. Hrsg.: National Bureau of Standards. o.O. 1986;
Weissflog, U.: Product Data Exchange; Design and Implementation of IGES Processors. In: Product Data Interfaces in CAD/CAM Applications - Design, Implementation and Experiences. Hrsg.: J. Encarnacao, R. Schuster, E. Vöge. Berlin u. a. 1986, S. 116 - 125;
Trippner, D.: Experience Gained Using the IGES Interface for CAD/CAM Data Transfer. In Product Data Interfaces in CAD/CAM Applications... a.a.O., S. 126 - 141

[69] Vgl. VDA-Flächenschnittstelle (VDAFS) Version 1.0. Hrsg.: VDA Verband der Deutschen Automobilindustrie. o.O. 1983;
Renz, W.: VDAFS - A Pragmatic Interface for the Exchange of Sculptured Surface Data. In: Product Data Interfaces in CAD/CAM Applications... a.a.O., S. 144 - 149.

[70] Vgl. STEP (Standard for the Exchange of Product Model Data). Requirements Document, ISO.TC 184/SC4/WG1N4. Hrsg.: ISO International Standardization Organisation. o.O. 1984.

Damit stehen in dem NC-Programm aber erst die Geometriedaten zur Verfügung, die um die technologischen Daten und Ausführungsanweisungen zu ergänzen sind.

Aus diesem NC-Programm wird das betriebsmittelunabhängige CLDATA-File (CL für Cutter Location) erstellt, welches in einem Postprozessor-Lauf in die eigentliche NC-Steueranweisung überführt wird.

Bei der zweiten Art der Kopplung werden innerhalb des CAD-Systems grafisch-interaktiv die Geometrie entworfen und um die Technologie-Daten und die Ausführungsanweisungen ergänzt[71]. Der NC-Programmersteller greift dabei auf die Werkzeugverwaltung zu, die dem CAD-System zur Verfügung steht. Die Werkzeugweginformationen werden in Abhängigkeit des ausgewählten Werkzeugs aus der Teilegeometrie berechnet.

Das Ausgabeformat des NC-Programms ist entweder der Quellcode in einer Programmiersprache (APT, EXAPT) oder direkt das CLDATA-Format.

Bei der dritten Möglichkeit der CAD-NC-Kopplung wird die grafisch-interaktive Erstellung der Geometrie und des NC-Programms direkt in die NC-Steuerinformation (z. B. nach DIN 66025) überführt, ohne daß ein Quellcode in einer höheren NC-Programmiersprache oder ein CLDATA-File generiert wird.

Da durch jede Standardschnittstelle innerhalb der Kopplung von Systemen der Umfang der Kopplungsmöglichkeiten begrenzt wird, da eine Standardschnittstelle immer nur eine Teilmenge der möglichen Inhalte der Integrationspotentiale darstellt, ist diese dritte Art der Verbindung von CAD und NC-Programmierung diejenige, die den Verlust von Informationen durch die Kopplung am geringsten hält. Auf der anderen Seite ist sie aber auch am speziellsten, weil sie nur auf ein CAD-System in Verbindung zu einer speziellen NC-Steuerinformation ausgerichtet ist.

Auch für die Schnittstelle zwischen dem CAD-System und der Programmierung der Roboter wird eine Standardisierung vorangetrieben, die in etwa dem CLDATA-Format der CAD-NC-Kopplung gleicht. Sie wird als IRDATA (Industrial Robot Data) in der VDI-Richtlinie 2863 beschrieben.

---

[71]   Vgl. Kief, H.B.: NC/CNC-Handbuch. Ober-Ramstadt 1988, S. 505 - 511.

Konstruktion - Transportsteuerung

Bei der Gestaltung des Transportsystems sind bestimmte konstruktive Merkmale der Werkstücke und Fertigungshilfsmittel einzubeziehen, wie Abmessungen und Gewicht der Einzelteile, Baugruppen, Fertigerzeugnisse, Werkzeuge, Fertigungshilfsmittel und Ersatzteile sowie äußere Einflüsse, denen die Güter während des Transportes ausgesetzt sind, wie Erschütterungen, Temperaturschwankungen, Luftverunreinigung, Luftfeuchtigkeit etc.

Bestimmte Transportrestriktionen sind bereits während des Konstruktionsprozesses zu berücksichtigen, wie Größe von Paletten oder sonstigen Transporthilfsmitteln, höchstzulässiges Gewicht, für das die Transporthilfsmittel ausgelegt sind und das die Flurförderzeuge verkraften, Erschütterungen, denen die Werkstücke während des Transports ausgesetzt sind, sowie die sonstigen oben genannten äußeren Bedingungen.

In Unternehmungen mit eigener Betriebsmittelkonstruktion werden z. T. auch die Transporteinrichtungen intern konstruiert. Simultaneous Engineering kann hier die gleichzeitige und integrierte Planung neuer Produkte, neuer Produktionsanlagen und neuer Transportanlagen umfassen.

Konstruktion - Lagersteuerung

Für die Ausgestaltung der Lager sind die räumlichen Abmessungen der einzulagernden Werkstücke, Werkzeuge und Vorrichtungen ausschlaggebend, ebenso andere technische Bedingungen, wie Gewicht, Erschütterungen, denen sie ausgesetzt sein dürfen, bestimmte Temperaturtoleranzen, die nicht überschritten werden dürfen, ohne daß eine Beeinträchtigung des Materials erfolgt.

Die bestehenden Lager bilden dann die Restriktionen in genau diesen Feldern, d. h. bei der Konstruktion ist zu beachten, daß Baugruppen nur innerhalb einer bestimmten räumlichen Abmessung, bis zu einem definierten Gewicht, unter definierten Umweltbedingungen (Temperatur, Luftfeuchtigkeit, Staubkonzentration, Erschütterungen) eingelagert werden können.

Teilweise werden in der Konstruktion auch die Lagersteuerungssysteme konstruiert.

Konstruktion - Montagesteuerung

In der Konstruktion wird der Fluß des Werkstücks durch die Fertigung festgelegt. Das gilt sowohl für die Teilefertigung als auch für die Montage. Ein Produkt sollte so konstruiert sein, daß es möglichst unter Ausnutzung der vorhandenen Montage-Einrichtungen gefertigt werden kann[72]. Die Konstruktion benötigt also Daten, die es ihr erlauben zu überprüfen, ob ein Produkt montageeinrichtungskonform konstruiert wird. Dies läßt sich entscheiden, wenn der Montageprozeß für das Produkt mit den vorhandenen Montageeinrichtungen bereits während der Konstruktion simuliert werden kann.

Durch Kombination von Simulationswerkzeugen, möglichst unterstützt durch Animationstechniken, und Konstruktionsunterstützungstools, die sowohl von CAD- als auch von Roboter-Herstellern angeboten werden, kann der Montage-prozeß bereits während der Konstruktion vollständig vorgedacht werden. Auch wissensbasierte Systeme, in denen Regeln für montagegerechtes Konstruieren hinterlegt werden, können dem Konstrukteur eine wertvolle Hilfe sein.

Konstruktion - Instandhaltung

Eine Aufgabe im Rahmen der Konstruktion ist die Erstellung von Zeichnungen für Betriebsmittel. Diese werden der Instandhaltung für die Durchführung der Inspektions-, Wartungs- und Reparaturarbeiten zur Verfügung gestellt.

Bei der Konstruktion der Betriebsmittel können Toleranzwerte oder sonstige Merkmale angegeben werden, die der Instandhaltung als Inspektionsgrenzwerte vorgegeben werden.

Die Instandhaltung selbst hat Konstruktionsaufgaben wahrzunehmen, z. B. für Er-satzteile und Werkzeuge. Hier sollten - soweit möglich - Daten der Konstruktion des Betriebsmittelbaus weiterverwendet werden. Bei fremdbezogenen Maschinen können Konstruktionsdaten des Zulieferers (elektronisch) verarbeitet werden.

Die zu produzierenden Teile müssen instandhaltungsgerecht konstruiert werden[73].

---

[72]   Zum montagegerechten Konstruieren vgl. Moritzen, K.: Montagegerechtes Entwerfen mit wissensbasierten Systemen. ZwF, 85 (1990) Nr. 5, S. 248 - 251.

[73]   Vgl. Lewandowski, K.: Instandhaltungsgerechte Konstruktion. Hrsg.: TÜV Rheinland. Köln 1985.

Konstruktion - Qualitätssicherung

In der Konstruktion wird die Quality of design, für die im Rahmen des Entwurfs ein Maximalrahmen bestimmt wurde, eingegrenzt und damit eine gewünschte Qualität unter Berücksichtigung der "technologischen, fertigungstechnischen, wirtschaftlichen und marktpolitischen Randbedingungen"[74] festgelegt. Die Qualitätssicherung muß diese Quality of design mit der Fertigungsqualität vergleichen und daraus das erreichte Qualitätsniveau ermitteln.

Durch Simulation und Finite-Elemente-Methode[75] kann bereits in der Konstruktion determiniert werden, inwieweit eine Übereinstimmung zwischen Quality of design und Realisierungsqualität vorliegt. Hier werden der Konstruktion Verfahren der Qualitätssicherung an die Hand gegeben (Funktionsintegration).

Es ist ein Anliegen des ESPRIT-Projektes 322 CAD*I (CAD-Interfaces), das von der Europäischen Gemeinschaft gefördert wird, die standardisierte Kopplung von CAD-Systemen mit Analyseprogrammen der Finite-Elemente-Methode voranzutreiben[76].

Dort, wo in der Qualitätssicherung NC-gesteuerte Prüfautomaten eingesetzt werden, sollten einige der notwendigen Steuerinformationen im CAD-System an der Zeichnung des Teils grafisch-interaktiv entworfen werden.

Wenn z. B. eine NC-gesteuerte Koordinatenmeßmaschine die Geometrie eines Teils überprüfen soll, können an der Zeichnung des zu prüfenden Teils die Punkte

---

[74] Vgl. Arnold, R., Bauer, C.-O.: Qualitätssicherung in Entwicklung und Konstruktion. Köln 1987;
Bauer, A., Meier, R., Richter, H., Sieper, H.-P.: Qualitätskontrolle in der Fertigungsindustrie mit Hilfe von EDV-Anlagen. Opladen 1973, S. 9;
auch DIN 55350: Begriffe der Qualitätssicherung und Statistik. Hrsg.: Deutsches Institut für Normung (DIN). Teil 11: Grundbegriffe der Qualitätssicherung. Berlin 1987.

[75] Zu Finite-Elemente-Methode vgl. Eigner, M.: Einführung und Anwendung von CAD-Systemen: Leitfaden für die Praxis. Hrsg.: M. Eigner; H. Maier. 2. Auflage, München 1986;
Computer Aided Optimal Design - Structural and Mechanical Systems. Hrsg.: C. A. Mota Soares. Berlin u. a. 1987;
Ward, P.; Patel, D.; Wakeling, A.; Weeks, R.: Application of Structural Optimization Using Finite Elements. In: Computer Aided Optimal Design... a.a.O., S. 1003 - 1014;
Schwaiger, L.: CAD-Begriffe: ein Lexikon. Berlin u. a. 1988, insbes. S. 78 ff.;
Schleede, K.: Ein Vergleich der FE- mit der BE-Methode. CAD-CAM-Report, 8 (1989) Nr. 2, S. 28 - 40.

[76] Vgl. Scholz, B.: CIM-Schnittstellen: Konzepte, Standards und Probleme der Verknüpfung von Systemkomponenten in der rechnerintegrierten Produktion. München-Wien 1988, S. 62;
Bey, I., Leuridan, J.: Europäische Vorhaben zur Definition von CAD-Schnittstellen. ZWF Zeitschrift für Wirtschaftliche Fertigung, 81 (1986) Nr. 1, S. 38 - 42.

angegeben werden, die von dem Prüfautomaten als Eckpunkte für die Vermessung angesteuert werden sollen.

Neben der Prüfplanung und der Prüfausführung ist die Prüfdatenauswertung die dritte Aufgabe der Qualitätsprüfung (nach DIN 55350)[77]. Die Ergebnisse, die im Rahmen der Auswertung gewonnen werden, sollten so aufbereitet werden, daß sie in der CAD-Zeichnung beim entsprechenden Merkmal des Teils als zusätzliche Information sichtbar gemacht werden können.

Die Prüfplanung selbst arbeitet teilweise mit Funktionen aus CAD-Systemen. "Graphische Prüfplanung nutzt als Arbeitsoberfläche das im Unternehmen vorhandene CAD-System für die Erstellung der Prüfpläne und der Prüfberichte."[78]

Konstruktion - Kostenrechnung

Damit der Konstrukteur während des Konstruktionsvorgangs kalkulieren kann oder zumindest die kostenmäßigen Auswirkungen der getroffenen Konstruktionsentscheidungen sehen kann, ist eine Ergänzung der Datenbasis des Informationssystems der Kostenrechnung um Relativkostenkataloge notwendig, die die im Verhältnis zu einem definierten Standardprodukt anfallenden Kosten für ein Teil ausweisen.

Die konstruktionsbegleitende Kalkulation wird auch durch die Nachkalkulation innerhalb der Kostenrechnung unterstützt, die den Bezug zwischen der Geometrie eines Teils und seinen Kosten herstellt. Signifikante Korrelationen zwischen der Geometrie oder anderen Faktoren, die in der Konstruktion festgelegt werden (Materialien, Stücklistenzusammensetzung, Gewicht, Fertigungsverfahren), auf der einen Seite und Kosten auf der anderen Seite sind zu untersuchen.

Die Kostenrechnung greift bei der Ermittlung der Korrelationen auf die von der Konstruktion festgelegten produktdefinierenden Merkmale zu.

---

[77] Vgl. DIN 55350: Begriffe der Qualitätssicherung und Statistik. Hrsg.: Deutsches Institut für Normung (DIN). Teil 11: Grundbegriffe der Qualitätssicherung. Berlin 1987.

[78] Bläsing, J. P.; Göppel, R.: Prüfplanung in der Verknüpfung von CAD und CAQ. CIM-Management, 6(1990) Nr. 2, S. 34 - 36, insbes. S. 34.

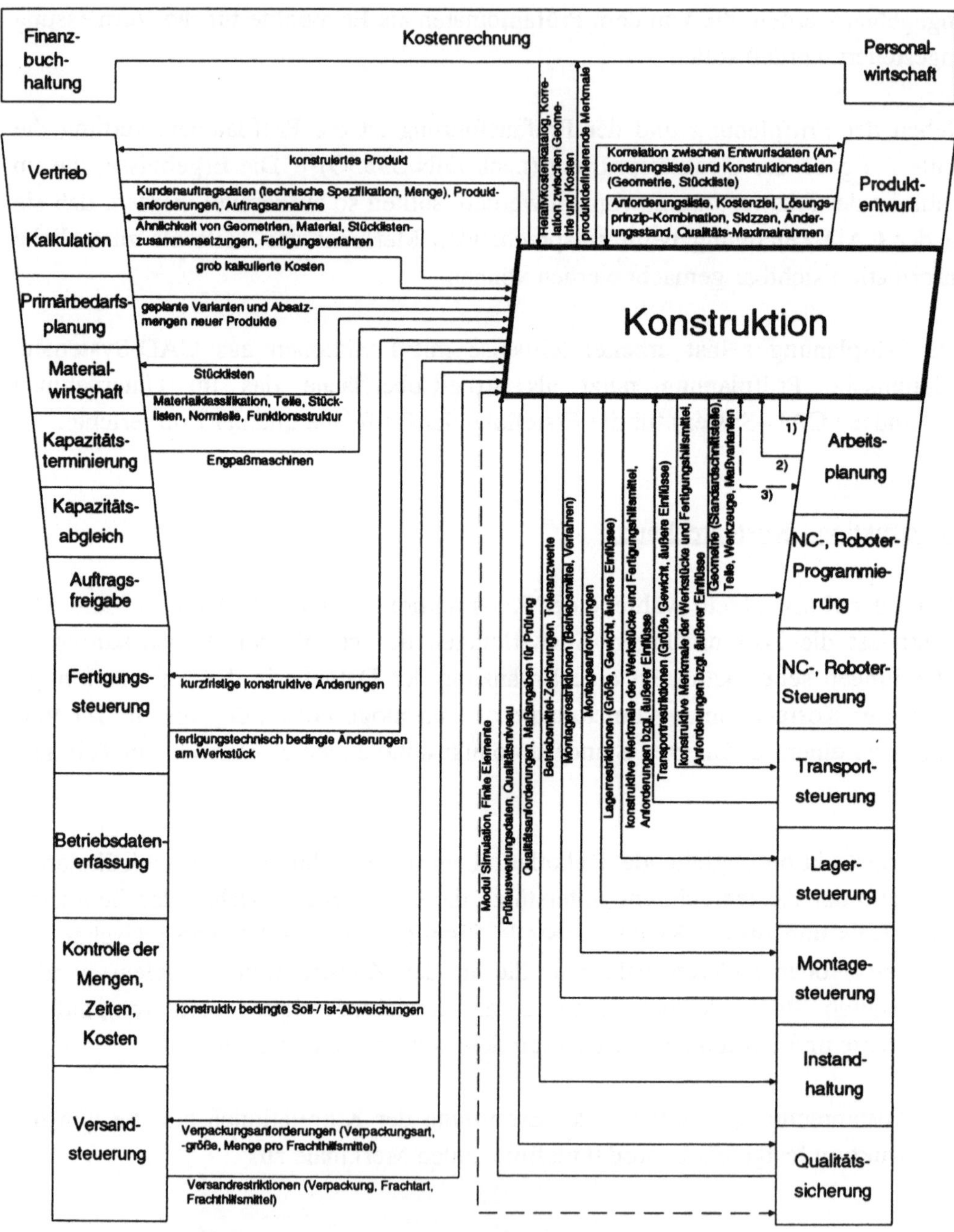

Abbildung 2.13: Interdependenzen der Konstruktion

2.14 Arbeitsplanung

<u>Arbeitsplanung - NC-, Roboter-Programmierung</u>

Die Arbeitsplanung stellt der NC-Programmierung die Operationszeichnung, den noch unvollständigen Arbeitsplan und Verfahrensplan mit Werkstoff- und Werkzeugdaten, Schnittwerten und Arbeitsgangzeiten zur Verfügung[79]. Dort wird das NC-Programm mit dem Einstell- und Aufspannplan erstellt.

Die NC-Programmierung gibt an die Arbeitsplanung die Programm-Nummern, NC-Zeiten, den Einstellplan und den Aufspannplan, damit der Arbeitsplan vervollständigt werden kann.

Die Umsetzung der definitorischen Merkmale, die im Rahmen der Konstruktion aus Geometriesicht festgelegt und in der Arbeitsplanung aus fertigungstechnischer Sicht konkretisiert werden, in Anweisungen zur Steuerung der NC-Maschinen und Roboter sollte unter Nutzung einer einheitlichen Erzeugungslogik erfolgen.

---

[79] Normung von Schnittstellen für die rechnerintegrierte Produktion (CIM): Standortbestimmung und Handlungsbedarf. DIN Fachbericht 15. Hrsg.: Deutsches Institut für Normung e.V. (DIN). Berlin-Köln 1987, S. 94.

Arbeitsplanung - NC-, Roboter-Steuerung

Bei der Produktionsausführung werden organisatorische Daten, Ausgangsteildaten (im Fall der Einzelteilfertigung, ansonsten stehen Teileinformationen im Teilestammsatz) und Arbeitsvorgangsdaten aus der Arbeitsplanung benötigt. Zu den organisatorischen Daten gehören der Ersteller des Arbeitsplans und der Verweis auf ähnliche Arbeitspläne. Diese Daten sind im Fall von Maschinenstörungen notwendig, ebenso der Verweis auf die Zeichnungsnummer und der für bestimmte Arbeitsgänge gültige Stückzahlbereich sowie Aktualitätsangaben und Vorbereitungsangaben zur Werkzeugvoreinstellung. Wenn der Arbeitsplan sehr zeitnah zur Fertigung erstellt ist und aktuelle Werte wie die Losgröße beinhaltet, werden diese direkt von der Arbeitsplanung übermittelt; ansonsten kommen sie aus dem Auftrags-Arbeitsplan aus der Fertigungssteuerung.

Die Ausgangsteildaten sind, sofern sie nicht der Materialwirtschaft entnommen sind, die Teile-Nummer, Zeichnungsnummer, Benennung, Gewicht, Werkstoff und Rohmaße. Zumindest die Rohmaße sind oft nicht Bestandteil des Teile-Stammsatzes.

Die benötigten Arbeitsvorgangsdaten sind u. a. die betroffene Kostenstelle, Betriebsmittel-Nummern für Maschinen, Werkzeuge und Vorrichtungen, Vorgabezeiten, Arbeitsanweisungen (Werkzeugeinrichteblatt) und NC-Programm-Nummern.

Arbeitsplanung - Transportsteuerung

Die Daten der Transportfahrzeuge innerhalb des Transportsystems (fahrerlose Transportsysteme FTS, carrier) und der Transporthilfsmittel (Paletten) werden der Arbeitsplanung übergeben, wo sie als Betriebsmittel-Stammdaten geführt werden.

Die Arbeitsplanung legt Überlappungsmengen sowie minimale Bearbeitungsmengen, die für Entscheidungen über Splitting benötigt werden, fest. Überlappungsmengen und minimale Bearbeitungsmengen sollten sich an der Transportmittelkapazität orientieren, die als Bestandteil des Transporthilfsmittelsatzes der Arbeitsplanung bereitgestellt werden.

Die Fertigungsmittel der Arbeitsplanung sind Ausgangs- bzw. Zielorte (Stationen) für die Transportsteuerung.

Arbeitsplanung - Lagersteuerung

Die Arbeitsplanung benötigt die Lagerorte, da sie den Einlagerungsort nach bestimmten Bearbeitungen vorgibt.

Die Regalförderzeuge (RFZ) und Förderhilfsmittel sind in Arbeitsplanung und Lagersteuerung Stammdaten.

In der Lagersteuerung werden darüber hinaus die Bewegungen der Fördermittel gesteuert und verwaltet.

Arbeitsplanung - Montagesteuerung

Die Arbeitsplanung legt die einzelnen Montageschritte innerhalb des Montage-Arbeitsplans für ein Teil fest. Aus der Montagesteuerung benötigt sie die Prozeßzeiten der Einzelschritte, um festlegen zu können, zu welchen relativen Zeiten die notwendigen Materialien an der Montagelinie zum Einbau bereitstehen müssen.

Arbeitsplanung - Instandhaltung

Die Arbeitsplanung und die Instandhaltung benötigen die Betriebsmittelstammsätze, d. h. Stammsätze über Fertigungsmittel und Fertigungshilfsmittel (Werkzeuge, Vorrichtungen, Spannmittel): die Arbeitsplanung, um zulässige Fertigungsvorgaben in den Arbeitsplänen festschreiben zu können (Fertigung auf den vorhandenen Betriebsmitteln), die Instandhaltung, die für das Funktionieren der Betriebsmittel die Verantwortung trägt.

Die Struktur eines Arbeitsplans mit den zugehörigen Arbeitsgängen zur Fertigung eines Teils entspricht im wesentlichen der Struktur eines Instandhaltungsarbeitsplans mit den entsprechenden Arbeitsgängen. Hier sollte eine gemeinsame Datenstruktur verwandt werden. Auch ein System zur Klassifizierung von Arbeitsplänen hat sowohl für die Arbeitsplanung - für die Fertigungs-Arbeitspläne - als auch für die Instandhaltung - für die Instandhaltungs-Arbeitspläne - Gültigkeit.

Wenn die Instandhaltung bei der Analyse der Ursachen für Instandsetzungsmaßnahmen feststellt, daß die Ausführung bestimmter Arbeitsgänge für bestimmte

Produkte häufig ausschlaggebend für einen Ausfall sind, sind diese Ausfallursachen der Arbeitsplanung zu melden. Hier kann gegebenenfalls der Arbeitsplan so geändert werden, daß die Gefahr einer Störung verringert wird (z. B. ein Werkzeug weniger beansprucht wird).

Arbeitsplanung - Qualitätssicherung

Die Qualitätsanforderungen, die die Qualitätssicherung stellt, haben direkte Auswirkungen auf die langfristigen Aufgaben der Arbeitsplanung, nämlich Fertigungsmittel- und Fertigungshilfsmittelplanung.

So haben die Anforderungen der Qualitätssicherung Einfluß auf die Beschaffung der Fertigungsmittel, z. B. durch die Vorgabe von Positionier- und Wiederholgenauigkeit von Robotern oder Bearbeitungsgenauigkeit von NC-Maschinen.

Auch die Auswahl der Fertigungshilfsmittel wird mit durch die Vorgaben der Qualitätssicherung determiniert.

Wenn Fertigungsmittel und Fertigungshilfsmittel beschafft sind, bilden sie Restriktionen für die Qualitätsvorgaben.

Die Stammdatenverwaltung der Arbeitsplanung umfaßt Fertigungs-Arbeitsplätze, Arbeitspläne mit den Arbeitsgängen, Fertigungsmittel und Fertigungshilfsmittel, diejenige der Qualitätssicherung umfaßt Prüfplätze, Prüfpläne mit den Prüfvorgängen, Prüfmittel und Prüfhilfsmittel. In der Struktur sind die korrespondierenden Stammdaten ähnlich aufgebaut. Hier sollte eine Datenstrukturintegration angestrebt werden, wenn die Übereinstimmung zwischen ihnen sehr groß ist. Dies ist z. B. der Fall, wenn Prüfvorgänge von Prüfautomaten vorgenommen werden. Die Daten des Arbeitsplans, der sich auf eine NC-Werkzeug-Maschine bezieht, sind so strukturiert wie die des Prüfplans, der sich auf einen NC-gesteuerten Prüfautomaten bezieht.

Wenn die Erstellung der Prüfpläne dem Bereich Qualitätssicherung zugeordnet wird, benötigt diese von der Arbeitsplanung die erstellten Arbeitspläne, versieht sie mit den Qualitätsanforderungen an das Einzelteil bzw. die Baugruppe und generiert den entsprechenden Prüfplan.

Sofern die Arbeitsplanung die Prüfpläne für die Qualitätssicherung erstellt, benötigt sie zur Erstellung Daten von ihr, wie Vorgabezeiten für Prüfaufgaben, Toleranzwerte, Prüfmittel und Prüfhilfsmittel.

Zur Verbindung von Arbeitsplan und Prüfplan gibt es grundsätzlich zwei Möglichkeiten.

- Der Arbeitsplan enthält in seinen Arbeitsgängen die Beschreibung der entsprechenden Prüfvorgänge.

- Der Arbeitsplan enthält einen Verweis auf den entsprechenden Prüfplan.

Im ersten Fall ist ein gleicher Aufbau einer Arbeitsgangbeschreibung und einer Prüfvorschrift Voraussetzung; die Realisierung der zweiten Möglichkeit ist unabhängig davon, ob eine Datenstrukturintegration verwirklicht ist.

Wenn bei der Analyse von aufgetretenen Fehlern festgestellt wird, daß diese häufig aus einem bestimmten Arbeitsgang herrühren, sind diese Daten der Arbeitsplanung zur Verfügung zu stellen. Hier kann gegebenenfalls der auslösende Arbeitsgang verändert werden.

Arbeitsplanung - Finanzbuchhaltung

Der Anlagenwirtschaft innerhalb der Finanzbuchhaltung sind die Stammdaten der Anlagegüter zuzuordnen, der Arbeitsplanung die Betriebsmittel-Stammdaten, die in wesentlichen Inhalten identisch sind (Datenintegration). Die Kostensätze, die in der Arbeitsplanung verwendet werden, beruhen, sofern sie nicht aus der Kostenrechnung stammen, auf Daten der Anlagenbuchhaltung. Insbesondere Anschaffungskosten bzw. Abschreibungen und Instandhaltungsaufwendungen gehen in die Ermittlung des Betriebsmittelkostensatzes ein.

Arbeitsplanung - Kostenrechnung

Die Maschinenstundensätze werden in der Kostenrechnung ermittelt und der Arbeitsplanung zur Abspeicherung in den Betriebsmittelstammsätzen zur Verfügung gestellt. Damit können bei der Erstellung des Arbeitsplans die geplanten Maschinenbelastungen monetär bewertet werden.

Wenn in den Arbeitsplänen nicht aktuelle Lohnsätze abgespeichert werden sollen (Verbindung Arbeitsplanung - Personalwirtschaft), sondern Planlohnsätze, damit im Rahmen der flexiblen Plankostenrechnung Lohnschwankungen eliminiert werden können, sind diese aus dem Kostenrechnungssystem zu übernehmen.

Im Arbeitsplan werden die Kostenstellen hinterlegt, in denen Arbeitsgänge verrichtet werden. Hier können nur die Kostenstellen angegeben werden, die in der Kostenrechnung geführt werden. Über die Angabe dieser Kostenstellen können die angefallenen Kosten zur kostenstellenbezogenen Abrechnung verursachungsgerecht zugeordnet werden.

Die Kostenrechnung benötigt zur Ermittlung der Planbeschäftigung für die in den Arbeitsplanstammdaten festgelegten Kostenstellen die Planlosgrößen und Vorgabezeiten. Aus den Betriebsmittelstammsätzen sind die für die Kostenrechnung erforderlichen Bezugsgrößeneinheiten zu entnehmen. Dabei kann es notwendig sein, daß eine Kostenstelle wegen heterogener Kostenverursachung aufgrund unterschiedlicher Maschinen mehrere Bezugsgrößen benötigt.

<u>Arbeitsplanung - Personalwirtschaft</u>

Zur Erstellung der Arbeitspläne werden Daten über Mitarbeiter (inkl. Qualifikationen) und Lohngruppen aus der Personalwirtschaft benötigt.

Wenn die Arbeitsplanung sehr zeitnah zu der eigentlichen Fertigung des Produkts durchgeführt wird und demnach schon konkrete Mitarbeiterzuordnungen enthalten soll, sind zusätzliche Daten aus dem Personalwirtschaftssystem nötig, wie Zuordnungen von Mitarbeitern zu Schichten oder geplante Abwesenheit von Mitarbeitern (Urlaub).

Die Personalwirtschaft benötigt aus der Arbeitsplanung die Vorgabezeiten für die Fertigung von Teilen, um diese zur Lohnfindung mit den aus dem System der Kontrolle von Mengen, Zeiten und Kosten stammenden Mengen verknüpfen zu können.

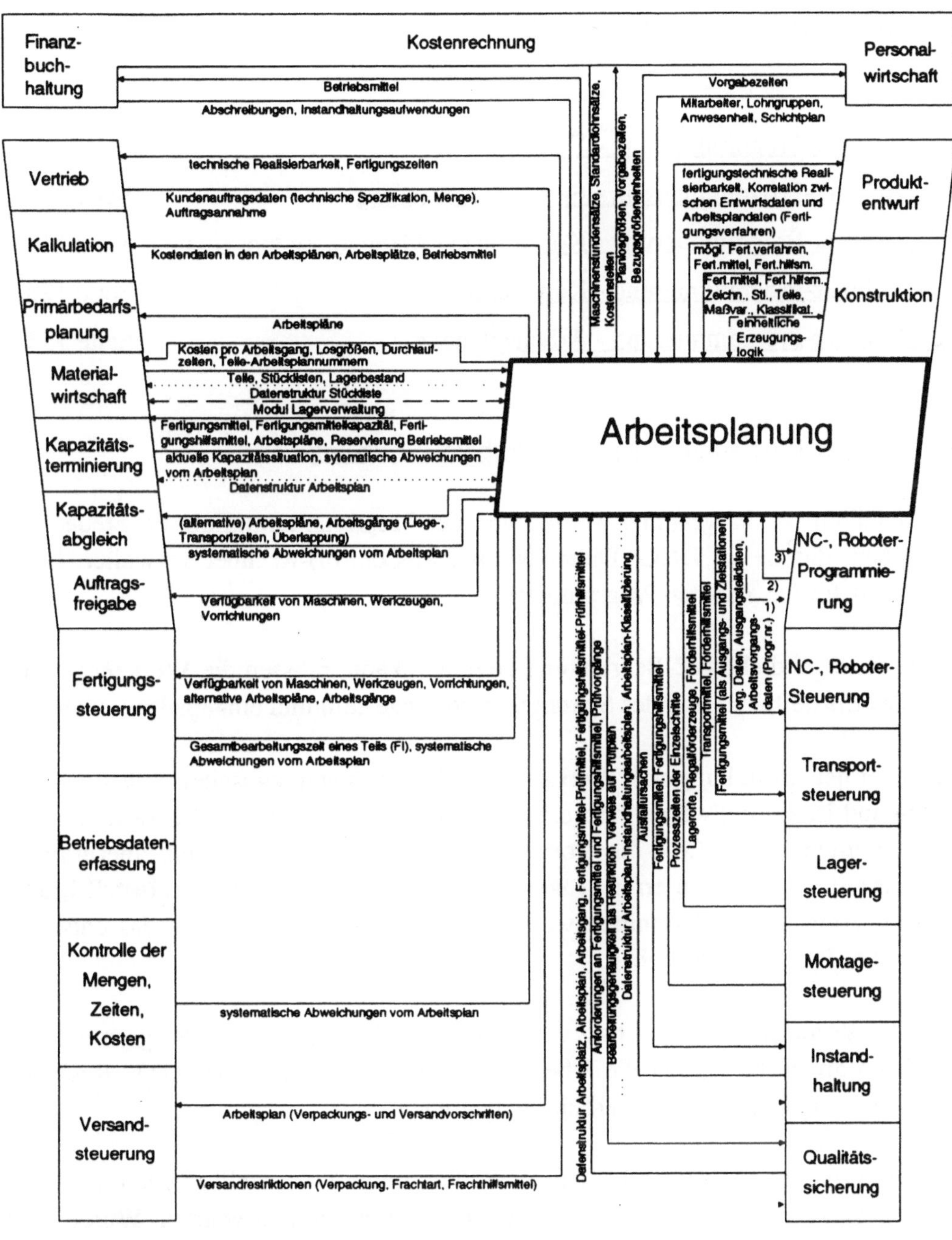

1) einheitliche Erzeugungslogik;
2) NC-, Roboter-Programmnummern, NC-, Roboter-Zeiten, Einstellplan, Aufspannplan;
3) Operationszeichnung, Arbeitsplan, Verfahrensplan;

Abbildung 2.14: Interdependenzen der Arbeitsplanung

2.15 NC-, Roboter-Programmierung

NC-, Roboter-Programmierung - NC-, Roboter-Steuerung

Die erstellten NC-Programme werden von der Programmierung an die Steuerung übergeben, die sie im DNC (Direct Numerical Control)-Rechner verwaltet. Dies gilt analog für die Roboter-Programme[80].

Bevor die eigentliche NC-Bearbeitung beginnen kann, müssen die Werkzeuge anhand des Einstellplans und des Spannplans voreingestellt und eingepaßt werden.

Wenn bei der Einstellung von Werkzeugen Abweichungen zwischen Soll-Einstellwerten und Ist-Einstellwerten festgestellt werden, sind sie der NC-Programmierung zu übermitteln, damit diese die Korrekturwerte in das NC-Programm übernimmt. Hier kann die Integration erreicht werden, indem vom Werkzeugvoreinstell-Meßgerät die Abweichungen ermittelt werden, die als Parameter direkt in das entsprechende NC-Programm eingehen.

Sind alle Voreinstellungen richtig vorgenommen, d. h. ist das NC-Programm entsprechend angepaßt, erfolgt die Übertragung des Programms vom DNC-Rechner an die Maschine, so daß die Bearbeitung beginnen kann.

Wenn während der Fertigung Fehler im NC-Programm festgestellt werden, müssen die Korrekturvorgaben an die NC-Programmierung übermittelt werden. Wurde das NC-Programm direkt an der Maschine verändert, sind die korrigierten NC-Daten der NC-Programmierung zur Verfügung zu stellen.

---

[80]   Vgl. Kief H. B.: NC/CNC-Handbuch. Ober-Ramstadt 1990.

NC-, Roboter-Programmierung - Montagesteuerung

Die Montagesteuerung stellt der NC-Programmierung den Montagearbeitsplan und die Vorrichtungszeichnung zur Verfügung, die die Grundlage für die Erstellung der Programme für die NC-gesteuerten Maschinen und Roboter bilden.

Die NC- und RC (Robot Control)-Zeiten, der Einstellplan und der Spannplan werden von der NC-, Roboter-Programmierung an die Montagesteuerung übermittelt.

NC-, Roboter-Programmierung - Qualitätssicherung

Wie die Teilefertigung und die Montage erfährt auch die Qualitätssicherung selber eine zunehmende Automatisierung. So werden in der Qualitätsprüfung Prüfautomaten, z. B. NC-gesteuerte Koordinatenmeßmaschinen, eingesetzt. Für diese Automaten sind im Rahmen der NC-Programmierung entsprechende NC-Programme zu erstellen, wobei die Vorgaben aus der Qualitätssicherung kommen.

Auch Meßroboter werden zunehmend eingesetzt, z. B. zur schnellen Zwischen- und Endprüfung von Geometrieelementen im Fertigungsfluß innerhalb von flexiblen Fertigungslinien oder von flexiblen Fertigungssystemen[81]. Sie haben gegenüber NC-gesteuerten Koordinatenmeßmaschinen den Vorteil, daß sie das Werkstück nicht selbst aufnehmen müssen, so daß eine sehr schnelle Prüfdatenrückmeldung und damit ein unmittelbarer steuernder Eingriff möglich werden.

Die Auswertung von Prüfdaten in der Qualitätssicherung ist Grundlage für die Erzeugung von Korrekturwerten für die NC-/Roboter-Programme, welche an die NC-/Roboter-Programmierung übergeben werden. Dabei kann das Vorgehen so sein, daß in der Qualitätssicherung die Abweichungen aufgenommen und von dort an die NC-/Roboter-Programmierung übergeben werden, die die zu ändernden Programm-Parameter ermittelt. Oder die Qualitätssicherung selbst überführt die Abweichungen in NC-/Roboter-Programm-Parameter und übergibt diese der NC-/Roboter-Programmierung.

Dort, wo die Qualitätssicherung arbeitsschrittbezogen durchgeführt wird, müssen,

---

[81]   Vgl.: Planung und Gestaltung komplexer Produktionssysteme. Hrsg.: REFA Verband für Arbeitsstudien und Betriebsorganistion. München 1987, S. 254.

wenn es sich bei dem Arbeitsgang um einen NC- oder RC-gesteuerten Vorgang handelt, die Prüfanweisungen Teil des NC- bzw. des RC-Programms sein. Das NC-/RC-Programm umfaßt demnach Anweisungen zur Teilefertigung und Teileprüfung.

Eine vollständige Integration von Fertigung und Prüfung ist dann erreicht, wenn in Abhängigkeit vom Ergebnis der Prüfung der nachfolgende Vorgang bestimmt wird, d. h. nur bei Fertigung innerhalb der vorgegebenen Toleranzwerte der nächstfolgende Arbeitsschritt des Arbeitsgangs veranlaßt wird.

Gerade bei Geometrieüberprüfungen der Werkstücke soll durch die integrierte Qualitätssicherung erreicht werden, daß der Bearbeitungsgang so lange durchgeführt wird, bis die geforderte Geometrie erreicht ist. Damit kann der iterative Prozeß Fertigen-Prüfen-Nacharbeiten in einem Arbeitsschritt integriert werden.

Teilweise werden Verfahren der Qualitätssicherung in die NC-Programmierung integriert. Über eine grafische Aufbereitung der Vorgaben des NC-Programms wird der Fertigungsprozeß simuliert. Damit kann die Richtigkeit des NC-Programms festgestellt werden, ohne daß es an der Maschine mit einem konkreten Werkstück ausgetestet werden muß. Kollisionen können so z. B. frühzeitig erkannt und durch entsprechende Änderung des NC-Programms vermieden werden.

NC-, Roboter-Programmierung - Kostenrechnung

Mit der Festlegung des NC-Programms bzw. des Roboter-Programms steht die spätere Bearbeitungszeit an der NC-Maschine/am Roboter weitgehend fest. Sie wird der Kostenrechnung übermittelt und dort mit den Kostensätzen der Maschine bewertet. Diese Daten sind eine Grundlage für die Plankostenrechnung.

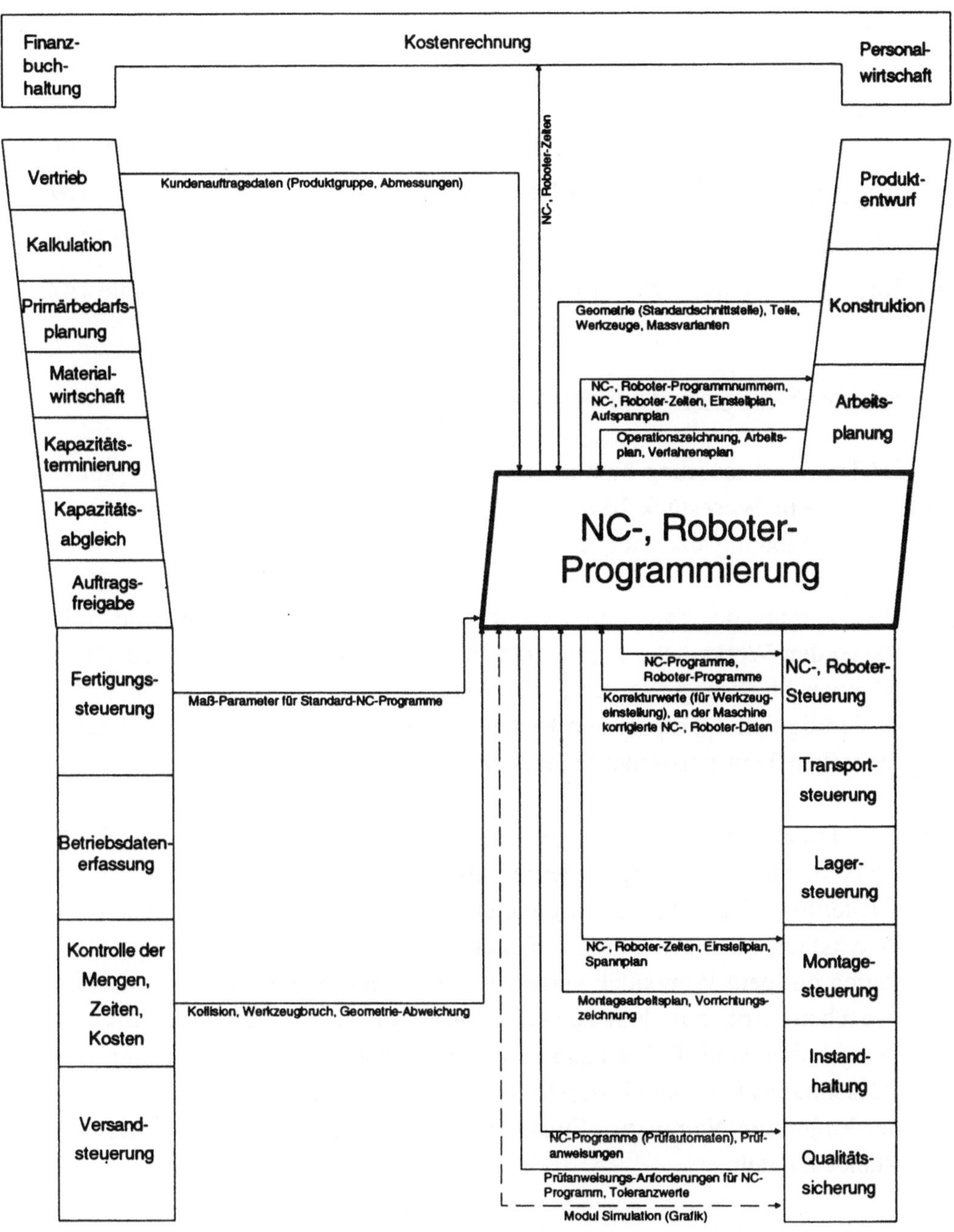

Abbildung 2.15: Interdependenzen der NC-, Roboter-Programmierung

2.16 NC-, Roboter-Steuerung

NC-, Roboter-Steuerung - Transportsteuerung

Von der Transportsteuerung muß an die NC-Maschine bzw. den Roboter gemeldet werden, daß ein Werkstück bzw. eine Palette zur Bearbeitung bereitsteht. Zwei Arten der Verbindung sind möglich:

- Die Vorgabe des Typs und der Anzahl der zu transportierenden und zu bearbeitenden Werkstücke kommt für die Transportsteuerung und die NC- und Roboter-Steuerung aus der Fertigungssteuerung, nur die zeitliche Synchronisierung von Transport und Fertigung wird in der direkten Kommunikation zwischen Transportsteuerung und NC-, Roboter-Steuerung erreicht.

- Die Transportsteuerung übergibt alle notwendigen Vorgaben, die sie ihrerseits von der Fertigungssteuerung erhalten hat, an die NC- bzw. Roboter-Steuerung. Das kann z. B. dadurch realisiert werden, daß entweder das Werkstück oder das Förderhilfsmittel, sofern es durch die Fertigung hindurch mit dem Werkstück verbunden bleibt, mit einem mobilen Datenträger versehen wird, auf dem sowohl Transportdaten als auch Fertigungsdaten festgehalten sind. Dabei kann es sich um Teile-Nummern, Werkstückdaten, Maschinendaten, Anfahrtsziellisten, NC-Programm-Nummern bzw. Roboter-Programm-Nummern, Einstellparameter, Prüfwerte und Fertigungszustände handeln.

Roboter zeichnen sich gegenüber NC-Maschinen, die nur bearbeiten, und Transportsystemen, die nur bewegen, dadurch aus, daß sie beide Funktionen, nämlich Bearbeiten und Bewegen, durchführen können. Damit sind Roboter im Sinne von Zuführungssystemen integrierte Bestandteile von Transportsystemen

(Funktionsintegration). Beim Einsatz von mobilen Materialflußrobotern[82] verwischen sich die Grenzen zwischen Handhabungs-, Förder- und Bearbeitungsfunktionen noch mehr. Hier besteht der Roboter aus einem Fördermittel, nämlich der Roboterfahreinheit, und den Handhabungs- und Bearbeitungskomponenten (Greifer oder Werkzeuge an Armen, die in der Regel in fünf oder sechs Achsen beweglich und frei programmierbar sind).

NC-, Roboter-Steuerung - Lagersteuerung

Teilweise übernehmen Roboter Funktionen, die als Bestandteil eines Lagersystems anzusehen sind. Diese Funktionen sind insbesondere Palettieren, Kommissionieren und Ein- und Auslagern. Die Lagersteuerung muß dazu der Roboter-Steuerung Teile-Nummern, Anzahl der Teile und Lagerorte sowie die Vorgaben zur Kommissionierung (welche Anzahl welcher Teile auf welche Position des Förderhilfsmittels) übergeben.

NC-, Roboter-Steuerung - Montagesteuerung

Im Rahmen des Montageprozesses übernehmen Roboter Bearbeitungs- und Zuführungsaufgaben und unterliegen damit direkt der Montagesteuerung. Dabei werden von der Montagesteuerung die gleichen Daten für die im Montageprozeß eingesetzten Roboter benötigt wie von der Fertigungssteuerung für die in der Teilefertigung eingesetzten. Es sind dies Programm-Nummern, Auftragsnummern, die anzustoßenden Betriebsmittel, Teile-Nummern und Mengen.

Für die montagegerechte Teilefertigung erhalten Roboter und NC-Maschinen den Impuls zur Fertigung von Teilen aus der Montagesteuerung, die die Reihenfolge der Teile von der Fertigungssteuerung übernimmt. Entweder wird in der direkten Kopplung zwischen NC-, Roboter-Steuerung und Montagesteuerung nur die zeitliche Synchronisation von Teil-Arbeitsgängen geregelt, wobei die Reihenfolge der zu bearbeitenden Teile von der Fertigungssteuerung kommt, oder die Montagesteuerung gibt die vollständigen Vorgaben (Teile-Nummer, NC-, Roboter-Programm-Nummer, Menge, Betriebsmittel, Bereitstellungszeiten) für die Teile, die montagesynchron gefertigt werden sollen, an die NC-, Roboter-Steuerung.

---

[82]   Zu mobilen Materialflußrobotern vgl. Jünemann, R., Piepel, U., Schwinning, S.: Mobile Materialflußroboter mit großer Zukunft. io Management Zeitschrift, 58 (1989) Nr. 4, S. 39 - 44.

NC-, Roboter-Steuerung - Qualitätssicherung

Neben der teilebezogenen Qualitätsprüfung, die an die Auftragsfreigabe und die Materialwirtschaft gemeldet wird, und der arbeitsgangbezogenen Qualitätsprüfung, deren Ergebnisse der Fertigungssteuerung zur Verfügung gestellt werden, existiert die arbeitsschrittbezogene Qualitätssicherung, die in die Steuerungen integriert ist. Während der Bearbeitung wird ständig ein Soll-/Ist-Vergleich durchgeführt. Der nächste Bearbeitungsschritt wird erst dann gestartet, wenn bei dem vorhergehenden der Sollwert innerhalb der vorgegebenen Toleranzen erreicht ist. Insofern handelt es sich hier weniger um eine Qualitätsprüfung als mehr um eine prozeßbegleitende, im Idealfall sogar prozeßsteuernde Qualitätssicherung[83].

Diese kann sowohl in die Steuerung von CNC-Maschinen als auch in die Roboter-Steuerung über automatische Sensoren oder sonstige Meß- und Prüfautomaten durch die entsprechenden Softwaresysteme integriert werden.

Abweichungen vom Sollwert innerhalb der Toleranzgrenzen sowie sporadische Ausreißer werden im Rahmen des statistical process control (SPC)[84] nur erfaßt, während systematische Abweichungen, die die Toleranzgrenzen überschreiten, im Qualitätssicherungssystem verarbeitet und entsprechende Gegenmaßnahmen getroffen werden (z. B. durch Anstoß der Instandhaltung).

Ziel ist eine möglichst frühe Überprüfung der quality of conformance, d. h. der Qualität der Übereinstimmung, damit Ausschuß in größerem Umfang von vornherein vermieden wird. Deswegen sollte möglichst viel direkt während des Produktionsprozesses und entsprechend weniger im nachhinein geprüft werden. Auch ist die Prüfung an Einzelteilen weniger aufwendig als an Funktionseinheiten, die sich aus mehreren Teilen zusammensetzen, da mögliche Fehler bezüglich ihrer Ursachen besser eingegrenzt werden können.

Eine weitere Verbindung zwischen der NC-Steuerung und der Qualitätssicherung liegt darin, daß im Rahmen der Qualitätssicherung selbst NC-gesteuerte Prüfautomaten und Meßroboter eingesetzt werden.

---

[83] Vgl. Franck, G. L.: Flexible Informationssysteme für automatisierte Fertigung. WT Werkstatttstechnik, 79 (1989), S. 270 - 273.

[84] Zu SPC vgl. Dutschke, W.: Qualitätssicherung mit SPC. VDI-Z, 131 (1989) Nr. 2, S. 62 - 66; Czapiewski, J.: Rechnerunterstützte Prüfung in der Fertigung. Voraussetzungen und Anwendungen. Messen und Überwachen (VDI-Z Special), August 1988, S. 4 - 8, insbesondere S. 6 f.

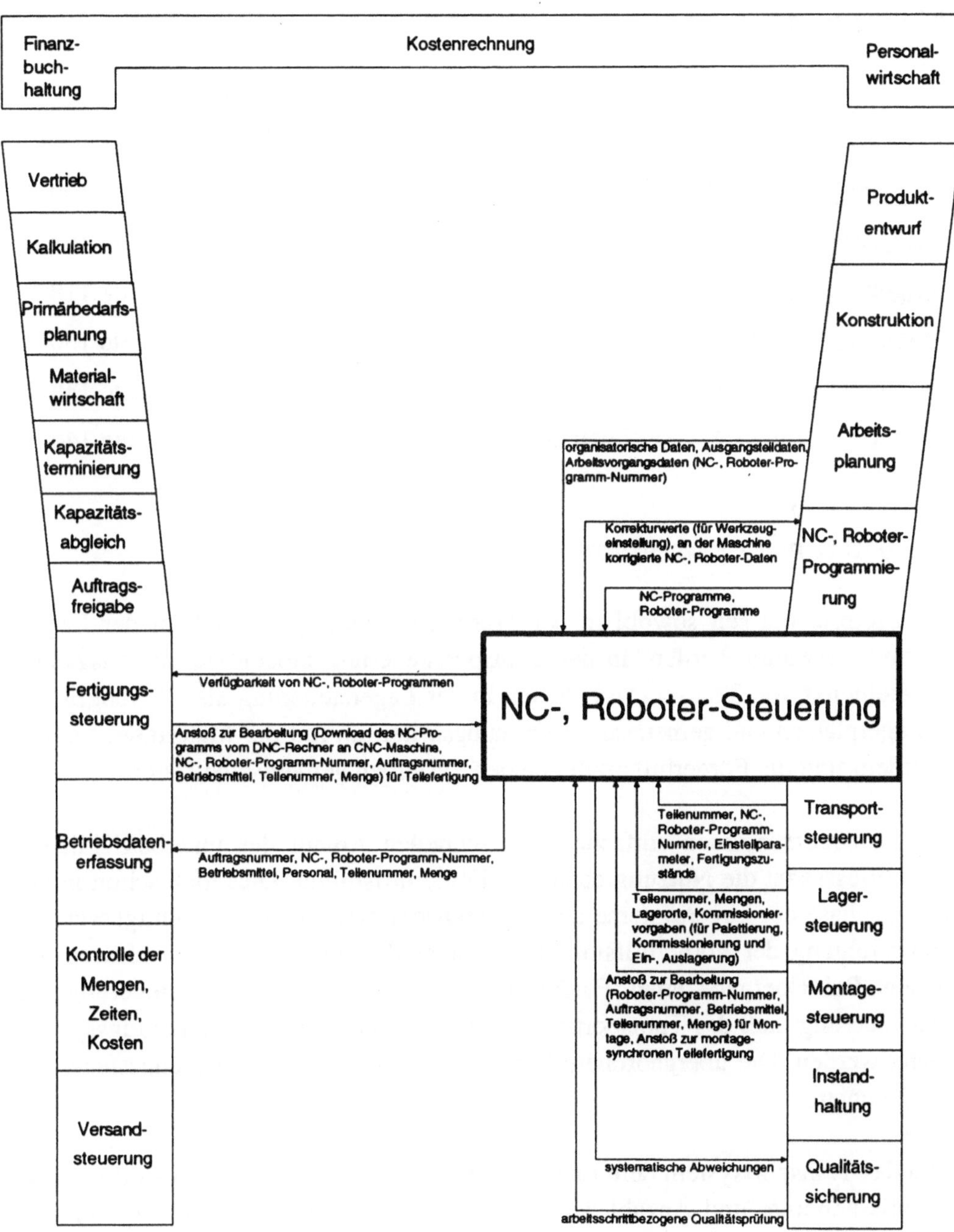

Abbildung 2.16: Interdependenzen der NC-, Roboter-Steuerung

2.17 Transportsteuerung

Transportsteuerung - Lagersteuerung

Die Lagerorte müssen sowohl in der Transportsteuerung als auch in der Lagersteuerung verwaltet werden. In der Transportsteuerung dienen sie als Ausgangs- oder Zielpunkt von Transportvorgängen, in der Lagersteuerung als Oberbegriff zu den Lagerplätzen und gemeinsames Ordnungskriterium mit der Materialwirtschaft. Außerdem sind die Förderhilfsmittel beiden Systemen gemeinsame Daten.

Voraussetzung für einen einfachen und schnellen Ablauf des innerbetrieblichen Materialflusses ist die Nutzung derselben Förderhilfsmittel. Dies muß schon in der Planungsphase der Lagersysteme und der Transportsysteme berücksichtigt werden. Die Verfolgung der Förderhilfsmittel muß über die Bereichsgrenzen hinweg geschehen. Bei Übergabe eines Förderhilfsmittels von der Transportsteuerung zur Lagersteuerung muß das Transportsystem entlastet und das Lagersteuerungssystem belastet werden. Die übergeordnete Verwaltung wird von der Fertigungssteuerung vorgenommen.

Wenn das Transportsystem dem Lagersystem Teile zur Einlagerung übergibt, müssen Teile-Nummer und Anzahl der Teile pro Förderhilfsmittel dem Lagersystem bekanntgegeben werden, damit dort die Verbuchung richtig erfolgen kann. Dies kann über einen das Werkstück oder das Förderhilfsmittel begleitenden mobilen Datenträger erfolgen.

Transportsteuerung - Montagesteuerung

Zum einen sind in die Montage Transportvorgänge integriert, zum anderen muß die Zuführung von Teilen zur Montagelinie mit dem eigentlichen Montageprozeß synchronisiert werden.

Dies kann so gestaltet sein, daß sowohl Montagesteuerung als auch Transportsteuerung die Reihenfolge der zu montierenden Werkstücke aus der Fertigungssteuerung kennen und aus der Montagesteuerung der Anstoß für das nächste zu liefernde Teil an die Transportsteuerung erfolgt.

Eine andere Möglichkeit besteht darin, daß die Montagesteuerung der Transportsteuerung die Nummern der nächsten zu liefernden Teile und das Anfahrtsziel vorgibt.

Transportsteuerung - Qualitätssicherung

Wie in den Maschinensteuerungen sollte im Transportsystem die Qualitätssicherung integriert sein, so daß durch ständigen Soll-/Ist-Vergleich die geplanten Transportoperationen richtig ausgeführt werden (Funktionsintegration). Dies kann z. B. durch das Vorgehen der statistischen Prozeßkontrolle erreicht werden. Über SPC-Meßrechner werden Transport-Daten aufgenommen und verarbeitet. Stichprobenergebnisse, z. B. Mittelwerte, werden durch rechtzeitiges Nachstellen der Transporteinrichtungen innerhalb von errechneten Eingriffsgrenzen gehalten.

Wie bei der Qualitätsprüfung von Teilen kann zwischen arbeitsschrittbezogener, arbeitsgangbezogener und funktionsbezogener Qualitätsprüfung unterschieden werden. Die arbeitsschrittbezogene Qualitätsprüfung überprüft prozeßbegleitend jeden Vorgang eines Transportmoduls. Die arbeitsgangbezogene Prüfung befaßt sich mit der Koordination dieser Einzelvorgänge, die funktionsbezogene Prüfung schließlich stellt sicher, daß der gesamte Transportvorgang planmäßig vollzogen wird (richtiger Anfangspunkt, richtiges Transporthilfsmittel mit richtigen Teilen, kollisionsfreie Fahrt, richtiger Endpunkt).

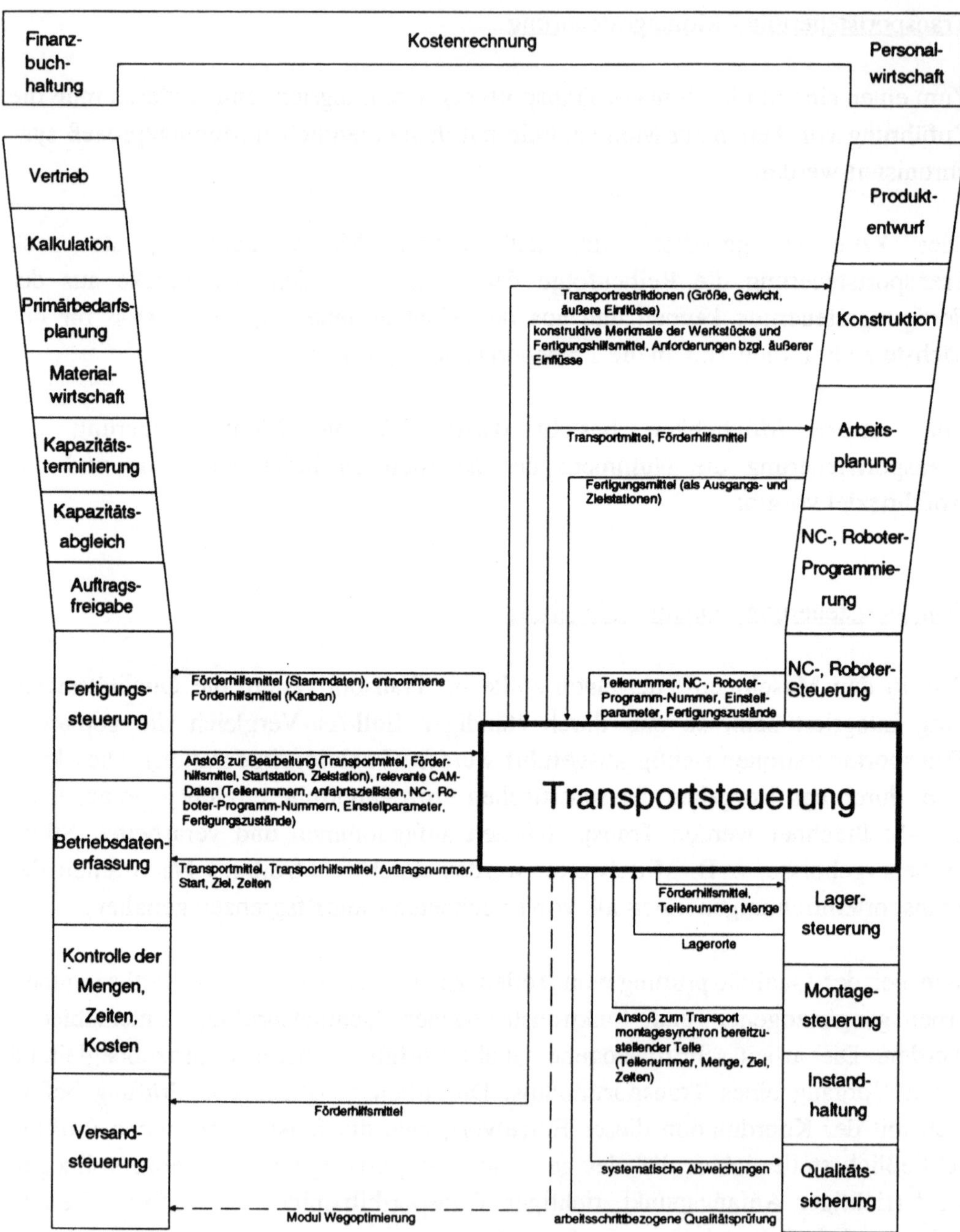

Abbildung 2.17: Interdependenzen der Transportsteuerung

2.18 Lagersteuerung

Lagersteuerung - Montagesteuerung

Die Vorgabe zum Bereitstellen von Teilen für die Montage kommt entweder aus der Fertigungssteuerung oder direkt aus der Montagesteuerung. Wenn sehr zeitnah zur Montage an unterschiedlichen Stellen in der Montagelinie zum Montageprozeß zeitlich synchron Teile ausgelagert werden sollen, ist wegen der Vielzahl der Daten, die in kurzem Zyklus übertragen werden, der direkten Verbindung zwischen Lagersteuerung und Montagesteuerung der Vorzug zu geben. Ein großer Teil der Daten ist für die übergeordnet steuernden Funktionen der Fertigungssteuerung nicht relevant. Die Verbindung kann auf zwei Arten erfolgen: Im ersten Fall sind der Lagersteuerung und der Montagesteuerung die Teile-Nummern sowie Reihenfolge und Anzahl der Teile aus der Fertigungssteuerung bekannt, die Verbindung zwischen Montagesteuerung und Lagersteuerung übernimmt nur die zeitliche Synchronisation. Im zweiten Fall übergibt die Montagesteuerung die vollständigen Vorgaben an die Lagersteuerung, also Teile-Nummern, Anzahl der Teile, Kommissioniervorgaben, Anfahrtsziele (zur Weiterleitung an die Transportsteuerung) und Bereitstellungstermine.

Lagersteuerung - Qualitätssicherung

In die Lagersteuerung sollte die Qualitätssicherung integriert sein, damit erst bei Erreichen der gesetzten Sollwerte die folgenden Operationen angestoßen werden.

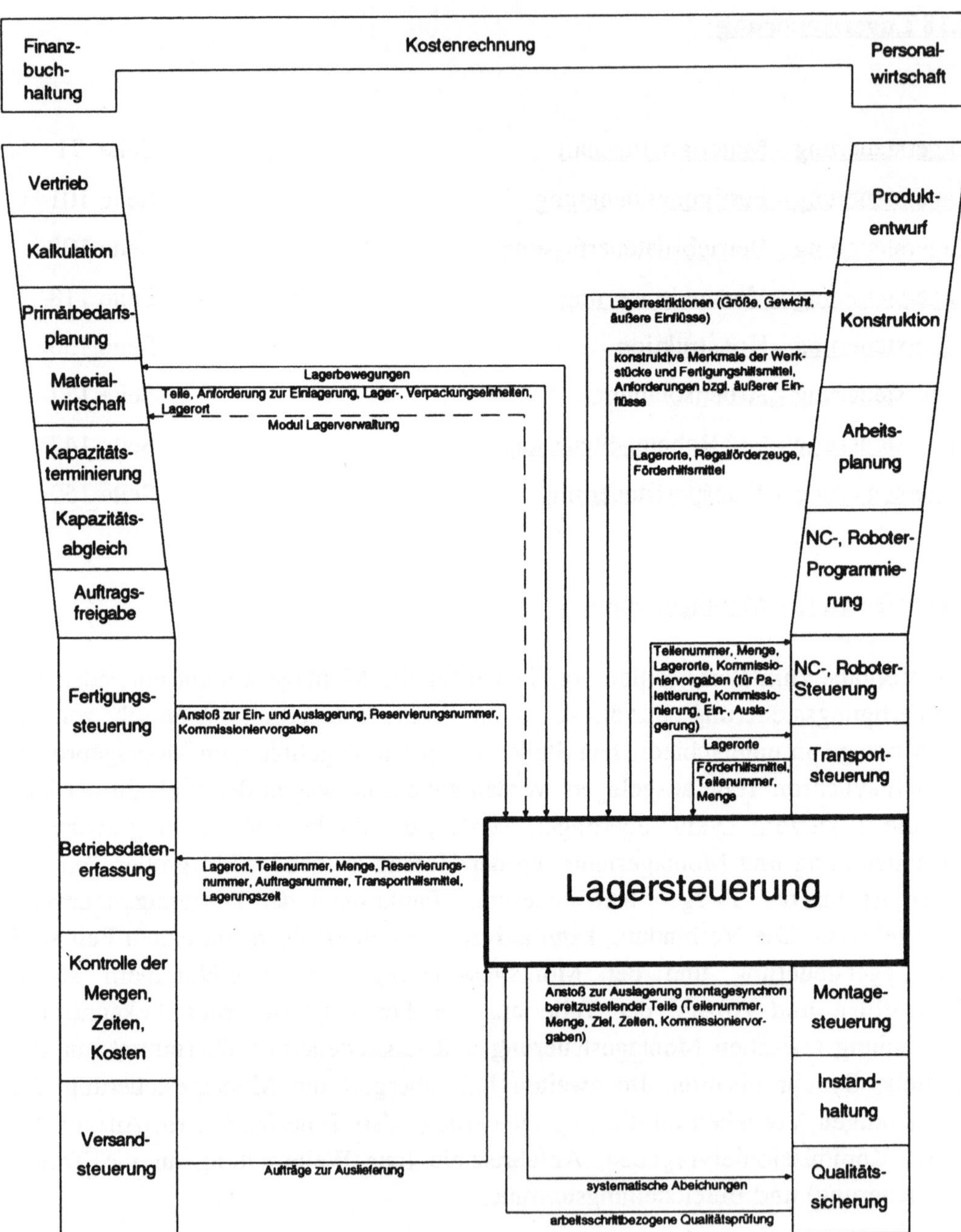

Abbildung 2.18: Interdependenzen der Lagersteuerung

2.19 Montagesteuerung

Montagesteuerung - Instandhaltung

Geplante Instandhaltungsarbeiten (Inspektion, Wartung) an Montageeinrichtungen sollten möglichst dann vorgenommen werden, wenn für diese Einrichtung keine Bearbeitung eingeplant ist. Die Instandhaltung meldet zunächst, an welchen Arbeitsplätzen vorbeugende Instandhaltungsmaßnahmen ausgeführt werden sollen. Aus den Vorgaben der Fertigung zur Montage von vorgegebenen Teilen kann die Montagesteuerung ableiten, welche Montageeinrichtungen zu welchem Zeitpunkt nicht in Anspruch genommen werden. Die Montageplätze mit den geplanten Stillstandszeiten sind der Instandhaltung zu melden.

Wenn die Instandhaltung höhere Priorität in der Festlegung der Termine hat, legt sie die Zeitpunkte für die geplanten Instandhaltungsmaßnahmen fest und meldet sie der Montagesteuerung, die für die entsprechende Zeit keine Arbeitsschritte an dem Montageplatz einplanen kann.

Montagesteuerung - Qualitätssicherung

Die zur korrekten Steuerung der Montagevorgänge notwendigen Qualitätssicherungsmaßnahmen sind in das Montageleitsystem zu integrieren. Wie bei der Verbindung der Qualitätssicherung mit den anderen CAM-Komponenten, wie NC-, Roboter-Steuerung, werden in der Qualitätssicherung Abweichungen von den Soll-

Werten erfaßt. Die z. B. mit Hilfe der Statistischen Prozeß-Kontrolle (statistical process control) aufgenommenen Daten werden daraufhin überprüft, ob ein einmaliger oder sporadischer Ausreißer vorliegt oder ob es sich um eine systematische Abweichung handelt.

Im ersten Fall ist nur sicherzustellen, daß das Werkstück die geeignete weitere Bearbeitung erfährt (Nachbearbeitung, damit die Soll-Werte erreicht werden, Klassifikation als Zweite Wahl mit der daraus resultierenden Weiterverarbeitung oder Aussonderung).

Im zweiten Fall (systematische Abweichungen) sind Maßnahmen anzustoßen, die darüber hinaus für die nachfolgenden Werkstücke das Auftreten dieser Abweichung möglichst ausschließen. Dies können z. B. Maßnahmen der Instandhaltung sein.

Für die Montageprüfung müssen zusätzliche Qualitätsmerkmale - über die der Fertigung hinaus - von der Qualitätssicherung bestimmt werden. Es fallen hierunter vor allem Funktions-, Vollständigkeits- und Passungsmerkmale. Ein besonderes Problem stellt dabei die im Rahmen des Montageprozesses stattfindende Funktionsprüfung dar. Während in der Teilefertigung die Kontrolle teilebezogen, arbeitsgang- oder arbeitsschrittbezogen durchgeführt wird, dominiert in der Montage die funktionseinheitbezogene Kontrolle. Diese ist unter Umständen erst nach mehreren Montageschritten durchführbar. Deswegen besteht eine weitaus größere Anzahl an Fehlermöglichkeiten als bei der teilebezogenen Kontrolle. Viele Merkmale können oft nicht gemessen, sondern nur attributiv geprüft werden[85].

Aufgrund der Komplexität der Baugruppen ist es mit großem Aufwand verbunden, vollständige Prüfvorschriften zu erstellen.

Diese Probleme bei der Qualitätsprüfung in der Montage erschweren eine Umsetzung in automatisierte Systeme erheblich. Deswegen sollte eine möglichst umfangreiche Qualitätskontrolle bei der Teilefertigung durchgeführt werden, damit die Ursachen für bei der Funktionsprüfung entdeckte Fehler tatsächlich auf Abweichungen beim Montageprozeß eingegrenzt werden können.

---

[85] Gimpel, B., Köppe, D.: Normung von Schnittstellen für die Qualitätssicherung. CIM-Management, 5 (1989) Nr. 1, S. 24 - 26.

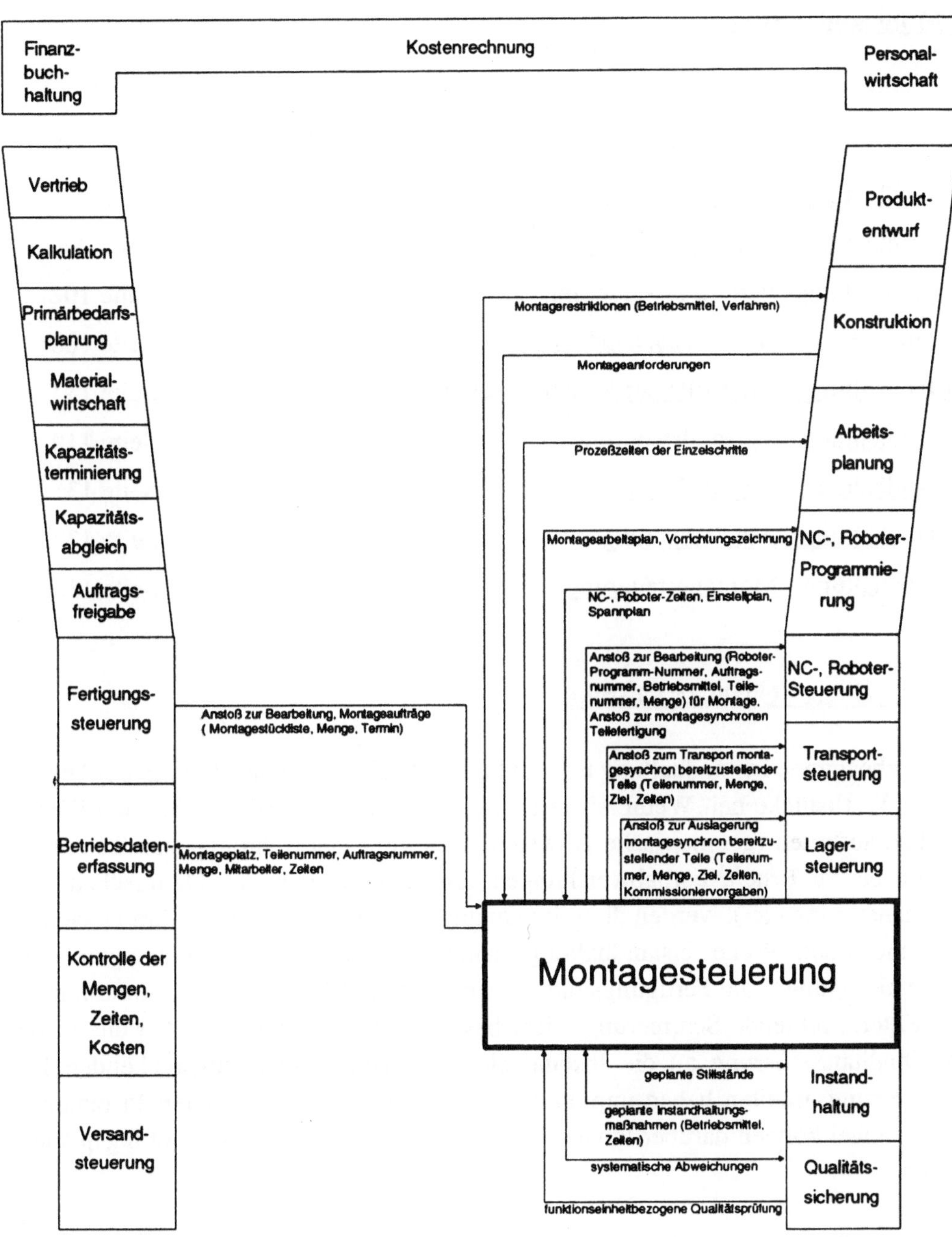

Abbildung 2.19: Interdependenzen der Montagesteuerung

2.20 Instandhaltung

Instandhaltung - Qualitätssicherung

Die vorbeugende Instandhaltung trägt in hohem Maße zur Sicherstellung der Qualität der Werkstücke bei. Wenn Abweichungen von den Soll-Werten bei den Werkstücken auftreten (geometrische Abweichungen vom Überschreiten von Toleranzwerten bis zu Bruch, Farbabweichungen, Abweichungen in der chemischen Zusammensetzung etc.), werden diese im Qualitätssicherungsystem auf ihre Ursachen hin untersucht. Wenn Instandhaltungsmängel Ursache der Abweichungen sind (Verunreinigung von Fertigungsmitteln, abgenutzte Werkzeuge, Verunreinigung von Filtern, fehlende Schmierung, nicht beseitigte Unwuchten), werden diese von der Qualitätssicherung an die Instandhaltung gemeldet. Die entsprechenden Instandsetzungsarbeiten haben unmittelbar einzusetzen. Die gemeldeten Instandhaltungsmängel können darüber hinaus zu einer Änderung von Instandhaltungsplänen führen.

Die Instandhaltungsanforderung, die von der Qualitätssicherung ausgeht, kann zum einen auf festgestellten Qualitätsabweichungen beruhen; zum anderen können neu formulierte Qualitätsstandards zu geänderten Instandhaltungsanforderungen führen, wie z. B. kürzeren Wartungsintervallen.

Eine wichtige Beziehung zwischen Instandhaltung und Qualitätssicherung liegt darin, daß es in der Instandhaltung selber eine Qualitätssicherung geben muß, daß also nicht nur für eine definierte, gleichbleibend hohe Qualität der Werkstücke gesorgt werden muß, sondern gleichzeitig auch für eine definierte und konstante Qualität der Instandhaltungsmaßnahmen. Dazu müssen der Instandhaltung selber Qualitätsvorgaben und Prüfverfahren gegeben sein. Damit ist diese Art der Qualitätssicherung integraler Bestandteil der Instandhaltung.

So wie die Instandhaltungsmaßnahmen der Qualitätssicherung unterliegen, so müssen auch innerhalb der Qualitätssicherung Wartungsarbeiten durchgeführt werden. Die Prüfmittel sind wie Fertigungsmittel zu inspizieren, zu warten und instandzusetzen.

Die geplanten Instandhaltungsmaßnahmen sind mit ihren Terminen der Qualitätssicherung zu melden. Bei einer Störung übergibt die Instandhaltung den voraussichtlichen Fertigstellungstermin der Reparatur.

Instandhaltung - Finanzbuchhaltung

Die Instandhaltung und die Anlagenwirtschaft innerhalb der Finanzbuchhaltung benötigen die Anlagen-Stammsätze.

Wartungsvorschriften, die vom Gesetzgeber erlassen oder vom Lieferanten vorgegeben sind, werden der Instandhaltung von der Anlagenwirtschaft übermittelt.

Werden Instandhaltungsmaßnahmen durchgeführt, die werterhöhend und damit aktivierungspflichtig sind, werden die dafür aufgebrachten Aufwendungen, die im Instandhaltungsabrechnungssystem ermittelt werden, an die Anlagenbuchhaltung innerhalb der Finanzbuchhaltung weitergegeben.

Allerdings sind hier einige Abgrenzungen vorzunehmen. Im Instandhaltungssystem werden alle Kosten, die für die Maßnahmen anfallen, erfaßt und verrechnet, also Material, Fremdleistungen und Eigenleistungen. Die Weiterleitung an die Anlagenbuchhaltung betrifft dagegen in bestimmten Fällen neben dem Material nur die Fremdleistungen.

Instandhaltung - Kostenrechnung

Die Instandhaltungsabrechnung ist definitionsgemäß ein Teil der Kostenrechnung, und zwar insbesondere der Erfassung und Verrechnung der Betriebsmittelkosten innerhalb der Kostenartenrechnung[86]. In der Praxis finden sich aber häufig eigene Systeme zur Instandhaltungsabrechnung innerhalb von Instandhaltungssystemen (ebenso wie zur Materialabrechnung innerhalb des Materialwirtschaftssystems) als Vor-Systeme zu den eigentlichen Kostenrechnungssystemen.

Für die Instandhaltungsabrechnung wird der Zugriff auf die Kostenstellen, die der Kostenrechnung zugeordnet sind, benötigt.

Die Kosten, die für Instandhaltungsmaßnahmen anfallen und im Instandhaltungs-abrechnungssystem erfaßt werden, gehen vollständig in die Kostenrechnung ein. Kosten, die nur einen geringen Betrag ausmachen, werden direkt den Kostenstellen belastet. Bei größeren Reparaturen oder sonstigen Instandhaltungsmaßnahmen werden alle Kosten zusammengefaßt und einem eigenen Instandhaltungsauftrag zugeordnet[87].

Für die Kontierung dieser Instandhaltungsaufträge werden die betroffenen Konten benötigt. Instandhaltungsaufträge sind abrechnungstechnisch genauso zu behandeln wie Projekte der Kostenrechnung. Hier können gleiche Datenstrukturen verwandt werden.

Die Kosten für werterhöhende Instandhaltungsmaßnahmen, die im Instandhal-tungsabrechnungssystem ermittelt werden, sind dem Kostenrechnungssystem zu übergeben und dort als Zugang in der Anlagenkartei der Betriebsabrechnung zu buchen. Sie werden über die Nutzungsdauer der Betriebsmittel als Abschreibungen verrechnet.

Da die werterhöhenden Instandhaltungsmaßnahmen dem Betrag nach von denen, die an die Finanzbuchhaltung gemeldet werden, differieren können, ist eine direkte Übergabe von der Instandhaltung an die Kostenrechnung sinnvoll, nicht eine indirekte über die Finanzbuchhaltung.

---

[86]   Vgl. Kilger, W.: Einführung in die Kostenrechnung. 3. Auflage, Wiesbaden 1987, S. 110 - 133.

[87]   Vgl.: System RM: Produktionsplanung und -steuerung, Einkauf, Materialwirtschaft, Instandhaltung. Hrsg.: SAP. Walldorf 1988, S. 239 -284.

Instandhaltung - Personalwirtschaft

Die Instandhaltung benötigt den Zugriff auf Personalstammdaten des Personalwirtschaftssystems, auf Schichtpläne und auf Lohngruppen-Daten, damit eine sinnvolle Zuordnung von Mitarbeitergruppen zu Aufgaben im Rahmen der Instandhaltungsarbeitsplanerstellung und von Mitarbeitern zu Instandhaltungsaufträgen im Rahmen der konkreten Instandhaltungsmaßnahmenplanung durchgeführt werden kann.

Die Instandhaltung hat im Rahmen der Auftragsplanung zu entscheiden, ob bestimmte Maßnahmen in Eigenleistung durchgeführt oder durch Fremdleistung erbracht werden. Auch dafür ist ein Zugriff auf Lohngruppen-Daten notwendig.

Die Instandhaltungsabrechnung benötigt für eine vollständige Erfassung aller mit durchgeführten Instandhaltungsmaßnahmen zusammenhängenden Kosten auch die Kostenbestandteile, die durch dem Unternehmen angehörende Mitarbeiter verursacht werden. Wenn diese Mitarbeiter Instandhaltungsmaßnahmen durchführen, sind die zugehörigen Personalkosten vom Personalabrechnungssystem an das Instandhaltungssystem zu übertragen.

Falls die Erfassung der Kosten im Personalsystem in der gleichen oder in einer feineren Detaillierungsstufe vorliegt als im Instandhaltungssystem, können die zu einem Instandhaltungsauftrag gehörenden Kosten vom Personalsystem direkt an das Instandhaltungssystem übertragen werden.

Im anderen Fall werden dem Instandhaltungssystem vom Personalsystem die Kostensätze übermittelt. Die für Instandhaltungsarbeiten aufgebrachten Personalzeiten müssen über das Produktionsdatenanalysesystem zugesteuert werden. Im Gegenzug werden die Vorgabezeiten für durchgeführte Instandhaltungsmaßnahmen an das Personalwirtschaftssystem gemeldet, sofern die Instandhaltungsmitarbeiter nicht nur zeitabhängig entlohnt werden.

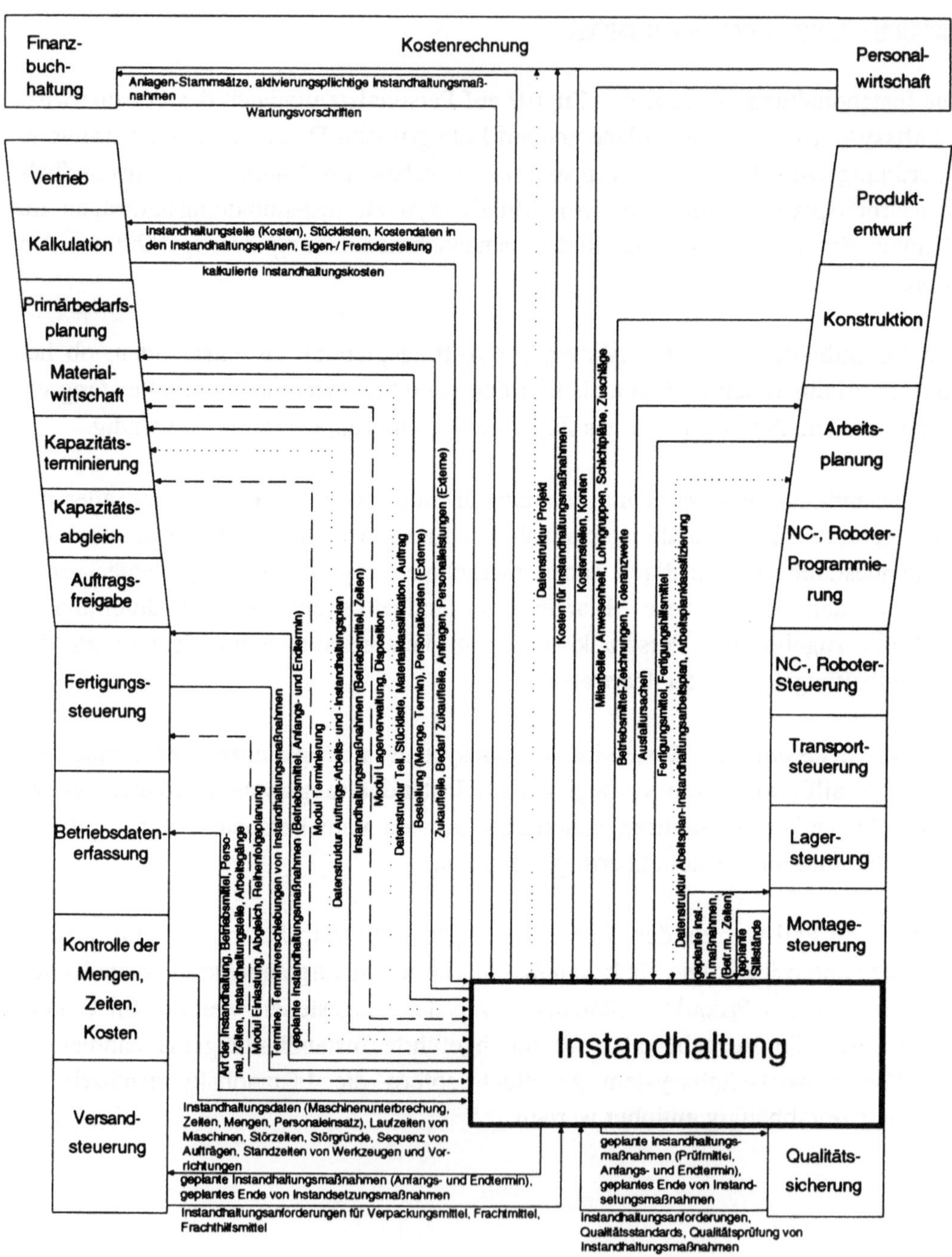

Abbildung 2.20: Interdependenzen der Instandhaltung

2.21 Qualitätssicherung

Qualitätssicherung - Kostenrechnung

Im Prüfplatzstammsatz der Qualitätssicherung sind Informationen enthalten, die die Kostenrechnung benötigt. Dazu gehören die Kostenstelle (für die Abrechnung) und Lohn- und Maschinendaten (für Abrechnung und Nachkalkulation).

Von den auftragsbezogenen Daten, die in der Qualitätssicherung verwaltet werden, sind Fehlerverhütungskosten, Prüfkosten und Fehlerkosten für die Nachkalkulation der Kostenrechnung von Bedeutung.

Die ersten beiden sind Kosten der Qualitätssicherung, die hier nicht explizit dargestellt werden, die Fehlerkosten werden im Rahmen der Qualitätssicherung erkannt und erfaßt. Dazu gehören Ausschuß, Nacharbeit, Mengenabweichungen, Wertminderungen, abzugeltende Gewährleistungsansprüche und Kosten aufgrund der Produkt- und Produzentenhaftung[88].

Wenn Maßnahmen zur Schwachstellenbeseitigung oder Qualitätsverbesserung getroffen wurden, ist es Aufgabe der Qualitätskostenrechnung, die Wirtschaftlichkeit dieser Maßnahmen nachzuweisen. Dazu ist es notwendig, daß die Definition der Qualitätskostenelemente in der Qualitätssicherung mit den Definitionen der Kostenarten und Kostenstellen in der Kostenrechnung konform ist, d. h. daß z. B. eine eigene Kostenart für auftretende Fehler bei eigenerstelltem und fremdbezogenem Material gebildet wird.

Die Qualitätskostenberechnung wird oft im Qualitätssicherungssystem durchgeführt, obwohl sie definitionsgemäß ein Teil der Kostenrechnung ist. Hier übernimmt das Qualitätssicherungssystem - wie auch die Materialwirtschaft mit der Materialberechnung (vgl. Schnittstelle Materialwirtschaft - Kostenrechnung) - als Vor-System Aufgaben des nachgelagerten Kostenrechnungssystems.

Qualitätssicherung - Personalwirtschaft

Zur Ermittlung der "Qualitätskosten", d. h. der Kosten, die die Qualitätsprüfung verursacht (welche nur einen Teil der gesamten Qualitätskosten ausmachen), benötigt die Qualitätssicherung aus der Personalwirtschaft die Kosten des "Qualitätspersonals". Dabei wird unterstellt, daß die Qualitätssicherung als Vor-System Aufgaben der Kostenrechnung übernimmt, speziell die Ermittlung von Qualitätskosten. Es ist allerdings nur eine Zuordnung der Kosten der Mitarbeiter zu den Qualitätskosten möglich, die der Abteilung Qualitätswesen zugeordnet sind. Natürlich gehört genau genommen die gesamte Belegschaft zum Qualitätspersonal, da sie die Qualität produziert, die im nachhinein von Mitarbeitern der Abteilung Qualitätswesen geprüft wird.

---

[88] Hollmann, H. H.: Konsequenzen der Produkthaftung. CIM-Management, 5(1989) Nr. 4, S. 20 - 23.

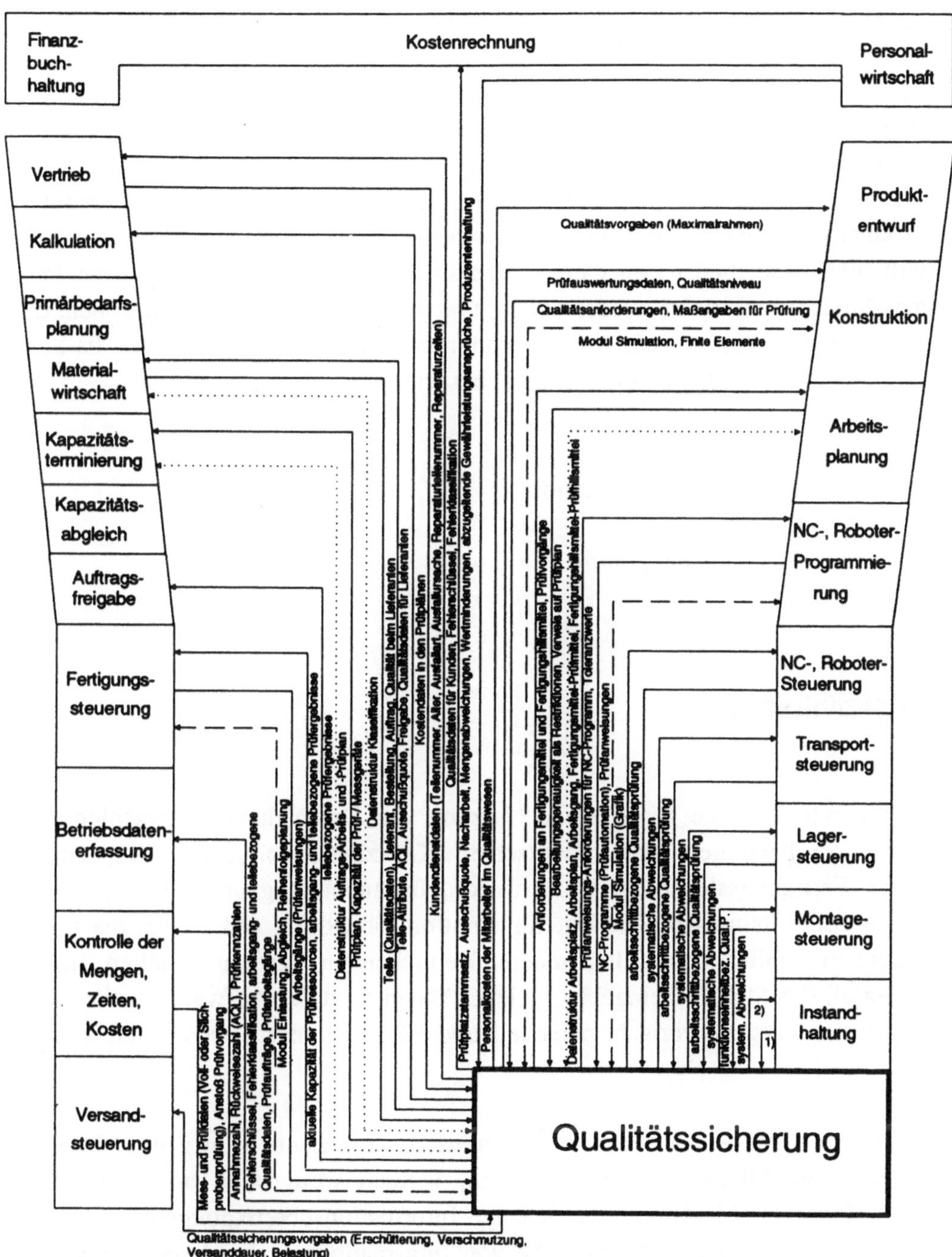

1) geplante Instandhaltungsmaßnahmen (Prüfmittel, Anfangs- und Endtermin), geplantes Ende von Instandsetzungsmaßnahmen;
2) Instandhaltungsanforderungen, Qualitätsstandards, Qualitätsprüfung von Instandhaltungsmaßnahmen;

Abbildung 2.21: Interdependenzen der Qualitätssicherung

3   CHARAKTERISIERUNG VON INTEGRATIONSKOMPONENTEN

Die Darstellung der Beziehungen zwischen den CIM-Bereichen zeigt, daß sich die Integration auf vier Stufen vollzieht. Daten werden gemeinsam durch unterschiedliche Bereiche genutzt; unterschiedliche Dateninhalte werden in gleich aufgebauten Datensätzen und gleichen Verbindungen zwischen Datensätzen hinterlegt; in unterschiedlichen Bereichen treten gleiche Funktionen auf, die durch identische Programm-Module unterstützt werden sollen; und schließlich wachsen Funktionen, die bisher getrennt waren, zusammen oder kommunizieren direkt miteinander. Es können damit vier Integrationskomponenten charakterisiert werden:

- Datenintegration
- Datenstrukturintegration
- Modulintegration
- Funktionsintegration.

3.1 Datenintegration

Datenintegration ist die gemeinsame Nutzung von Daten durch unterschiedliche Bereiche. So benötigen Materialwirtschaft, Kapazitätsterminierung, Kapazitätsabgleich, Fertigungssteuerung, Konstruktion, Instandhaltung und Qualitätssicherung den Teile-Stammsatz. Die Datenintegration führt dazu, daß Daten, die in einem Bereich anfallen, sofort allen anderen Bereichen zur Verfügung stehen. Durch den Wegfall der Mehrfacheingaben gleicher Daten wird der Aufwand für das Änderungswesen (organisatorisch, personell und EDV-technisch) wesentlich verringert[89].

Inkonsistenzen bei der Informationsübermittlung, die heute häufig eine Fehlerquelle im betrieblichen Ablauf darstellen, können weitgehend ausgeschlossen werden. Hohe Durchlaufzeiten durch lange Informationsübertragungswege, sei es durch verzögerte manuelle Weitergabe von Informationen oder durch periodisch stattfindende File-Transfers, können drastisch reduziert werden.

---

[89] Zu Wirtschaftlichkeitsaspekten von Daten- und Funktionsintegration vgl. Schreuder/Upmann: CIM-Wirtschaftlichkeit: Vorgehensweise zur Ermittlung des Nutzens einer Integration von CAD, CAP, CAM, PPS und CAQ. Köln 1988, S. 193.

Die Datenintegration unterstützt aber auch die Funktionsintegration. Wenn z. B. gefordert wird, daß vertriebsgerecht, fertigungsgerecht und kostenoptimal konstruiert wird, muß das Klassifikationssystem so aufgebaut sein, daß diese Funktionen unterstützt werden. Hier reicht es nicht mehr aus, daß im Klassifikationssystem nur eine Sicht auf Teile hinterlegt wird (daß sie z. B. hierarchischen Klassen zugeordnet werden), es muß darüber hinaus eine Einteilung erfolgen, welche Funktion das Teil oder die Baugruppe unterstützt, wie diese Teilfunktion zu einer Gesamtfunktion beiträgt, welche technisch-physikalischen Eigenschaften ein Teil hat und wie dadurch bestimmte Anforderungen der Anforderungsliste erfüllt werden. Es muß weiterhin eine Einordnung in Kostenklassen und Kostenstrukturen erfolgen. Die Geometrie eines Teils muß so klassifiziert werden, daß Rückschlüsse auf die Fertigungstechnik möglich sind. Auch dispositive Merkmale sind in einem solchen Klassifikationssystem festzuhalten.

Sowohl Einzelteile als auch Baugruppen und Endprodukte sind Fertigungs-, Konstruktions-, Funktions- und Kostenklassen zuzuordnen. Ein derart gestaltetes Klassifikationssystem, das unter verschiedenen Gesichtspunkten eine Einordnung aller Teile vornimmt, unterstützt wirkungsvoll alle planenden Bereiche in einem CIM-Umfeld, insbesondere den Vertrieb, die Materialwirtschaft, Produktentwurf und Konstruktion sowie die Arbeitsplanung.

Nicht nur die Datenverwendung, auch die Datenentstehung tangiert mehrere Bereiche. Neue Teile-Nummern mit den Bezeichnungen werden entweder von der Materialwirtschaft angelegt, wenn es sich um fremdbezogene Teile handelt, oder von der Konstruktion, insbesondere für eigen zu erstellende Teile. Teile, die von der Konstruktion entworfen werden, aber nicht selbst erstellt werden, haben ihren Ursprung ebenfalls in der Konstruktion. Das Gerüst eines Teile-Stammes mit Nummer, Bezeichnung, Zeichnungsnummer und geometrischen Angaben wird sukzessiv von unterschiedlichen CIM-Bereichen ergänzt. Die Materialwirtschaft füllt die dispositiven Felder des Stammsatzes, wie Dispositionsstufe, Bedarfsart (Primärbedarf und/oder Sekundärbedarf), Dispositionsart (deterministische oder stochastische Disposition) und Dispositionsparameter (Dispositionsverfahren, Glättungsparameter, Saisonfaktoren). Der Einkauf ergänzt die bestellspezifischen Daten, wie fester Lieferant, Bestellgrößenverfahren (Andler-Formel, Stückperiodenausgleich), feste Bestellmengengrößen, Ober- und Untergrenze von Bestellmengen, Wiederbeschaffungszeit. Die Vorkalkulation ermittelt einen Kostensatz, der später durch Nachkalkulationsverfahren der Kostenrechnung korrigiert werden kann. Der Vertrieb vervollständigt bei verkaufsfähigen Produkten den Stammsatz mit Verkaufspreis, Rabattkennzeichen und Abpackgrößen. Bei einer eindeutigen Zuordnung von Teilen zu Arbeitsplänen ergänzt der Bereich Arbeitsplanung den Teile-Stammsatz um die Arbeitsplan-Nummer. Wenn die Zuordnung nicht eindeutig ist, wird ein eigener Stammsatz dafür angelegt.

Die Qualitätssicherung schließlich fügt die Daten hinzu, die für ihre Aufgaben notwendig sind, wie Prüfkennzeichen (keine Prüfung/Wareneingangsprüfung/Warenausgangsprüfung), AQL (acceptable quality level), Prüfzeit und Prüfplan-Nummer, sofern die Beziehung zwischen Teil und Prüfplan eindeutig ist (vgl. Abbildung 3.1).

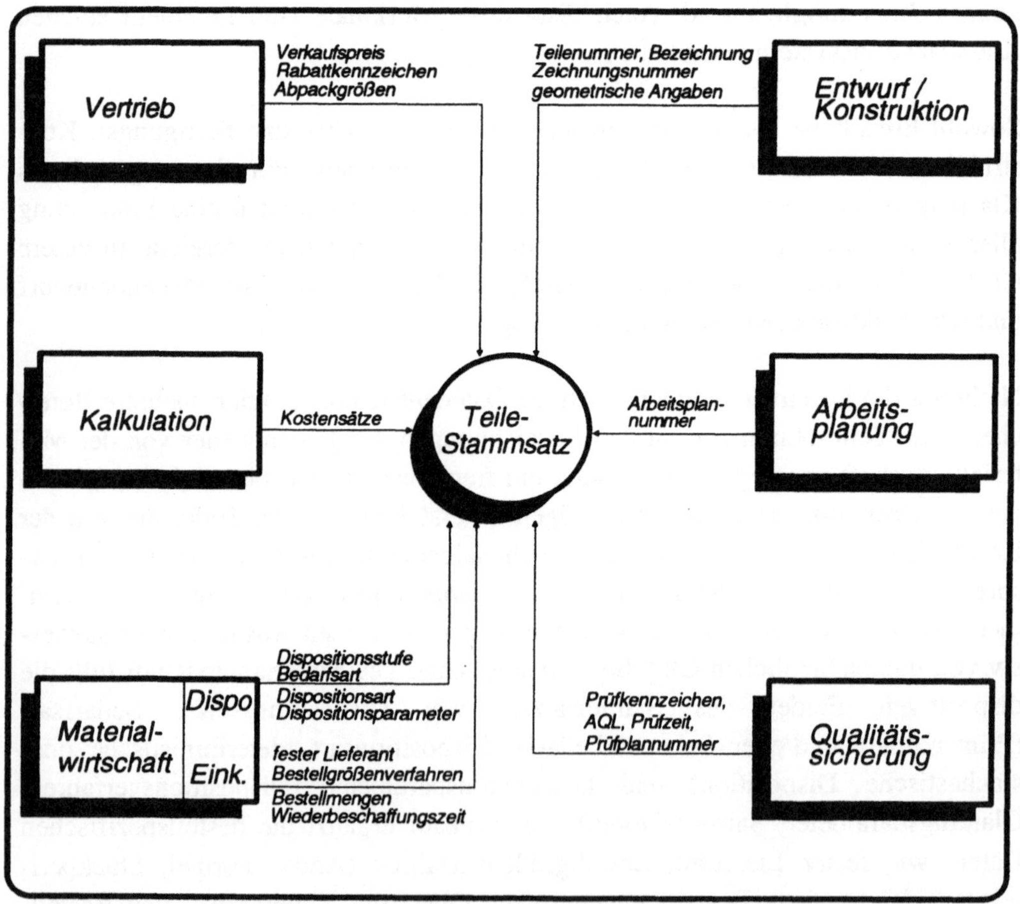

Abbildung 3.1: Datenintegration: Bildung des Teile-Stammsatzes

3.2 Datenstrukturintegration

Die Datenstrukturintegration weist zwei Ausprägungsvarianten auf.

Ein Aspekt der Datenstrukturintegration ist die Nutzung **eines** Datensatzaufbaus für unterschiedliche Inhalte. Prinzipiell unterscheiden sich die Stammsätze für Betriebsmittel, Werkzeuge und Vorrichtungen nur wenig. Hier kann die Struktur eines Stammsatzes für die genannten unterschiedlichen Inhalte verwendet werden. Auch die Struktur einer Stückliste (Nummer des übergeordneten Teils, Nummer des untergeordneten Teils, "Produktionskoeffizient", Gültigkeitsdauer) kann für die Werkstücke in ihrer Zusammensetzung aus untergeordneten Teilen wie auch für Werkzeuge und Betriebsmittel Anwendung finden. Ebenso kann die Struktur, in der ein Auftrag abgebildet wird, einheitlich definiert werden, unabhängig davon, ob es sich um einen Fertigungsauftrag der Produktionsplanung oder einen Wartungsauftrag der Instandhaltung handelt.

Auch Kunden und Lieferanten weisen gleiche identifizierende Schlüssel (Kunden- bzw. Lieferantennummer) und beschreibende Attribute (Name, Ort, Lieferbedingungen etc.) auf. Diese können in einem einheitlichen Stammsatz "Marktpartner" festgehalten werden. Ein Problem bereiten dabei die Attribute, die nicht beiden gemein sind (vgl. Kapitel 4.2).

Der zweite Aspekt der Datenstrukturintegration bezieht sich auf das Zusammenwirken mehrerer Datensätze (Relationen). Werkzeuge werden zu einer Werkzeuggruppe zusammengefaßt. In einer Werkzeuggruppenstruktur wird angegeben, wie sich ein Werkzeug einer übergeordneten Werkzeuggruppe (Drehwerkzeug) aus Werkzeug-Komponenten der untergeordneten Werkzeuggruppe (Halter, Meißel, Schneidplatte) zusammensetzen. Der Lagerbestand des Werkzeugs ergibt sich als Beziehungstyp zwischen der Relation Werkzeug und der Relation Lagerort.

Das gleiche Zusammenwirken von Relationen ergibt sich für Vorrichtungen mit den Relationen Vorrichtungsgruppen, Vorrichtungen, Vorrichtungsstruktur, Vorrichtungsbestand und Lagerort. Letztlich werden die Verbindungen zwischen Meß- und Prüfmittelgruppen und ihrer strukturellen Zusammensetzung, den Meß- und Prüfmitteln selber und dem zugehörigen Lagerbestand pro Lagerort in gleicher Weise aufgebaut. In Abbildung 3.2 sind die Abhängigkeiten der Relationen untereinander dargestellt.

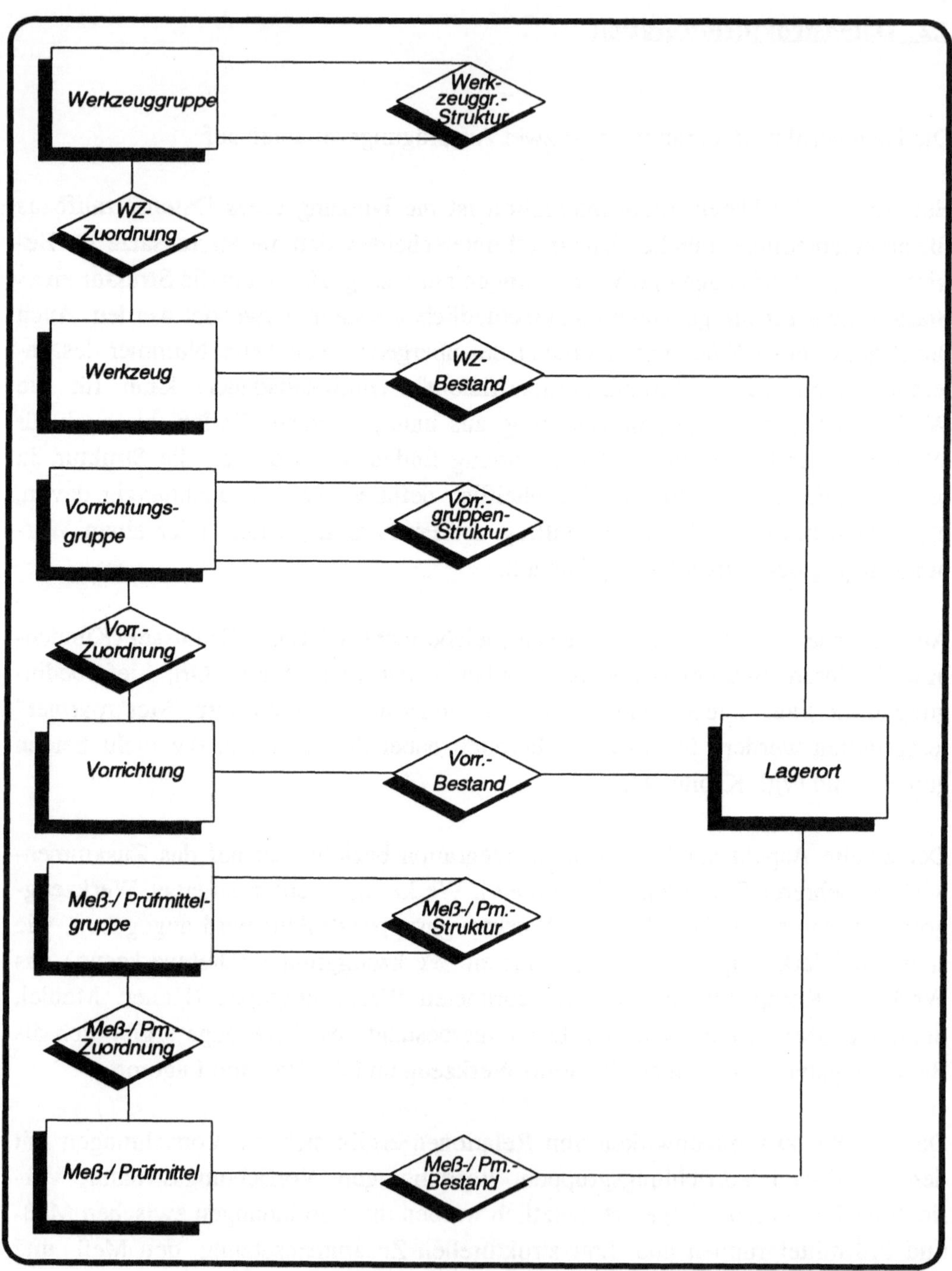

Abbildung 3.2: Datenstrukturen

Werkzeuge, Vorrichtungen und Meß- und Prüfmittel können, da sie weitgehend dieselben identifizierenden Schlüssel, nämlich Nummern, und beschreibenden Attribute besitzen, zu einem umfassenden Begriff Fertigungshilfsmittel zusammengefaßt werden. Dadurch, daß ein umfassender Begriff, der allen drei Begriffen übergeordnet ist, diese ersetzt, sind alle Verbindungen nur noch einmal anstatt dreimal aufzubauen.

Mehrere gleiche Fertigungshilfsmittel bilden eine Fertigungshilfsmittelgruppe, wobei sich ein Element der Fertigungshilfsmittelgruppe aus mehreren Komponenten zusammensetzen kann. Ein Datensatz Lager kann für unterschiedliche Lager Anwendung finden. Zu jedem Fertigungshilfsmittel gibt es einen lagerortbezogenen Lagerbestand.

Damit läßt sich die Datenstruktur aus Abbildung 3.2 auf die Datenstruktur, die in Abbildung 3.3 angegeben ist, reduzieren. Die Komplexität der Datenstruktur kann durch die Datenstrukturintegration erheblich verringert werden.

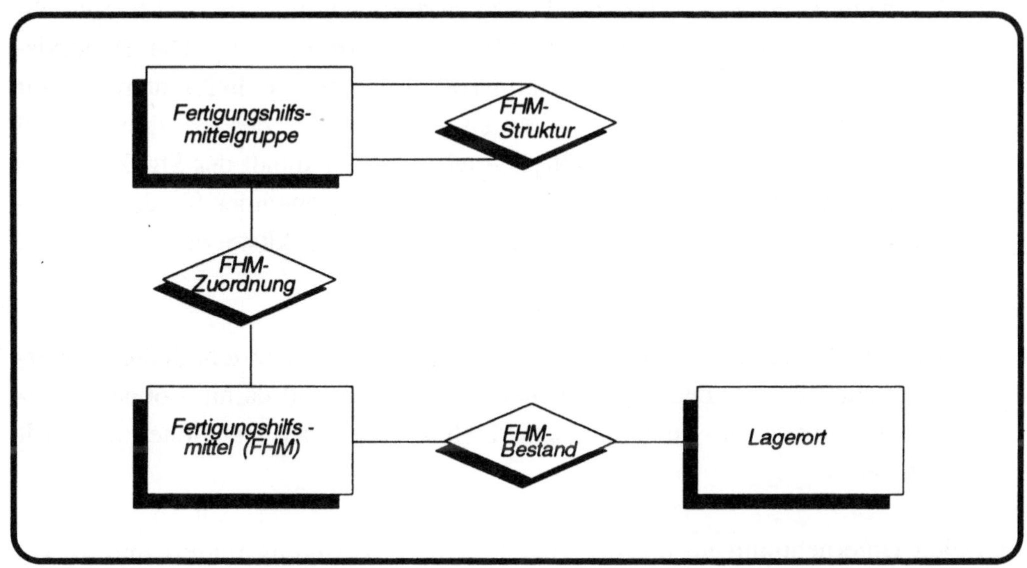

Abbildung 3.3: Datenstrukturintegration

Die Datenstrukturintegration weist folgende Vorteile auf:

- Durch die Mehrfachnutzung einer einmal definierten Datenstruktur sinkt der Entwicklungsaufwand für die Systeme der Datenverwaltung.

- Da die Daten Grundlage der betrieblichen Funktionen sind, sinkt auch der Entwicklungsaufwand für die Anwendungssysteme, die diese Funktionen abdecken, da jeweils unterschiedliche Daten derselben Datenstruktur Basis für gleiche Funktionen sind. So gibt es z. B. eine Zuordnung von Aufträgen für eine definierte Zeitspanne zu Fertigungsmitteln, Werkzeugen, Vorrichtungen und Spannmitteln. Diese Belegungsplanung kann für alle Betriebsmittel in identischer Weise und damit auch durch identische Systeme gelöst werden.

  Auch eine Stücklistenauflösung mit der Bedarfsrechnung kann in gleicher Weise definiert werden, wenn die Datenstruktur identisch ist, sei es für Werkstücke, für Werkzeuge, für Instandhaltungsteile oder für ganze Maschinen.

- Ein weiterer Synergieeffekt der Datenstrukturintegration entsteht hauptsächlich bei einer Standardisierung über Betriebsgrenzen hinweg. Die Stammdaten des Enderzeugnisses (Teilestammsatz) des Maschinenlieferanten sind für den Abnehmer die Daten, die er als Stammdaten der Fertigungsmittel (Betriebsmittelstammsatz) benötigt. Auch kann der Inhalt der Stückliste des Enderzeugnisses des Maschinenlieferanten beim Abnehmer für die Stückliste des Betriebsmittels und somit in der Ersatzteilstückliste weiterverwendet werden.

  Hier liegt also der Vorteil in der Nutzung derselben Dateninhalte, die ursprünglich unterschiedlichen Sichten entsprachen und damit - ohne Datenstrukturintegration - auch unterschiedlich strukturierten Relationen zugeordnet waren.

In vielen Unternehmungen, die über einen eigenen Fertigungsmittel- und Werkzeugbau verfügen, kommt dieser Vorteil der Datenstrukturintegration auch innerbetrieblich zum Tragen. Dies ist um so mehr von Bedeutung, als sich innerbetrieblich eine Datenstrukturintegration leichter durchsetzen und realisieren läßt als überbetrieblich.

3.3 Modulintegration

Modulintegration ist die gemeinsame Nutzung von EDV-Modulen durch mehrere CIM-Bereiche. So wird ein Modul zur Lagerverwaltung von der Materialwirtschaft (für Roh-, Hilfs-, Betriebsstoffe, Einzelteile und Baugruppen), von der Auftragsabwicklung (zur Verwaltung der Fertigwaren- und Versandlager), von der Fertigungssteuerung (zur Verwaltung der Werkstattbestände) und von der Instandhaltung (für die Instandhaltungsmaterialien) benötigt, darüber hinaus von der Arbeitsplanung, wenn ihr das Werkzeugwesen zugeordnet ist, sowie von der Prüfplanung als Teil der Qualitätssicherung für die Prüfmittel.

Bedarfsauflösung und Brutto-/Nettorechnung sind in der Materialwirtschaft, in der Qualitätssicherung und in der Instandhaltung erforderlich.

Das Beispiel des Bereichs Instandhaltung zeigt besonders deutlich Wesen und Notwendigkeit der Modulintegration.

Im Rahmen der Instandhaltungsplanung werden Instandhaltungsaufträge gebildet, die wie die Fertigungsaufträge geplant und gesteuert werden müssen.

Die Planungsstufen der Fertigungsauftragsplanung:

- Primärbedarfsplanung,
- Kalkulation,
- Materialwirtschaft,
- Kapazitätsterminierung,
- Kapazitätsabgleich,
- Auftragsfreigabe

sind analog auf die Instandhaltungsaufträge zu übertragen.

Auch hier muß im Rahmen der

- Instandhaltungsprimärbedarfsplanung

durch Auswertungen der Wartungsintervalle, über Prognoserechnungen und durch Analyse von vergangenen Instandhaltungsmaßnahmen der Gesamtbedarf an Instandhaltungstätigkeiten ermittelt werden.

Ebenso wie für Kunden- und Fertigungsaufträge sollte für Instandhaltungsaufträge eine detaillierte

- Kostenplanung

durchgeführt werden.

Im Rahmen der

- Instandhaltungsmaterialwirtschaft

muß überprüft werden, ob alle im Rahmen der Instandhaltungsmaßnahmen regulär auszutauschenden Materialien, benötigte Hilfs- und Zusatzstoffe sowie einzusetzende Werkzeuge vorhanden sind. Dazu benötigt die Instandhaltung ein Lagerverwaltungssystem, das dem der Materialwirtschaft entspricht. Sofern eine Bedarfsauflösung über die Brutto-/Netto-Rechnung notwendig ist, erfolgt diese ebenso wie in der Materialwirtschaft. Alle benötigten Teile sind für den entsprechenden Auftrag zu reservieren.

Ist eine Unterdeckung vorhanden, muß ein Bestellauftrag kreiert werden, der im Einkauf zu einer Bestellung transformiert wird, die in der Rechnungsprüfung mit dem Wareneingang und dem Rechnungseingang abgeglichen wird. Somit umfaßt die Instandhaltungs-Materialwirtschaft die Funktionen Disposition, Einkauf, Lagerwesen und Rechnungsprüfung.

In der

- Kapazitätswirtschaft

ist zu prüfen, ob alle benötigten Kapazitäten, insbesondere Personal, zur Verfügung stehen. Bei Minder-Kapazität ist entweder durch zusätzliches Personal von außen, Überstunden oder zeitliche Verlagerung von Instandhaltungsmaßnahmen ein Ausgleich herbeizuführen.

Mit der

- Instandhaltungsauftragsfreigabe

erfolgt der Übergang von der Planung der Instandhaltung zur kurzfristigen Steuerung mit der

- Feinsteuerung,

die die genaue Reihenfolge der einzelnen Arbeitsgänge festlegt.

Im Rahmen der

- Betriebsdatenerfassung

werden die notwendigen Ist-Daten über die Aufträge, Betriebsmittel, Materialien und das Personal erfaßt und im

- Datenanalysesystem

den Soll-Daten gegenübergestellt. Hier werden Mengen und Zeiten und - sofern eine mitlaufende Kalkulation durchgeführt wird - Kosten kontrolliert.

Insbesondere bei vorhandenem Betriebsmittelbau werden Ersatzteile für Betriebsmittel im Unternehmen selbst gefertigt und konstruiert.

Für die

- Konstruktion

der Ersatzteile werden CAD-Systeme eingesetzt. Teilweise werden hier die CAD-Daten des Betriebsmittellieferanten über elektronischen Datenaustausch übernommen.

Für die Instandhaltungsmaßnahmen sind

- Instandhaltungspläne

zu erstellen, die für jedes Betriebsmittel nach einer Wartungsstrategie die planbaren Instandhaltungen und vorbereiteten Instandsetzungen festschreiben. Ebenso müssen Arbeitspläne zur Fertigung der Instandhaltungsmaterialien erstellt werden.

Für Instandhaltungsaufgaben werden z. T. NC-gesteuerte Maschinen eingesetzt, z. B. zur Bearbeitung von Werkzeugen, für die in der

- NC-Programmierung

die Steuerungsprogramme entworfen werden, die in der

- NC-Steuerung

der entsprechenden Maschine zum Einsatz kommen.

Werden die Instandhaltungsmaterialien in eigenen automatisierten Lagern geführt, so sind diese

- Lagersteuerungssysteme

ebenfalls dem Instandhaltungsbereich zuzuordnen.

Analog zur planungs- und prozeßbegleitenden Qualitätssicherung in der Produktion sollte die

- Qualitätssicherung

auch auf die Planungs- und Durchführungsaufgaben der Instandhaltung angewendet werden.

In der

- Instandhaltungsabrechnung

schließlich werden alle Maßnahmen bewertet, damit sie den administrativen Systemen übergeben werden können.

Abbildung 3.4 faßt die Funktionen der Instandhaltung zusammen. Es wird deutlich, daß die Instandhaltung als Teil eines computergesteuerten Industriebetriebes selbst einen Großteil der Funktionen in sich vereinigt, die für den Industriebetrieb insgesamt anfallen (vgl. Abbildung 1.2). Hier sollte - soweit möglich - eine Modulintegration angestrebt werden.

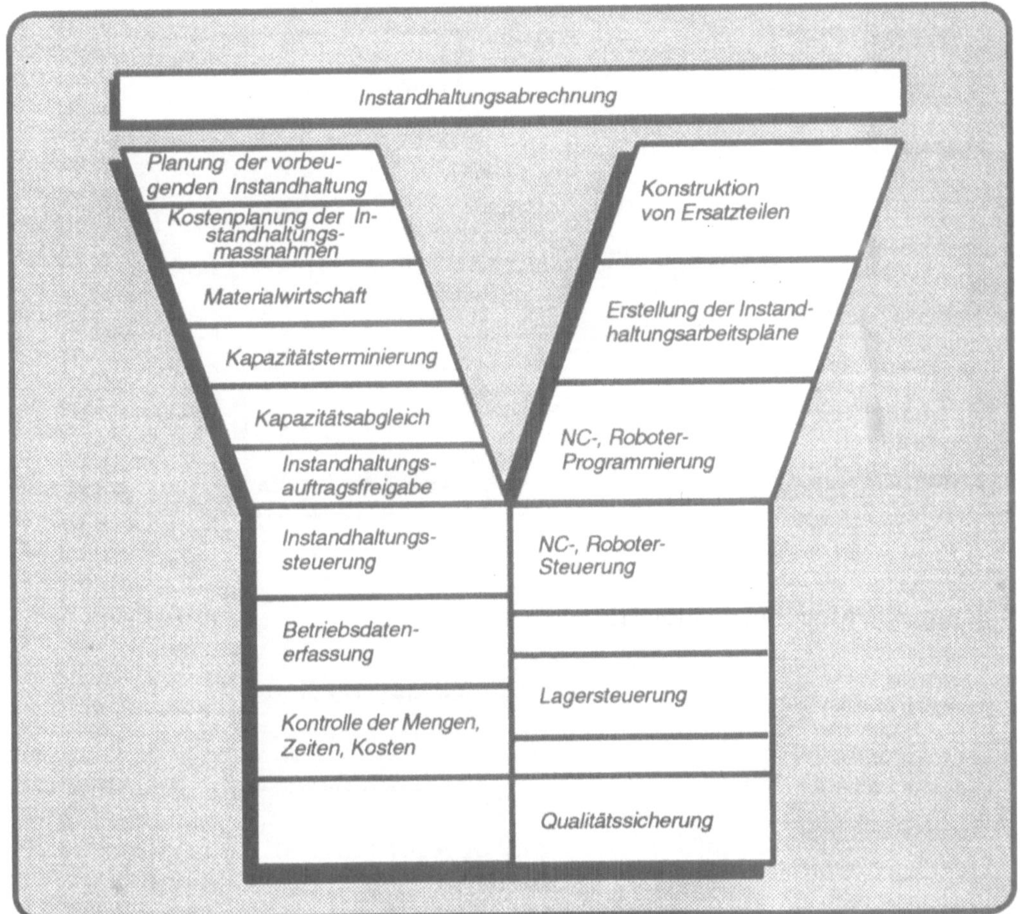

Abbildung 3.4: Informationssysteme der Instandhaltung

Die Modulintegration kann sich auf zwei Arten vollziehen:

Im ersten Fall wird ein physisch einmal vorhandenes EDV-Modul durch unterschiedliche Bereiche genutzt (vgl. Abbildung 3.5). Dies ist der Standardfall, wenn die Applikationen auf einem Rechner laufen.

Im zweiten Fall wird das gleiche Programm unterschiedlichen Rechnern zugewiesen (vgl. Abbildung 3.6). Voraussetzung ist hier allerdings, daß Kompatibilitäten zwischen den Computersystemen auf den einzelnen Stufen innerhalb eines informationstechnischen Konzeptes vorliegen. Neben der Hardwarekompatibilität ist vor allem die Kompatibilität auf der Betriebssystem-Seite ausschlaggebend für die Nutzung identischer Module.

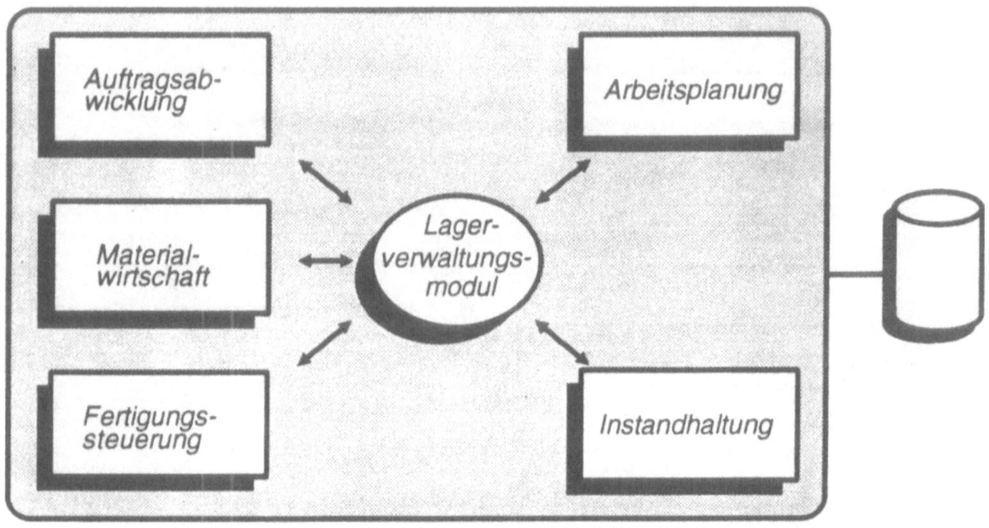

Abbildung 3.5: Modulintegration (I)

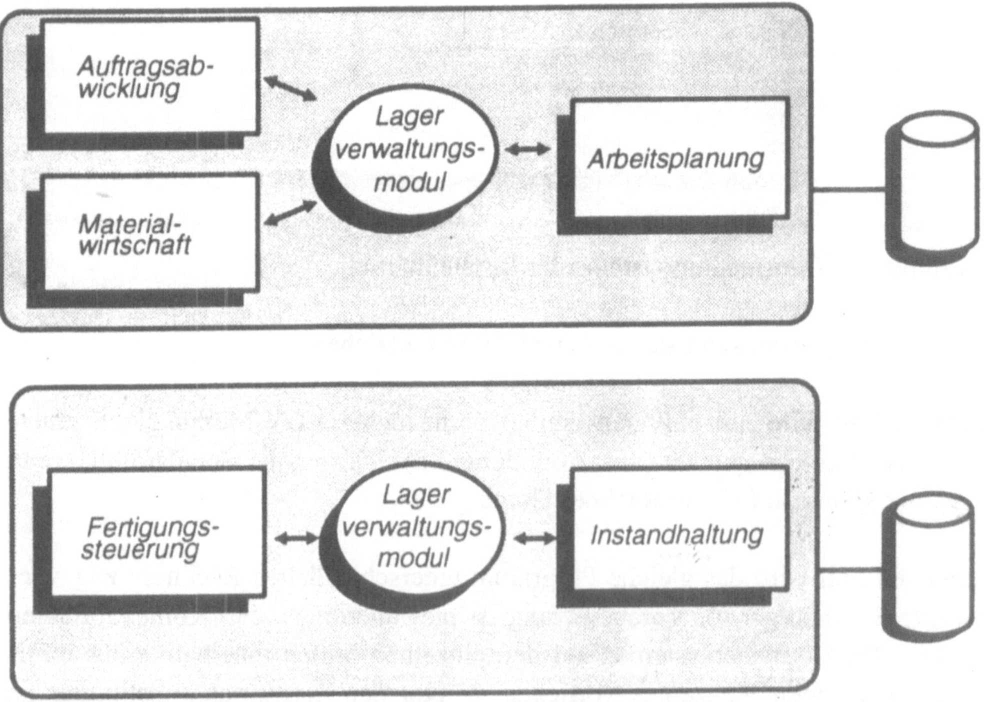

Abbildung 3.6: Modulintegration (II)

Auf dem Gebiet der eher technischen Rechner und der mittelgroßen "kommerziellen" Rechner verlaufen die Standardisierungsbemühungen zur Vereinheitlichung von Betriebssystemen erfolgreich. Unix setzt sich hier als Standard-Betriebssystem immer weiter durch. Dennoch ist eine Übertragung von Modulen zwischen unterschiedlichen Rechnern meist mit Änderungen am Source-Code verbunden, da auf den Rechnern unterschiedliche Derivate von Unix eingesetzt werden.

Unbedingte Voraussetzung für eine Modulintegration ist die Kompatibilität der Datenbanksysteme auf den unterschiedlichen Rechnern. Das bedeutet, daß die Datenbanksysteme auf demselben Datenmodell basieren (hierarchisch, netzwerkartig oder relational) und dieselbe Datenbeschreibungssprache (data description language DDL), dieselbe Datenmanipulationssprache (data manipulation language DML) und dieselbe Abfragesprache (query) besitzen. Dies ist dann gewährleistet, wenn **ein** Datenbanksystem auf den betroffenen Rechnern läuft. Aber auch dort, wo dies nicht der Fall ist, bietet die Standardisierung der Schnittstelle zwischen Datenbanksystem und Programmsystem/Benutzer, wie sie sich im Moment vollzieht, die Möglichkeit, identische Module auf unterschiedlichen Rechnern einzusetzen. Die Sprache SQL, ursprünglich als Abfragesprache konzipiert - daher auch ihr Name structured query language - etabliert sich als diese standardisierte Schnittstelle in Form der DDL, der DML und der Query. Wenn der Zugang zu zwei unterschiedlichen Datenbanken übereinstimmt, ist es nicht unbedingt notwendig, daß die physische Realisierung der Datenbanksysteme auch identisch ist, damit die Module, in denen die Datenbankzugriffe enthalten sind, unverändert übernommen werden können.

Damit eine Modulintegration realisiert werden kann, ist darüber hinaus die Datenstrukturintegration erforderlich. Programme können nur dann für mehrere Einsatzgebiete genutzt werden, wenn über die Syntax des Datenzugriffs hinaus auch die festgelegten Datenstrukturen, also der Satzaufbau und die Beziehungen zwischen Relationen, einheitlich sind.

Die Kompatibilitäten bezüglich der Hardware, des Betriebssystems und der Datenverwaltung sowie die Datenstrukturintegration sind Voraussetzung für eine Modulintegration. Die Modulintegration selber vollzieht sich auf der Ebene der Anwendungssysteme. Über dieselbe Programmiersprache hinaus muß der Einsatz derselben Tools (Maskengenerator, Grafiktool), die in die Anwendungsprogramme eingebunden sind, auf den betroffenen Rechnern gewährleistet sein.

3.4 Funktionsintegration

Wie die Datenstruktur- und die Modulintegration weist auch die Funktionsintegration zwei Facetten auf: Zum einen liegt Funktionsintegration dann vor, wenn das Ergebnis einer Bearbeitung in **einem** Bereich die Bearbeitung in einem **anderen** Bereich anstößt, und zwar immer dann, wenn bestimmte Schwellwerte überschritten werden (Triggern von Funktionen). Zum anderen ist dann eine Funktionsintegration gegeben, wenn zwei vorher getrennte Funktionen zusammenwachsen (vgl. Abbildung 3.7).

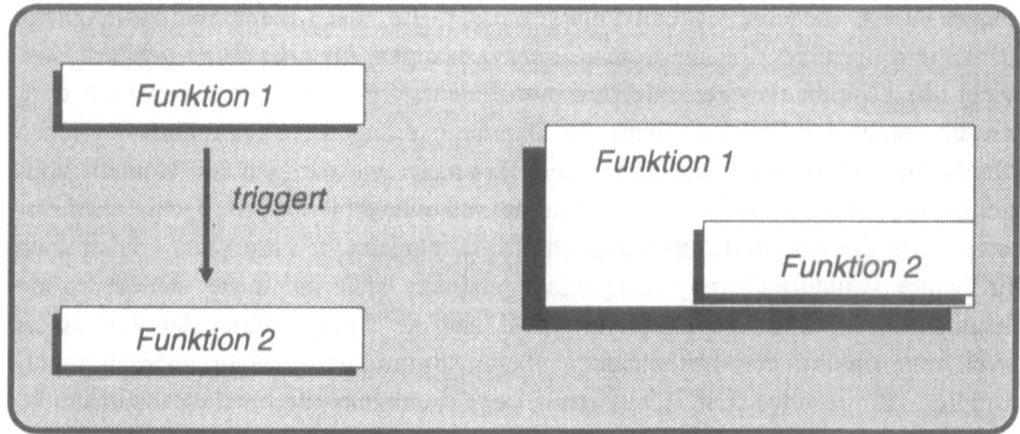

Abbildung 3.7: Funktionsintegration Alternativen

Ein Beispiel für die Funktionsintegration durch Anstoß einer Funktion durch eine andere bietet die Verbindung der Fertigungssteuerung mit den technischen Steuerungen.

Die Fertigungssteuerung ist die zentrale Leitstelle in der kurzfristigen Disposition und Überwachung. Sie erhält von den Planungssystemen die Fertigungsaufträge und plant diese arbeitsganggenau auf den Maschinen ein. Zur Fertigung auf den technischen Systemen gibt die Fertigungssteuerung den Anstoß. An alle computergesteuerten Systeme erfolgt eine automatische Übertragung der Soll-Daten. Über das Betriebsdatenerfassungssystem wird dem Werker der nächste Arbeitsgang angezeigt, so daß er das benötigte Material bereitstellen bzw. einspannen kann. Wo auch die Materialzuführung automatisch erfolgt, ist es Aufgabe des Werkers, für ausreichend Material im Materialpuffer zu sorgen.

Bei automatischer Werkstückzufuhr wird die Einspannung des Werkstücks von der Fertigungssteuerung angestoßen, der Vollzug wird an sie zurückgemeldet, worauf der eigentliche Arbeitsgang an der CNC-Maschine angestoßen wird. Dazu wird zunächst veranlaßt, daß das NC-Programm vom DNC-Verwaltungsrechner an die CNC-Maschine geladen wird. Wenn die NC-Programme nicht auf Direktzugriffsmedien vorliegen (sondern z. B. auf Cassetten), wird der Werker über das BDE-System aufgefordert, das entsprechende Programm einzulegen.

Die Steuerung der einzelnen Arbeitsschritte während der NC-Bearbeitung übernimmt das NC-Steuersystem mit den integrierten Qualitätssicherungsinstrumenten.

Das Ende der Bearbeitung wird über das Betriebsdatenerfassungssystem als zentralem Datenbus und das Produktionsdatenanalysesystem an die Fertigungssteuerung zurückgemeldet. Daraufhin wird von dort der Transport des Werkstückes zur nächsten Bearbeitungsstufe bzw. in das entsprechende Lager angestoßen. Hier vollzieht sich prinzipiell das gleiche Vorgehen:

-   Anstoß des Transportsystems (mit Übergabe von Ausgangs- und Zielpunkt des Transports)

-   Aktivieren des entsprechenden Transportprogramms (Errechnen des Transportweges)

-   Durchführung des Transports (unter Einbeziehung des integrierten Qualitätssicherungssystems)

-   Vollzugsmeldung über das BDE- und Kontrollsystem an die Fertigungssteuerung.

Wenn der Zielpunkt eine weitere NC-gesteuerte Maschine ist, erfolgt der oben beschriebene Vorgang; wenn er ein Lager ist, erfolgt analog der Anstoß der Einlagerung. Die Aufnahme durch das Regalförderzeug, die Auswahl eines passenden Regalplatzes und die Einlagerung werden durch die Lagersteuerung vorgenommen. Von dort erfolgt eine Meldung über das eingelagerte Produkt und die Menge an das Lagerverwaltungssystem in der Materialwirtschaft. Der Ablauf ist in Abbildung 3.8 schematisch wiedergegeben.

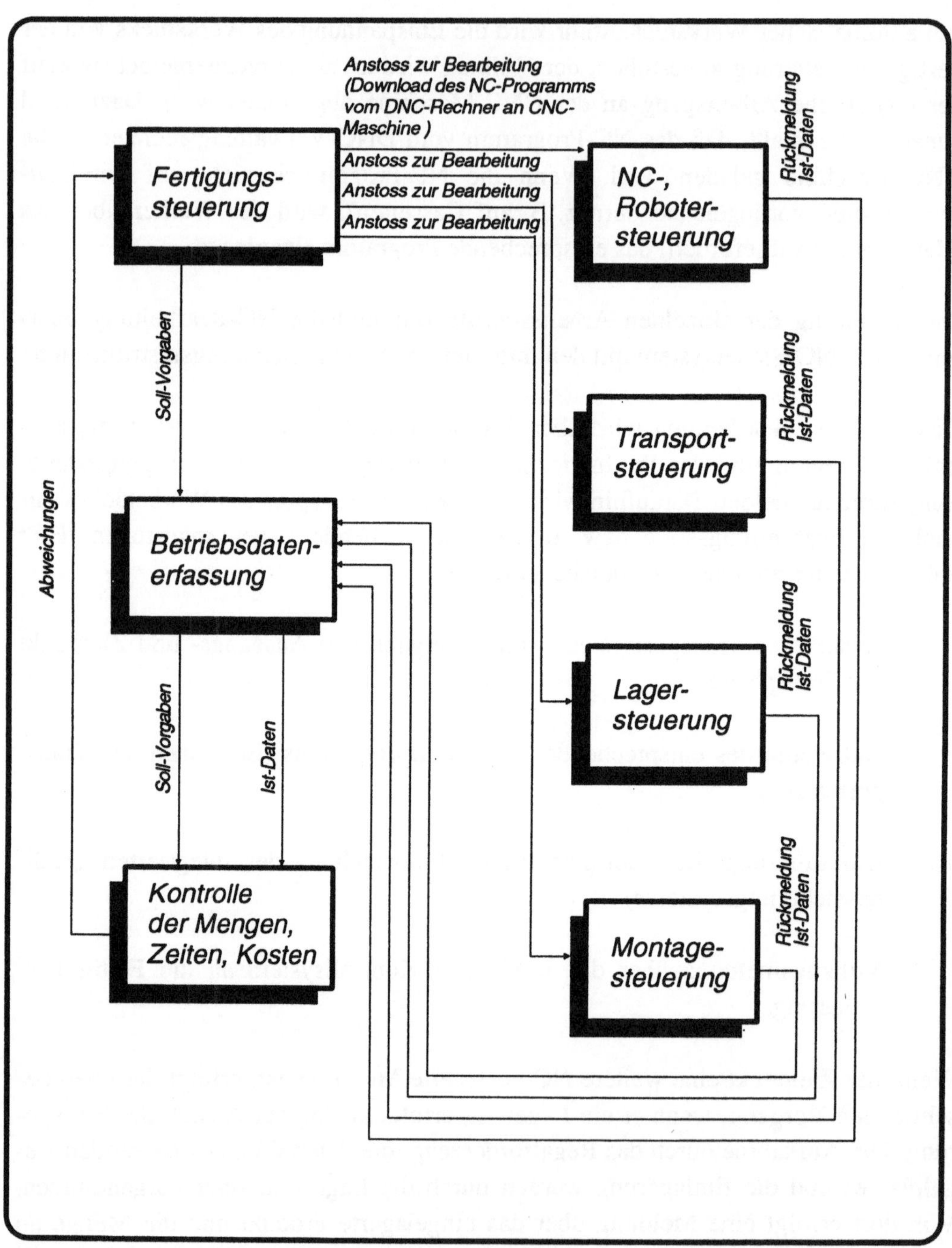

Abbildung 3.8: Fertigungssteuerung und CAM

Wenn die automatische Qualitätsprüfung im Anschluß an die Bearbeitung eines Werkstückes eine Überschreitung der Toleranzen feststellt, muß das Werkstück aus dem aktuellen Bearbeitungsprozeß ausgeschleust werden. Es muß eine Rückmeldung an das Fertigungssteuerungssystem erfolgen, ob das Werkstück unbrauchbar ist, für einen anderen Auftrag eingesetzt oder durch Nacharbeit für den ursprünglichen Auftrag verfügbar gemacht werden kann. Wenn das Werkstück nachbearbeitet werden soll, muß das Fertigungssteuerungssystem einen Nacharbeitungsauftrag generieren, das Werkstück am entsprechenden Nacharbeitsplatz dispositiv einplanen und das Werkzeuglagersystem anstoßen, die benötigten Werkzeuge auszulagern. Diese sind über das Transportsystem dem Arbeitsplatz zuzuführen. Nach der Nachbearbeitung ist das Werkstück sowohl materialmäßig als auch informationsmäßig dem ursprünglichen Auftrag wieder anzugliedern.

In den genannten Beispielen triggert eine Funktion in einem Bereich eine Funktion in einem anderen Bereich. Diese Art der Funktionsintegration kommt dann zum Tragen, wenn bestimmte Bearbeitungsschritte notwendigerweise asynchron erfolgen. Das Ergebnis der Durchführung eines Arbeitsschrittes determiniert erst die Art der Durchführung des folgenden Arbeitsschrittes.

Die Funktionsintegration bewirkt eine Beschleunigung des Ablaufes durch Verkürzung der Liegezeit von Vorgängen zwischen zwei Teilvorgängen. Da diese Zeit den überwiegenden Anteil an der Durchlaufzeit ausmacht, birgt die Funktionsintegration durch Triggern von Funktionen ein hohes Rationalisierungspotential.

Die zweite Art der Funktionsintegration liegt dann vor, wenn zwei vorher getrennte Funktionen vereint werden.

Im herkömmlichen arbeitsteiligen System umfaßt der Produktentstehungsprozeß mehrere sequentiell aufeinanderfolgende Schritte. Ausgehend vom Produktentwurf entsteht im Konstruktionsprozeß eine maßstäbliche Zeichnung des neuen Produktes. Im nächsten Schritt wird die Stückliste festgelegt, d.h. zu einem Endprodukt werden die Baugruppen, Komponenten und Einzelteile bestimmt. Im folgenden Schritt wird zur Fertigung jedes Teils der Stückliste der Arbeitsplan mit seinen Arbeitsgängen angelegt, möglicherweise ergänzt um einen Prüfplan. Letztendlich wird das Produkt aufgrund der Stückliste und der Arbeitspläne kalkuliert, indem die in den Arbeitsgängen angegebenen Vorgabezeiten mit den Lohnsätzen in Beziehung gebracht werden, diese Kosten zunächst pro Teil kumuliert und dann über die Stücklistenzusammensetzung für das Endprodukt ermittelt werden.

Im Prinzip hat der Kalkulator nur die Möglichkeit, die Kosten, die für das Produkt anfallen werden, zu konstatieren, beeinflussen kann er sie kaum.

Im derzeitigen arbeitsteiligen Prozeß sind diese Funktionen unterschiedlichen Bereichen und damit unterschiedlichen Abteilungen zugeordnet und werden durch unterschiedliche EDV-Systeme unterstützt.

Der Konstruktionsprozeß ist der Abteilung Konstruktion zugeordnet. Hier kommen CAD-Systeme zum Einsatz. Die Stücklisten werden oft in einer eigenen Normenstelle erstellt und verwaltet. Sie werden im PPS-System hinterlegt. Die Erstellung der Arbeitspläne gehört zum Bereich Arbeitsplanung, der in Unternehmensorganisationen meist eine eigene Abteilung ("Arbeitsvorbereitung") bildet. Die Arbeitspläne werden ebenfalls im PPS-System gespeichert. Für die Prüfpläne existiert oft ein eigenes CAQ-System. Die Kalkulation schließlich ist Teilgebiet der Kostenrechnung, wobei sowohl in PPS-Systemen, in Auftragsabwicklungssystemen als auch vor allem in Kostenrechnungssystemen Kalkulationsmodule anzutreffen sind.

Hier setzt die Funktionsintegration in dem Sinne an, daß Aufgaben der Arbeitsplanung, der Qualitätssicherung und der Kalkulation in die Konstruktion wandern und synchron die eigentlichen Konstruktionsaufgaben durch die einzelnen Phasen des Konstruktionsprozesses begleiten. Die Funktionsintegration besteht in diesem Fall nicht darin, daß bestimmte Funktionen andere Funktionen triggern, sondern daß eine Verschmelzung vorher getrennter Funktionen stattfindet. Abbildung 3.9 zeigt diese Art der Funktionsintegration.

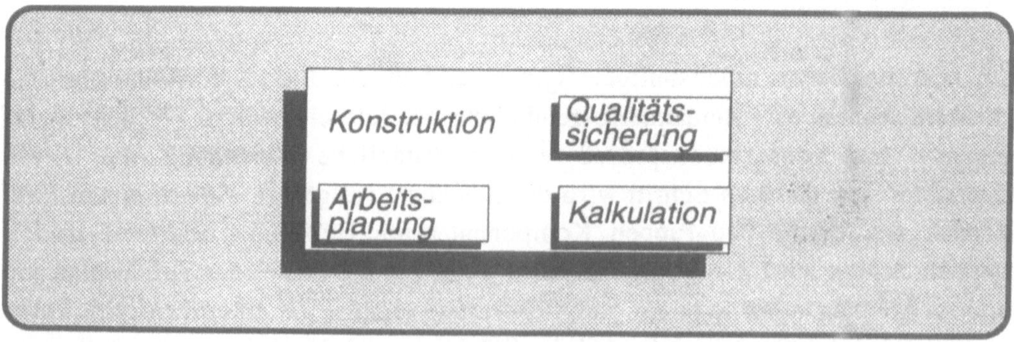

Abbildung 3.9: Funktionsintegration bei der Konstruktion

Über den phasengesteuerten Ähnlichkeitsvergleich (vgl. Kapitel 2.13) werden dem Konstrukteur die kostenmäßigen Auswirkungen seiner Entscheidungen vor Augen geführt, so daß er Abweichungen von Kostenzielen frühzeitig erkennen und gegensteuern kann und bei möglichen Alternativen für die Konstruktion die kostengünstigste auswählen kann.

Zum anderen kann durch die Hinterlegung von aus der Fertigungstechnik resultierenden Konstruktionsregeln jeder Konstruktionsschritt auf produktionstechnische Realisierbarkeit überprüft werden. Auch die Simulation der Vorgänge und Bewegungen, die eine NC-Maschine oder ein Roboter am Werkstück vornimmt, trägt zum fertigungsgerechten Konstruieren bei.

Grundlage einer Funktionsintegration im hier beschriebenen Sinne ist vor allem eine datenmäßige Integration.

Im Entstehungsprozeß eines neuen Produktes beschreiben alle Vorgänge das Produkt, wobei die Sicht jeweils differenziert. Das Produkt wird betrachtet

- aus konstruktionsorientierter Sicht (CAD)
- aus materialwirtschaftlicher Sicht (PPS)
- aus Fertigungssicht (CAP)
- unter Qualitätsgesichtspunkten (CAQ)
- aus Kostenrechnungssicht.

Das Objekt der Betrachtung ist dabei jeweils identisch.

Hier muß den sich durch CIM ändernden Organisationsformen durch geänderte EDV-Unterstützung Rechnung getragen werden. Eine einheitliche Datenbasis zur Verwaltung aller produktbeschreibenden Merkmale (Engineering data base) kann die Integration der Funktionen im Produktentstehungsprozeß wirkungsvoll unterstützen.

Abbildung 3.10 zeigt die notwendigen Datenkopplungen, wenn getrennte Datenbasen für Entwurf, Konstruktion, Stücklisten-, Arbeitsplan- und Prüfplanerstellung sowie Kalkulation in einem sequentiellen Planungsprozeß zum Tragen kommen. Abbildung 3.11 hebt die Parallelisierung des Planungsprozesses bei einer Funktions- und Datenintegration hervor.

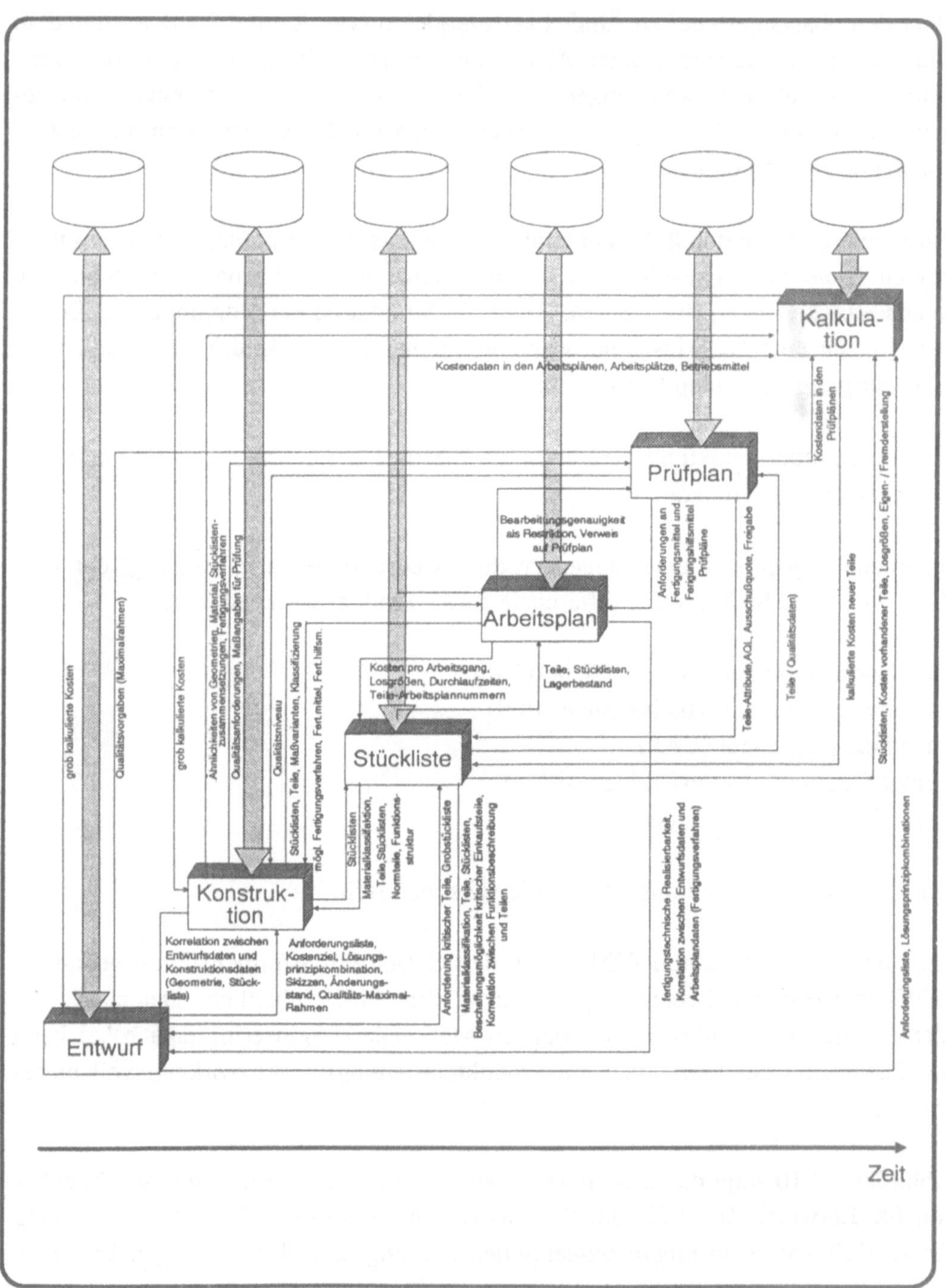

Abbildung 3.10: Sequentieller Produktplanungsprozeß

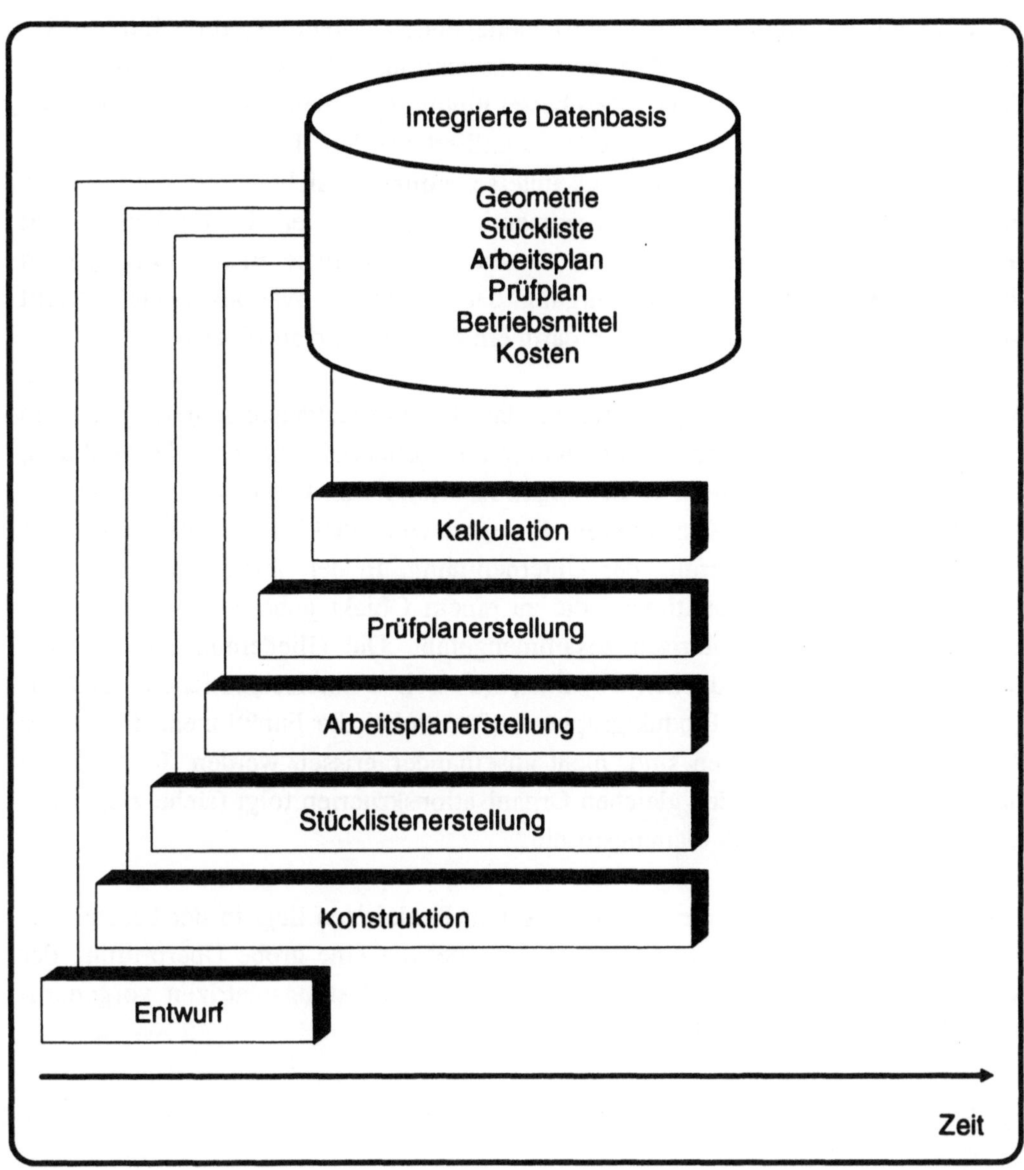

Abbildung 3.11: Paralleler Produktplanungsprozeß

Die Funktionsintegration mit der zugrundeliegenden Datenintegration führt zu einer Verschmelzung der Aufgaben von Konstruktion, Arbeitsplanung, Qualitätssicherung und Kalkulation durch alle Phasen hindurch, in denen die definitorischen Merkmale des Produkts immer weiter detailliert werden. Durch diese simultane Definition eines neuen Produkts aus unterschiedlichen Sichten mit schrittweiser Verfeinerung kann gegenüber dem sequentiellen Abarbeiten der Funktionen mit den auftretenden Iterationen, wie sie für die herkömmliche Bearbeitung typisch sind, eine beträchtliche Beschleunigung des Produktinnovationszyklus erreicht werden. Für viele Unternehmen liegt darin ein kritischer Erfolgsfaktor.

Aus organisatorischer Sicht ist auffällig, daß das entscheidende Kriterium für die Organisationsgestaltung nicht mehr - wie traditionellerweise üblich - die Funktion, sondern das Objekt darstellt. In der funktionsorientierten Organisation bilden die Tätigkeiten (Entwerfen, Konstruieren, Erstellen von Stücklisten, Kalkulieren) die Grundlage für die Gliederung der Unternehmung. In der objektorientierten Betrachtung werden alle Funktionen, die zu einem Objekt gehören (hier zu einem neuen Produkt), organisatorisch zusammengefaßt. Die Gliederung eines Unternehmens folgt unterschiedlichen Objekten, was sich in unterschiedlichen Abteilungen für unterschiedliche Produktgruppen zeigt, wobei die Funktionen, die an der Produktgruppe auszuführen sind, nicht auseinandergerissen werden. In Analogie zur Fertigungsinsel, die den gleichen Organisationskriterien folgt (siehe weiter unten), spricht man hier von Planungsinseln.

Ein weiteres Beispiel für die Vereinigung von Funktionen liegt in der beschriebenen Primärbedarfsplanung (vgl. Kapitel 2.3), bei der eine grobe Überprüfung der Kapazitäts-Ressourcen aufgrund von kumulierten Belastungsmatrizen vorgenommen wird (vgl. Abbildung 3.12).

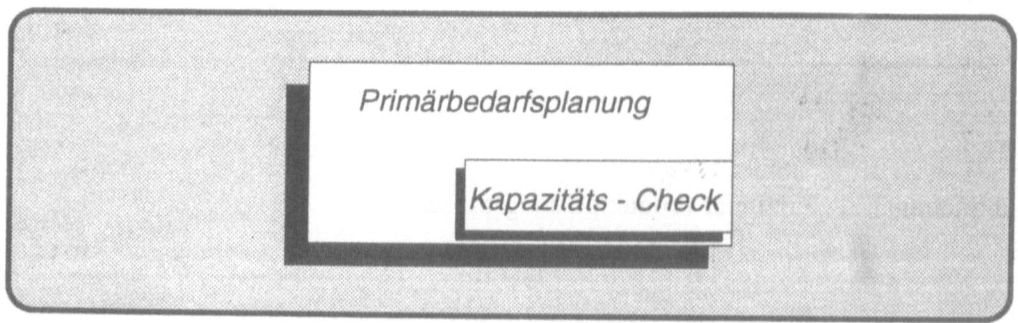

Abbildung 3.12: Funktionsintegration Primärbedarfsplanung

Besonders deutlich wird die Anforderung der Funktionsintegration in der Steuerung einer Fertigungsinsel[90]. In der Fertigungsinsel werden Maschinen unter objektbezogenen Gesichtspunkten zusammengefaßt. Teile einer unter gruppentechnologischer Sicht gebildeten Teilefamilie werden hier komplett bearbeitet. Die Vorteile der Fertigungsinsel - kurze Durchlaufzeiten, hohe Flexibilität, hohe Qualität[91] - kommen erst voll zum Tragen, wenn neben der eigentlichen Fertigungssteuerung andere Funktionen in den Aufgabenbereich der Mitarbeiter der Fertigungsinsel übergehen.

Es sind dies Aufgaben

- der   Arbeitsplanung
  Erstellung und Verwaltung der fertigungsinselbezogenen Arbeitspläne und Arbeitsgänge sind organisatorisch der Fertigungsinsel zugeordnet.

- des   Fertigungshilfsmittelwesens
  Die Fertigungshilfsmittel, die fest der Fertigungsinsel zugeordnet sind, werden dort auch verwaltet.

- der   Qualitätssicherung
  Arbeitsschrittbezogene, arbeitsgangbezogene und teilebezogene Qualitätsprüfung werden in der Fertigungsinsel durchgeführt.

- der   Kostenrechnung
  Für die zentrale Kostenrechnung wird die Fertigungsinsel als eine Kostenstelle global geführt. Die kurzfristige Steuerung aufgrund von Kosteninformationen, die dann wesentlich detaillierter sein müssen als für die zentrale Kostenrechnung, geht auf die Fertigungsinsel über.

---

[90]   Zu Fertigungsinseln vgl. Ruffing, T.: Die integrierte Auftragsabwicklung bei Fertigungsinseln. Grobplanung, Feinplanung, Überwachung. In: Fertigungsinseln - Praxis, Forschung, Erfahrung. Hrsg.: Ausschuß für Wirtschaftliche Fertigung (AWF). Eschborn 1988, S.280 -309;
Auch, M.: Das Projekt "Fertigungsinseln" nach zweijähriger Laufzeit - Stand, Ergebnisse, Ausblick. In: Fertigungsinseln, AWF-Fachtagung 1988. Hrsg.: Ausschuß für Wirtschaftliche Fertigung (AWF). Bad Soden/Ts. 1988, S. 315 - 336;
Bötzow, H.: Die Fertigungsinsel als Konzept zur Einführung flexibler Automation in mittelständischen Industriebetrieben der Einzel- und Kleinserienfertigung. Düsseldorf 1988;
Ruffing, T.: Fertigungssteuerung bei Fertigungsinseln. Köln 1991 (Neue Formen der Arbeitsorganisation. Hrsg.: Ausschuß für Wirtschaftliche Fertigung (AWF)).

[91]   Vgl. Engroff, B.: Realisierte Fertigungsinseln im deutschsprachigen Raum. In: Fertigungsinseln - Fertigungsstruktur mit Zukunft. Hrsg.: Ausschuß für Wirtschaftliche Fertigung (AWF). Eschborn 1987, S. 3.1 - 3.37, insbesondere S. 3.34.

Da jeder Fertigungsinsel nur wenige Mitarbeiter zugeordnet sind, die sowohl operative als auch dispositive Aufgaben der genannten Funktionsbereiche ausführen, muß die organisatorische Integration ihren Niederschlag in der DV-technischen Integration finden.

Alle genannten Integrationskomponeten kommen zum Tragen:

- Die Datenintegration hat sicherzustellen, daß alle Daten, die für die Steuerung der Fertigungsinsel notwendig sind, aktuell und konsistent zur Verfügung stehen. Dies gilt sowohl für Stammdaten (Teile, Stücklisten, NC-/RC- Programme, Betriebsmittel, Arbeitspläne etc.) als auch für Bewegungsdaten (Fertigungsaufträge, auftragsbezogene Arbeitspläne etc.)[92]. Daneben muß auch die Datenintegration zu den anderen Bereichen (z. B. zur übergeordneten Produktionsplanung und zu den technischen Steuerungen) realisiert werden.

- Die Datenstrukturintegration hat dafür Sorge zu tragen, daß der Datenumfang nicht zu komplex wird und die Modulintegration ermöglicht wird.

- Die Modulintegration sollte gewährleisten, daß gleiche Funktionen mit identischen EDV-Modulen unterstützt werden.

- Die drei vorgenannten Integrationskomponenten sollten eine Funktionsintegration auf der EDV-technischen Seite erlauben, die die organisatorische Funktionsintegration unterstützt. Nur mit integrierten EDV-Systemen kann die objektorientierte Betrachtungsweise, d. h. die zusammengefaßte Ausübung aller Funktionen an einem Objekt, realisiert werden; sie ermöglichen die Verbindung von dispositiven, operativen und überwachenden Tätigkeiten an den der Fertigungsinsel zugeordneten Teilefamilien.

Über die Daten- und Datenstruktur- sowie Modul- und Funktionsintegration hinaus sollte eine einheitliche Schnittstelle vom EDV-System zum Benutzer realisiert werden, die sich in gleichem Handling, analogem Maskenaufbau, gleicher Benutzung der Funktionstasten, gleichen Funktionscodes etc. niederschlägt.

---

[92] Ruffing und Loos haben integrierte Datenmodelle für eine Fertigungsinsel entworfen. Vgl. Ruffing, T.: Fertigungssteuerung bei Fertigungsinseln. Köln 1991 (Neue Formen der Arbeitsorganisation. Hrsg.: Ausschuß für Wirtschaftliche Fertigung (AWF));
Loos, P.: Datenstrukturierung in der Fertigung - ein methodischer Modellierungsansatz für die Gestaltung von Fertigungsinformationssystemen. Diss. Uni Saarbrücken 1991.

Funktionsintegration im Sinne von Vereinigung von Funktionen ist immer dann sinnvoll, wenn durch die Verschmelzung von bisher sequentiell verlaufenden Vorgängen der Gesamtablauf beschleunigt und iterative Prozesse, die aufgrund der mangelnden Gesamtsicht der Entscheidungsträger zu Mehrfacharbeit führen, verringert werden können.

Bei einer Einteilung des informationstechnischen Konzeptes in Entscheidungen auf den fünf Ebenen Hardware, Betriebssystem, Datenverwaltung, Anwendungsprogramme, Individuelle Datenverarbeitung (Personal Computing[93]) sind die Datenintegration und die Datenstrukturintegration der Ebene der Datenverwaltung und die Modul- und Funktionsintegration der Ebene der Anwendungsprogramme zuzurechnen (vgl. Abbildung 3.13).

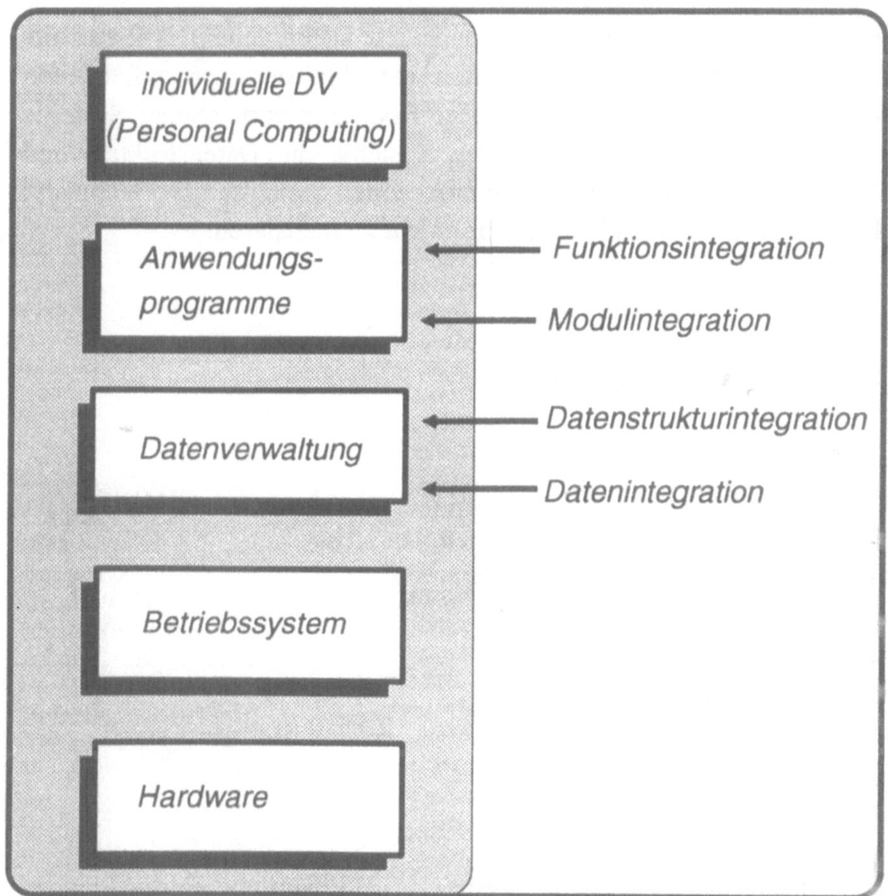

Abbildung 3.13: Integrationspotentiale im informationstechnischen Konzept

---

[93] Zu Personal Computing vgl. Scheer, A.-W., Ahlers, J., Becker, J., Brombacher, R., Brück, E., Karst, M., Saase, L.: Personal Computing - EDV-Einsatz in Fachabteilungen. München 1985.

4   UMSETZUNG DER INTERDEPENDENZEN

Die im zweiten Kapitel aufgezeigten und im dritten Kapitel in allgemeiner Form charakterisierten Interdependenzen lassen sich in unterschiedlicher Weise realisieren. Eine Möglichkeit besteht im Neuaufwurf aller Informationsverarbeitungs-Komponenten vom Großrechner bis zur speicherprogrammierbaren Steuerung unter permanenter Beachtung der Integrationspotentiale, die bereits beim Entwurf des Systems dessen Konzeption maßgebend bestimmen. Das andere Extrem bildet die Beibehaltung von bestehenden Systemen, die dann direkt miteinander zu koppeln sind.

Der Grad, in dem die vier Integrationskomponenten Daten- und Datenstruktur- sowie Modul- und Funktionsintegration durch die Realisierungsmöglichkeiten unterstützt werden, variiert sehr stark. Bei einer Kopplung vorhandener Systeme lassen sich ohne Eingriff in die bestehenden Systeme die Datenstruktur- und Modulintegration nicht verwirklichen. Bei Einsatz einer gemeinsamen Datenbank dagegen sind Daten- und Datenstrukturintegration gut zu realisieren.

4.1 Direkte Kopplung von Systemen

Die Schwierigkeiten, die bei der EDV-mäßigen Verbindung der CIM-Bereiche bestehen, liegen neben den hardwaretechnischen, betriebssystem- und netzseitigen Inkompatibilitäten darin begründet, daß die Daten

> unterschiedliche Inhalte
> unterschiedliche Sichten
> unterschiedliche Abspeicherungen

aufweisen.

Unterschiedliche Inhalte liegen z. B. vor, wenn ein Feld "Umsatz" in der Finanzbuchhaltung eingegangene Geldbeträge für eine definierte Periode umfaßt, im Vertriebssystem dagegen das geldwerte Pendant der abgewickelten Aufträge.

Ein typisches Beispiel für eine unterschiedliche Sicht ist die Differenzierung zwischen Konstruktions- und Fertigungsstückliste.

Ein Endprodukt oder eine Baugruppe setzt sich aus konstruktionsorientierter Sicht (welche Funktion übt ein Teil im Zusammenwirken mit anderen Teilen aus) und aus fertigungsorientierter Sicht (mit welchen anderen Teilen wird dieses Teil in einem Arbeitsgang zusammengefügt) in unterschiedlicher Weise stücklistenmäßig zusammen. Allerdings müssen auf Endproduktebene die Mengenübersichts-stücklisten wieder übereinstimmen.

Ein Beispiel für Integrationsprobleme aufgrund von unterschiedlichen Abspeiche-rungen bildet die CAD-PPS-Kopplung:

- Die Datenstrukturen in beiden Systemen sind unterschiedlich. Die Daten werden in PPS-Systemen oft in relationalen Datenbanken, in CAD-Systemen hingegen in netzwerkartigen Strukturen abgelegt.

- CAD-Daten weisen hohe Redundanzen auf, da die Einzelteilgeometrien mehrmals abgespeichert sind, einmal als Beschreibung des Einzelteils und zum anderen als Bestandteil von Baugruppengeometrien, die jeweils unab-hängig voneinander geändert werden können.

- Die Variantenproblematik wird in CAD- und PPS-Systemen unterschiedlich gehandhabt[94].

- Wenn aus der Geometriedarstellung des CAD-Systems die Stückliste ab-geleitet werden soll, ergeben sich bei 2-D-Systemen Schwierigkeiten, da für eine vollständige Darstellung mehrere Schnitte bzw. Ansichten notwendig sind, so daß nicht sichergestellt ist, daß alle eingehenden Teile erfaßt und in der richtigen Anzahl abgeleitet werden[95].

Ein Kopplungsmodul zwischen zwei Systemen kann nur einige der Probleme EDV-technisch lösen. Eine unterschiedliche Datenstruktur zwischen zwei Berei-chen kann durch ein Softwareprogramm umgesetzt werden.

---

[94] Zur Variantenproblematik vgl. Zimmermann, G.: Produktionsplanung variantenreicher Erzeugnisse mit EDV. Berlin u. a. 1988 (Betriebs- und Wirtschaftsinformatik, Bd. 30. Hrsg.: H. R. Hansen, H. Krallmann, P. Mertens, A.-W. Scheer, D. Seibt, P. Stahlknecht, H. Strunz, R. Thome).

[95] Vgl. Koch, R.: Koordinierte Datenverwaltung für CAD, CAM und PPS. Ein wirtschaftlicher Ansatz zur rechnerintegrierten Produktion. VDI-Zeitung, 131 (1989) Nr. 1, S. 32 - 36.

Unterschiedliche Dateninhalte oder Inkonsistenzen im Datenbestand sind EDV-technisch oft nicht in den Griff zu bekommen. Hier müssen über Dialogprogramme durch einen interaktiven Eingriff des Anwenders die Datenvollständigkeit, -konsistenz und -integrität sichergestellt werden.

Durch bestimmte Weiterentwicklungen der Anwendungssysteme wird die Kopplung vereinfacht. So erhalten CAD-Systeme zunehmend eine administrative Stücklistenverwaltung, die den Abgleich mit der Stückliste im PPS-System besser ermöglicht.

Die direkte Kopplung von Bereichen durch jeweils bilaterale Kopplungsmodule ist relativ aufwendig und sehr änderungsintensiv, da bei Änderung der Datenstruktur eines Bereiches eine Reihe von Kopplungsmodulen betroffen ist.

Durch die direkte Kopplung von Bereichen wird eine Harmonisierung der Daten angestrebt, eine Quasi-Datenintegration. Von einer echten Datenintegration kann nicht gesprochen werden, da eigene Datenbestände der Bereiche bestehen bleiben, die (periodisch) mit den umliegenden Datenbeständen abgeglichen werden. Die direkte Kopplung von Systemen zur Übertragung von Daten ist die derzeit am häufigsten anzutreffende Verbindung zur Realisierung des CIM-Gedankens[96].

Datenstruktur- und Modulintegration liegen dabei nicht vor.

Eine Funktionsintegration kann u. U. softwaremäßig für den Fall realisiert werden, daß bei Überschreiten eines Schwellwertes eine Funktion in einem Bereich eine Funktion in einem anderen Bereich anstößt. Allerdings ist dies wegen der unterschiedlichen Architektur der Anwendungssysteme sehr aufwendig, teilweise aufgrund der Konzeption der Anwendungssysteme auch überhaupt nicht möglich.

Eine Funktionsintegration in dem Sinne, daß zwei Funktionen zu einer zusammenwachsen (konstruktionsbegleitende Kalkulation, Primärbedarfsplanung mit integrierter Kapazitätsprüfung) kann durch Kopplungsmodule bei unveränderten Ausgangssystemen nicht realisiert werden.

---

[96] Vgl. dazu z.B.: Scholz, B.: CIM-Schnittstellen. Konzepte, Standards und Probleme der Verknüpfung von Systemkomponenten in der rechnerintegrierten Produktion. München-Wien 1988, insbesondere S. 134 - 163; Schomäker, W.: Kopplung von PPS- und CAD-Daten. In: CIM im Mittelstand. Fachtagung, Saarbrücken. Hrsg.: A.-W. Scheer. Berlin u.a. 1989, S. 237-254.

4.2 Unternehmensweites Datenmodell

Eine Möglichkeit, die aufgezeigten Datenbeziehungen zwischen den CIM-Bereichen umsetzen zu können, besteht im Entwurf eines unternehmensweiten Datenmodells[97].

Der Entwurfsprozeß und die Darstellung der Daten und ihrer Beziehungen kann durch das von Chen entwickelte Entity-Relationship-Diagramm wirkungsvoll unterstützt werden[98]. Hier werden alle für die Unternehmung relevanten Dinge (Entities) und ihre Beziehungen untereinander (Relationships) dargestellt.

Im Mittelpunkt des Datenmodells steht der Entitytyp Teil, der alle den Teilen (Endprodukten, Baugruppen, Einzelteilen, Rohstoffen, Ersatzteilen, Hilfs- und Zusatzstoffen etc.) direkt zugeordneten Attribute (Bezeichnung, Größe, Mengeneinheit, Dispositionsart etc.) enthält. Die Beziehungen zwischen den Teilen in ihrer Stücklistenzusammensetzung wird durch die Relation Struktur als Zuordnung von untergeordneten Teilen zu übergeordneten Teilen angegeben. Damit ist die Relation Struktur eine Beziehung zwischen Sätzen des Entitytyps Teil.

Entities werden graphisch durch Rechtecke, Beziehungen durch Rauten dargestellt (vgl. Abbildung 4.1).

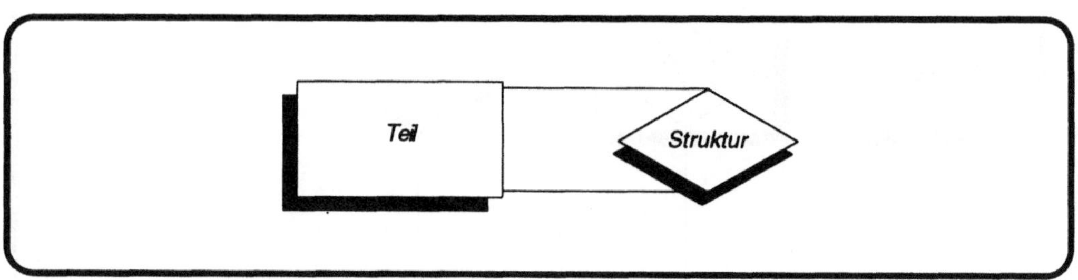

Abbildung 4.1:   Entity-Relationship-Diagramm Teil und Struktur

---

[97]   Scheer hat ein solches Unternehmensdatenmodell entwickelt. Vgl. Scheer, A.-W.: Wirtschaftsinformatik - Informationssysteme im Industriebetrieb. 3. Auflage, Berlin u.a. 1990. Die folgende Beschreibung des Unternehmensdatenmodells basiert auf den dort niedergelegten Ausführungen.

[98]   Vgl. Chen, P. P.: The Entity-Relationship-Model: Towards a Unified View of Data. ACM Transactions on Database-Systems, 1 (1976) Nr. 1, S. 9 - 36.

Aus vorliegenden oder erwarteten Kundenaufträgen resultiert ein periodenbezogener Bedarf an Endprodukten, der über die Stücklisten in einen Bedarf an Komponenten aufgelöst wird. Der Bedarf ist somit eine Beziehung (Relationship) zwischen den Entities Teil und Zeit (vgl. Abbildung 4.2).

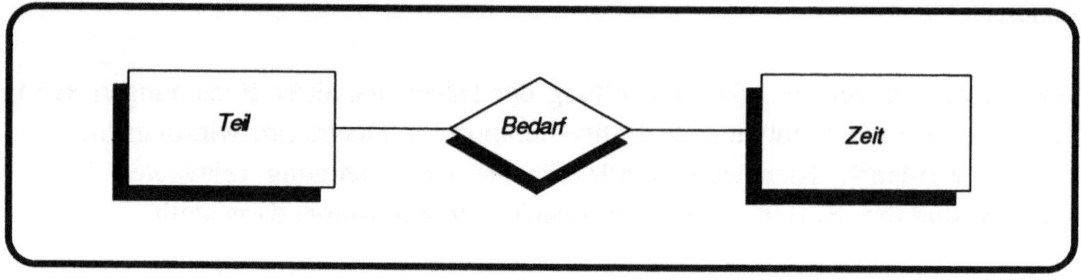

Abbildung 4.2:   Entity-Relationship-Diagramm Bedarf

Über den Vergleich mit dem Lagerbestand, der eine Beziehung zwischen dem Lagerort und dem Teil herstellt, wird die Lagerdeckung ermittelt. Da nur Beziehungen zwischen Entities, nicht aber zwischen Beziehungen aufgebaut werden dürfen, müssen die Relationen Bedarf und Lagerbestand zu Entities umdefiniert werden (vgl. Abbildung 4.3).

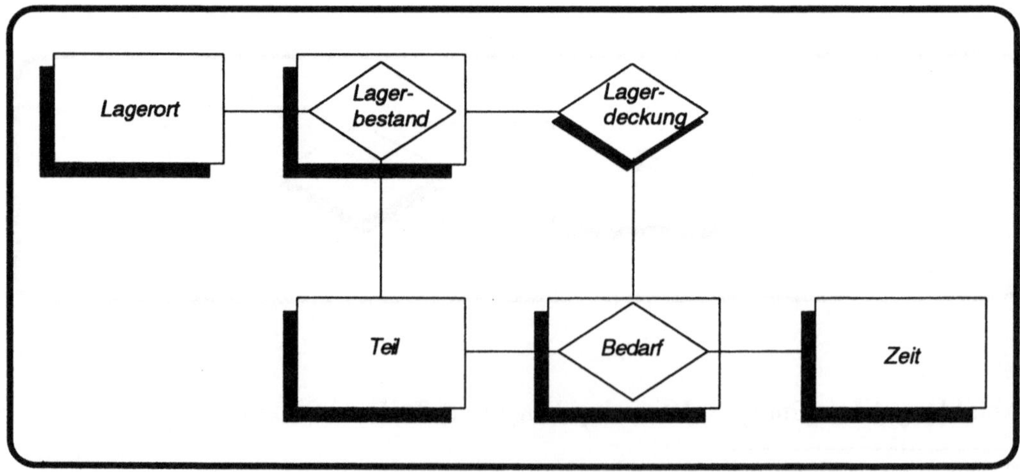

Abbildung 4.3:   Entity-Relationship-Diagramm Lager und Disposition

Bei der Bildung der Entities und Relationships sind einige Modellierungsregeln zu beachten, die dazu beitragen, die Integrität der Daten sicherzustellen[99]. Dazu gehören die Normalisierungsregeln, die auf Codd zurückgehen[100]. Innerhalb der Normalisierungsschritte werden die Relationen so gebildet, daß Wiederholungsgruppen beseitigt werden (Erste Normalform), alle Nichtschlüssel-Attribute voll funktional vom Schlüssel abhängig sind (Zweite Normalform) und keine transitiven Abhängigkeiten auftreten (Dritte Normalform). In den beiden letzten Normalisierungsschritten werden Anomalien fördernde Redundanzen in den Schlüssel-Attributen eliminiert.

Der Entwurf einer sachlogischen Datenstruktur muß weitgehend programmunabhängig erfolgen. Die Daten sind als eigenes Organisationsobjekt zu begreifen und bereichsübergreifend allen Systemen, soweit notwendig, zur Verfügung zu stellen. Damit wird die herkömmliche Art der Programmerstellung, bei der jeder zu entwickelnden Lösung die entsprechenden Daten direkt zugeordnet wurden, verlassen. Der Fokus der Betrachtung ändert sich von einer mehr funktionsbezogenen zu einer mehr datenbezogenen.

Mit Hilfe des Entity-Relationship-Modells kann unter Beachtung von Datenmodellierungs-Regeln ein Gesamt-Unternehmensdatenmodell aufgebaut werden.

Scheer hat ein solches Modell für einen Industriebetrieb entwickelt, aus dem Abbildung 4.4 einen Ausschnitt für den planerisch-dispositiven Teil des CIM-Systems darstellt[101].

---

[99] Zur Datenmodellierung siehe: Vinek, G., Rennert, P. F., Tjoa, A. M.: Datenmodellierung. Theorie und Praxis des Datenbankentwurfs. Würzburg-Wien 1982;
Schlageter, G.; Stucky, W.: Datenbanksysteme: Konzepte und Modelle. 2. Auflage, Stuttgart 1983 (Leitfäden der angewandten Mathematik und Mechanik LAMM, Bd. 37. Hrsg.: H. Görtler);
Sinz, E. J.: Das strukturierte Entity-Relationship-Modell (SER-Modell). AI Angewandte Informatik, (1988) Nr.5, S. 191 - 202;
Vetter, M.: Aufbau betrieblicher Informationssysteme mittels konzeptioneller Datenmodellierung. 6. Auflage, Stuttgart 1990.

[100] Vgl. Codd, E. F.: A Relational Model for Large Shared Databanks. Communications of the ACM, 13 (1970) Nr. 6, S. 377 - 387;
Codd, E. F: Extending a Database Relational Model to Capture More Meaning. ACM Transactions on Database Systems, 4 (1979) Nr. 4, S. 397 - 434.

[101] Vgl. Scheer, A.-W.: Wirtschaftsinformatik - Informationssysteme im Industriebetrieb. 3. Auflage, Berlin u.a. 1990, S. 245.

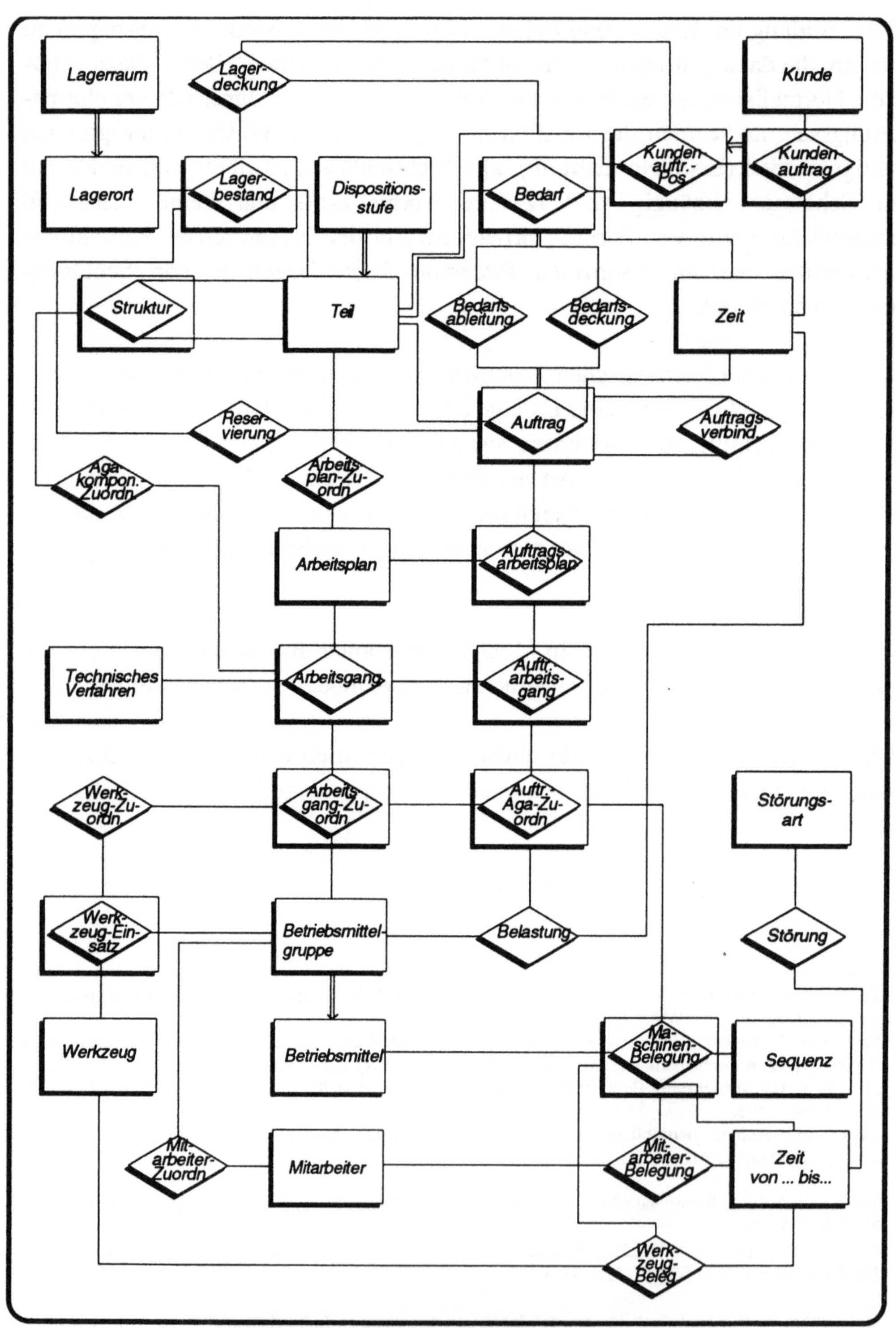

Abbildung 4.4:   Entity-Relationship-Diagramm zur PPS-Datenstruktur

Durch ein einheitliches Datenmodell und seine Realisierung in **einer logischen** Datenbank kann die Integration in CIM-Systemen optimal umgesetzt werden. Eine Datenbank, auf die alle Systeme der CIM-Bereiche zugreifen, stellt sicher, daß ein neues Datum oder die Änderung eines Datums allen Benutzern sofort zur Verfügung steht. Durch die Redundanzfreiheit (zumindest der Nichtschlüsselattribute) ist die Integrität der Daten weitgehend sichergestellt.

Ein komfortables Datenbanksystem erlaubt auch unterschiedliche Sichten auf Daten. Durch die Kennzeichnung eines Datensatzes, ob er nur aus Konstruktions- oder nur aus Fertigungssicht eine Beziehung zwischen untergeordnetem und übergeordnetem Teil wiedergibt oder ob die dargestellte Beziehung allgemeingültig ist, lassen sich aus **einer** Relation Konstruktions- und Fertigungsstücklisten ableiten.

Durch ein der CIM-Realisierung zugrundeliegendes einheitliches Datenmodell läßt sich auch die Datenstrukturintegration realisieren, indem gleiche Datensatzaufbauten für unterschiedliche Inhalte definiert und die Beziehungen zwischen Satztypen für unterschiedliche Objekte in gleicher Weise dargestellt werden.

Eine Realisierung der Modulintegration steht nur in indirektem Zusammenhang zum unternehmensweiten Datenmodell, da es sich hierbei um ein Integrationspotential auf der Ebene der Anwendungssysteme handelt. Ein einheitliches Datenmodell unterstützt die Realisierung der Modulintegration aber dennoch, da Daten- und Datenstrukturintegration Voraussetzung für die Modulintegration sind. Gleiches gilt für die Funktionsintegration im Sinne des Zusammenwachsens von Funktionen. Die Funktionsintegration als Triggerkonzept zum Anstoß von Bearbeitungen wird durch die Daten- und Datenstrukturintegration unterstützt, hat diese aber nicht als unbedingte Voraussetzung.

Daten, die auf der konzeptionellen Ebene mit Hilfe des Entity-Relationship-Ansatzes strukturiert worden sind, lassen sich aufgrund von einfachen Umsetzungsvorschriften in den klassischen Datenbanksystemen, hierarchischen, netzwerkartigen und relationalen, darstellen. Die Umsetzung von Entity-Relationship-Diagrammen in relationale Datenbanksysteme ist direkt zu bewerkstelligen. Einige CASE-Tools (Werkzeuge zum Computer Aided Software Engineering) transformieren automatisch das konzeptionelle Datenbankdesign des Entity-Relationship-Diagramms in die Datenbeschreibungssprache eines relationalen Datenbanksystems.

Aber auch die Umsetzung in Netzwerkdatenbanken (ohne große Umwege) und hierarchische Datenbanken (etwas komplizierter) ist möglich und folgt definierten Algorithmen.

Anders verhält es sich bei neueren Entwicklungen der Datenbanken, den sogenannten Non-Standard-Datenbanken[102]. Es werden hierunter u. a. Non first normal form (NF^2)-Datenbanken, aktive, objektorientierte und erweiterbare Datenbanken verstanden.

Bei den NF^2-Datenbanken wird eine der grundlegenden Forderungen der relationalen Datenbanksysteme, nämlich daß sich eine Relation in erster Normalform befinden und damit keine Wiederholungsgruppen aufweisen soll, aufgegeben.

Aktive Datenbanken enthalten Trigger, die aus der Datenbank (und nicht aus dem Anwendungsprogramm) heraus bei bestimmten Datenkonstellationen Aktionen anstoßen.

Auch in objektorientierter Programmierung und damit in objektorientierten Datenbanken wird die Trennung von Daten und Programmen, die in den klassischen Datenbanksystemen konsequent eingehalten wurde, aufgegeben. Genau das Gegenteil, nämlich die enge Verknüpfung von Daten und Funktionen, wird forciert. Jedem Objekt wird eine Reihe von Attributen (Daten) und Funktionen (Programmen) direkt zugewiesen. Im Rahmen der Datenkapselung ist es unausweichlich, über die Programme an die Daten zu gelangen.

Weitere Eigenschaften der objektorientierten Datenbanksysteme sind:

- Prinzip der Abstraktion:
  Bei der Verwendung eines Objekts wird von der internen Realisierung des Objekts und seiner Funktionen abgesehen; nach außen interessiert lediglich die Signatur und die Semantik des Objekts.

- Prinzip der Vererbung:
  Objektklassen können explizit als Unterklassen anderer Objektklassen definiert werden. Von ihren Oberklassen erbt eine Unterklasse alle dort vorhandenen Funktionen und Daten. Zusätzlich können in der Unterklasse neue Funktionen und Daten definiert werden.

---

[102] Zu Non-Standard-Datenbanken vgl. z. B. Vossen, G.: Datenmodell, Datenbanksprachen und Datenbank-Management-Systeme. Reading 1987.

- Prinzip der Vielgestaltigkeit (Polymorphismus):
  Objekte aus unterschiedlichen Objektklassen können über Funktionen gleichen Namens verfügen. Somit besteht die Möglichkeit, ein und diesselbe Nachricht an verschiedene Objekte zu schicken (und dort ähnliche Wirkungen auszulösen).

Die Eigenschaft der Vererbung unterstützt die Datenstrukturintegration, speziell, wenn zwei Objekte in vielen, aber nicht in allen Attributen übereinstimmen. Das diesen beiden Objekten überzuordnende Objekt enthält alle Attribute, die beiden gemeinsam sind, die Einzelobjekte enthalten nur die zusätzlich auftretenden bzw. abweichenden Attribute. Das Objekt Marktpartner könnte z. B. alle Attribute aufnehmen, die den Objekten Kunde und Lieferant gemein sind; Kunde und Lieferant erhalten darüber hinaus Eigenschaften, die jeweils nur einer von beiden aufweist.

Die Wiederverwendbarkeit von zu Objekten gehörenden Funktionen, die explizit bei der Definition von objektorientierter Programmierung bzw. objektorientierten Datenbanken gefordert wird, kann als Umsetzung der Modulintegration angesehen werden.

Obwohl in bestimmten Teilbereichen objektorientierte Datenbanken wegen der zusätzlichen Semantik, die über die klassischen Datenbanken hinausgeht, ihren Einsatzbereich finden werden[103], speziell in technischen Applikationen wie CAD, werden sie sich wohl nicht flächendeckend durchsetzen[104]. Für viele betriebswirtschaftlich-administrative und -dispositive Bereiche wird wegen der dort vorliegenden flachen Struktur der Daten das relationale Modell das günstigere bleiben.

Auch hat sich für viele neuere Entwicklungen im Datenbankbereich noch keine eigene Theorie gebildet, die ein wohlstrukturiertes und formalisiertes Vorgehen bei der Konzeptionierung der Datenbank erlaubt[105]. Deswegen ist es schwierig, für Non-Standard-Datenbanken ein vollständiges, in sich stimmiges unternehmensweites Datenmodell aufzubauen.

---

[103] Vgl. Object-Oriented Concepts. Databases and Applications. Hrsg.: W. Kim; F. H. Lochovsky. Reading 1989.

[104] Dittrich, K. R.: Objektorientiert, aktiv, erweiterbar: Stand und Tendenzen der "nachrelationalen" Datenbanktechnologie. Informationstechnik it, 32(1990) Nr. 5, S. 343 - 354, insbes. S. 353.

[105] Vgl. Dittrich, K. R.: Objektorientiert, aktiv, erweiterbar: Stand und Tendenzen der "nachrelationalen" Datenbanktechnologie. Informationstechnik it, 32(1990) Nr. 5, S. 343 - 354, insbes. S. 344, 347 und 352.

Der Einsatz unterschiedlicher Datenbanksysteme, wie er sich für die Zukunft abzeichnet, ist dem Integrationsgedanken nicht förderlich, da es unausweichlich sein wird, identische Daten in unterschiedlichen Systemen zu halten. Das wird zu Redundanzen führen, die durch die Integration gerade vermieden werden sollten.

Einen Ausweg aus diesem Dilemma bilden "erweiterbare" Datenbanksysteme. "Unter einem erweiterbaren Datenbanksystem versteht man ein DBS, das softwaretechnisch so aufgebaut ist, daß an definierten Stellen neue Mechanismen hinzugefügt und/oder die Realisierung vorhandener Mechanismen durch andere ersetzt werden können"[106]. Das führt dazu, daß die interne Architektur eines Datenbanksystems unterschiedliche Schichten vorsieht, die relativ unabhängig voneinander arbeiten und über definierte Schnittstellen miteinander kommunizieren. Möglicherweise werden sie eines Tages erlauben, unterschiedliche Datenbankmodelle wieder zusammenzuführen, indem einige Schichten identisch und nur wenige Schichten, nämlich die, die das Datenbankmodell repräsentieren, unterschiedlich sind. So wie die Datenbanksysteme einen gemeinsamen Kern haben, müßten auch die Daten diese Gemeinsamkeit aufweisen. Ein allen Datensichten gemeiner Kern der Daten wäre nur einmal vorhanden, die für die speziellen Datenbankmodelle erforderlichen zusätzlichen Eigenschaften setzen darauf auf.

Zusammenfassend läßt sich festhalten:

- Der logische Datenentwurf eines unternehmensweiten Datenmodells ist geeignet, die Daten- und Datenstrukturintegration sicherzustellen. In traditionellen Datenbanksystemen, vor allem im relationalen Datenbanksystem, läßt sich das unternehmensweite Datenmodell in eine konkrete Datenstruktur direkt umsetzen.

- Non-Standard-Datenbanksysteme erlauben zwar, mehr Semantik in der Datenbank selbst unterzubringen, sind aber nur für bestimmte Anwendungen sinnvoll. Ein formalisiertes Vorgehen zum Entwurf und der Umsetzung eines unternehmensweiten Datenmodells existiert noch nicht.

- Ein Nebeneinander von traditioneller und Non-Standard-Datenbank erschwert durch im allgemeinen nicht vermeidbare Datenredundanzen die Integration.

---

[106] Dittrich, K. R.: Objektorientiert, aktiv, erweiterbar: Stand und Tendenzen der "nachrelationalen" Datenbanktechnologie. Informationstechnik it, 32(1990) Nr. 5, S. 343 - 354, insbes. S. 350.

4.3 CIM-Interface-System

Eine einheitliche Datenbank für alle CIM-Komponenten ist in dem heute vorzufindenden technischen Umfeld noch nicht realisierbar. Bestehende Systeme für die Produktionsplanung, die Fertigungssteuerung, die Konstruktion und die anderen CAx-Komponenten bauen jeweils auf einer eigenen Datenbasis auf. Dies gilt sowohl für die meisten Eigenentwicklungen als insbesondere auch für Standardsoftwaresysteme, sofern nicht eine Softwarefamilie mehrere Bereiche abdeckt. Zusätzlich erschwerend kommt hinzu, daß die Datenstrukturen (Satzaufbau, Zusammenhang der Relationen) in den Systemen unterschiedlich sind, so daß, selbst wenn ihnen ein einheitliches Datenverwaltungssystem (Datenbankmanagementsystem) zugrunde liegen würde, die Integration nicht direkt realisiert werden könnte.

Für die unterschiedlichen CIM-Bereiche sind unterschiedliche Hardware-Systeme geeignet. Der Bereich Produktionsplanung erfordert einen Rechner, der sicher und kostengünstig die Manipulation großer Datenmengen unterstützt, für die Fertigungssteuerung ist ein Rechner mit guten Kommunikationseigenschaften (Netzanschlüsse, Protokolle) und einer einfachen benutzerfreundlichen Anwendungssystem-Oberfläche geeignet; die rechnergestützte Konstruktion benötigt eine EDV-Anlage mit sehr hoher Rechenkapazität und spezielle grafikorientierte Ein-/Ausgabegeräte; für die Steuerungssysteme im Rahmen des CAM müssen Prozeßrechner mit realzeitnahem Verhalten des Betriebssystems zum Einsatz kommen.

Die Rechner verfügen über teilweise unterschiedliche Betriebssysteme, Programmiersprachen, Datenverwaltungs- und Datenbanksysteme und Tools, was die Datenintegration über das gesamte CIM-Umfeld erschwert.

Die Realisierung von verteilten Datenbanken, die eine Datenintegration über Rechner hinweg ermöglichen könnte, steht noch am Anfang. Eine verteilte Datenbank ist ein logisch zusammenhängender Datenbestand, der physisch auf mehrere Rechner verteilt ist. Dabei wird durch das Datenbankmanagementsystem der Zugriff von Anwendungssystemen auf die Daten sichergestellt, ohne daß in diesen die Lokation der Daten explizit angesprochen wird. In den (zentralen oder replizierten) Data Dictionaries ist hinterlegt, auf welchem Rechner welche Daten gespeichert sind.

Da

- die eingesetzten (selbstentwickelten oder von Standardsoftwareanbietern bezogenen) Systeme der CIM-Bereiche auf unterschiedlichen Datenverwaltungssystemen basieren,

- für die unterschiedlichen Aufgaben der CIM-Bereiche unterschiedliche Rechner geeignet sind,

- verteilte Datenbanken erst in der Entwicklung begriffen sind,

ist die theoretisch wünschenswerte Umsetzung der Integration über eine einheitliche Datenbank, realisiert auf der Basis eines Unternehmensdatenmodells, noch nicht durchführbar.

Als Alternativen der Realisierung der CIM-Integration ergeben sich somit

- die direkte Kopplung der auf unterschiedlichen Datenverwaltungssystemen beruhenden Anwendungssysteme,

- die Gestaltung einer systemneutralen Schnittstelle, die die Aufgaben der Integritätswahrung der Datenbestände übernimmt[107].

Wenn Systeme direkt miteinander verbunden werden sollen, besteht der Nachteil in der zu der Anzahl der zu koppelnden Systeme exponentiell wachsenden Anzahl von Kopplungsmodulen. Bei n zu verbindenden Systemen sind n x (n-1) Kopplungsmodule notwendig, wenn zwischen allen Systemen Daten zu übertragen sind und für jede Verbindung von und zu einem System ein eigenes Modul eingesetzt wird (vgl. Abbildung 4.5).

Wenn in einem System Änderungen, z. B. in der Datenstruktur, vorgenommen werden, sind diese in n-1 Kopplungsmodulen nachzuvollziehen, sofern diese Änderungen ein Modul betreffen, das nur Daten abgibt oder nur Daten empfängt, ansonsten bis zu 2(n-1).

---

[107] Zur Konzeption einer systemneutralen Schnittstelle vgl. auch: Gröner, L., Roth, L.: Konzeption eines CIM-Managers. Logistik Heute, 10 (1986) Nr. 10, S. II - VI;
Scheer, A.-W.; Herterich, R.; Klein, J.: INMAS - Eine individuell konfigurierbare Schnittstelle. Information Management, 5(1990) Nr. 1, S. 16 - 26;
Heß, H.; Scheer, A.-W.: Kopplung von CIM-Komponenten - ein europäisches Projekt. HMD Theorie und Praxis der Wirtschaftsinformatik, 28(1991) Nr. 157, erscheint Januar 1991.

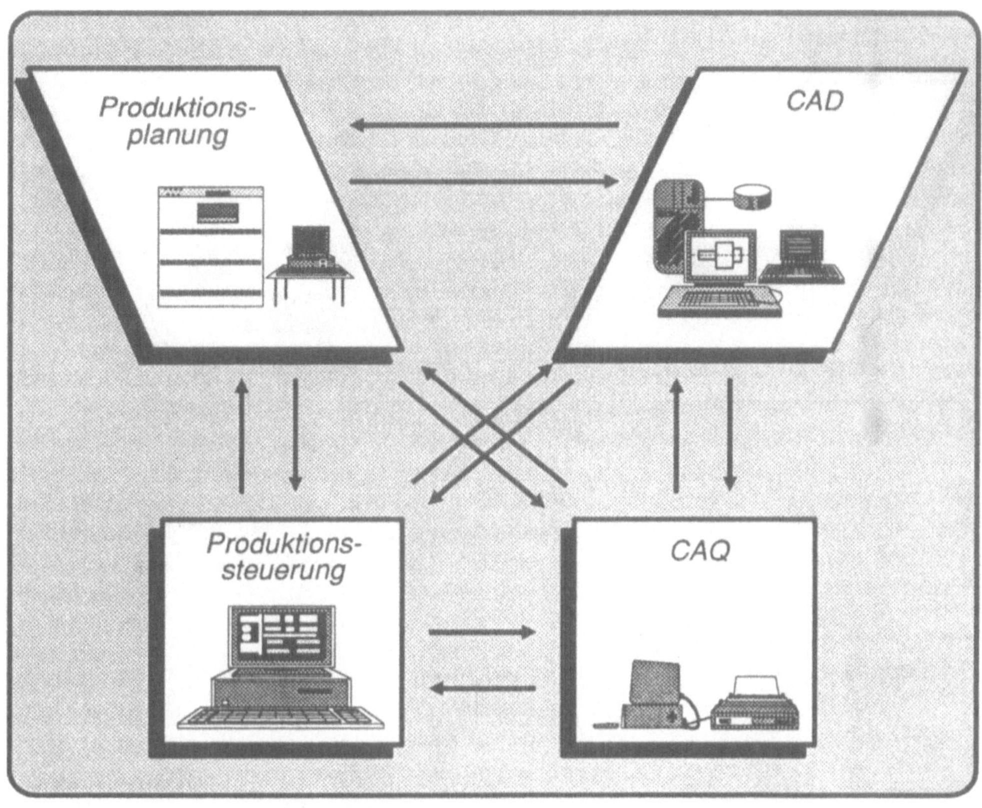

Abbildung 4.5:   Integrationsrealisierung durch direkte Kopplung

Bei einer systemneutralen Schnittstelle zwischen den CIM-Bereichen beträgt bei n zu koppelnden Systemen die Anzahl der Kopplungsmodule insgesamt dagegen nur 2n (vgl. Abbildung 4.6).

Bei Änderungen in einem System sind nur die beiden Kopplungsmodule von und zu der neutralen Schnittstelle anzupassen.

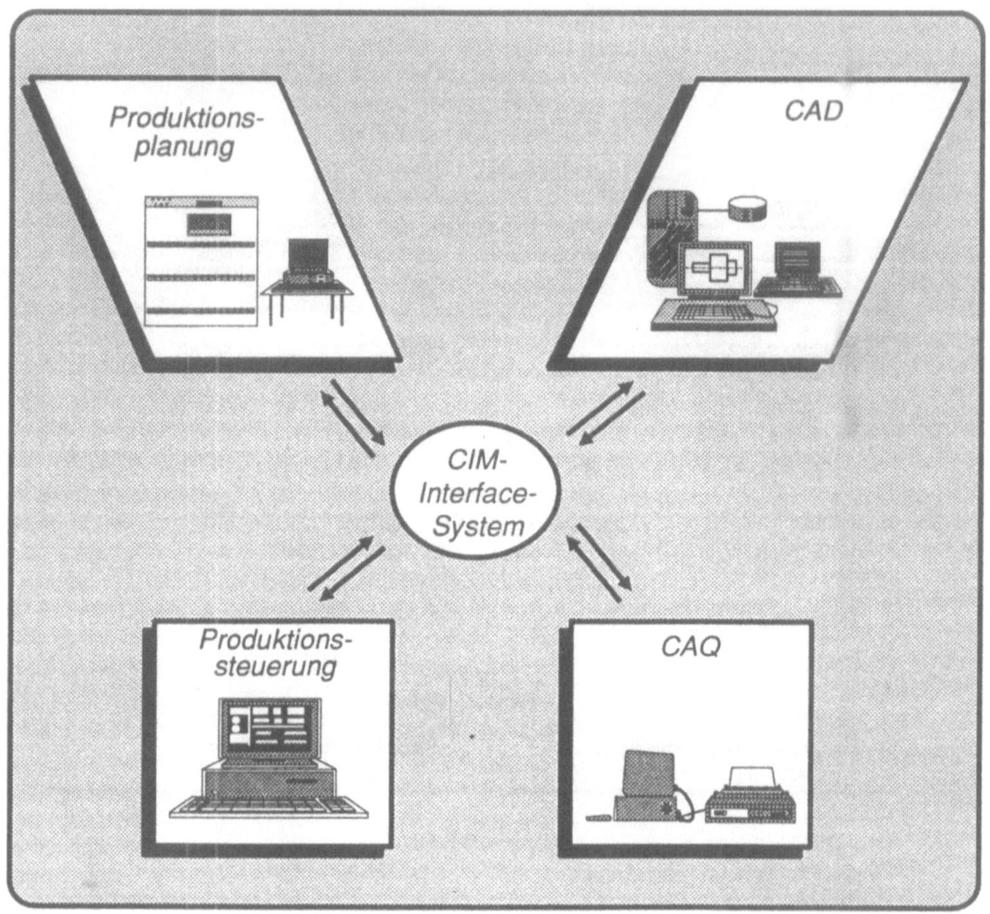

Abbildung 4.6:   Integrationsrealisierung durch ein CIM-Interface-System

Dem Vorteil der Verringerung der Kopplungsmodule steht aber der Nachteil des Aufwandes der Konzipierung und Realisierung dieser neutralen Schnittstelle gegenüber.

Sie kann als relativ einfache Schnittstelle konzipiert sein, die nur eine Standardstruktur für die Übertragung von Daten vorgibt, die von den angeschlossenen Systemen einzuhalten ist. Die "Intelligenz" liegt weitgehend bei den Kopplungsmodulen.

Die andere Möglichkeit besteht darin, daß die Schnittstelle selbst als "intelligentes" System ausgelegt ist und sich über die Vorgabe der Standardstruktur hinaus durch weitere wesentliche Merkmale auszeichnet:

-   In ihr sind die Verwendungsorte und Verwendungsarten eines bstimmten Datums hinterlegt. Damit ist die Schnittstelle vergleichbar mit einem Data Dictionary.

-   Sie umfaßt Transformationsregeln, wenn Dateninhalte in den unterschiedlichen Systemen in verschiedener Weise abgelegt sind.

-   Sie stößt die Datenübertragung an und überwacht den Update von Daten über die Zeit.

Ein Data Dictionary ist eine Metadatenbank, die Daten über Daten enthält, insbesondere die Definitionen aller Relationen einer oder mehrerer Datenbanken. Darüber hinaus werden die Programme und die Zugriffe von Benutzern auf Programme und von Programmen auf Daten beschrieben. Das Data Dictionary enthält also einen Verwendungsnachweis, welches Datum wo in welcher Datenbank steht und von welchem Programm es benötigt wird.

Die universelle CIM-Schnittstelle stellt nicht nur - wie ein datenbanksystemgebundenes Data Dictionary - einen Bezug von einem Datum zu mehreren Programmen her, sondern beschreibt darüber hinaus das mehrfache Vorkommen eines Datums in unterschiedlichen Datenbanken oder Dateien, auf die die Programme zugreifen.

Eine Transformationsregel zum Abgleich von Dateninhalten in unterschiedlichen Systemen kann z. B. lauten, daß die ersten drei Stellen der Nummer des Materialstammsatzes eines Systems (einer Datenbank) in einem anderen System die Materialklassifikations-Nummer bilden.

Eine andere Transformationsregel könnte z. B. lauten, daß die drei Einzelattribute Länge, Breite und Höhe eines Produktes, die in einer Datenbank geführt werden, durch die Transformationsregel Multiplikation zum Attribut Volumen umgeformt werden, welches in einer anderen Datenbank benötigt wird. Oder die Attribute Volumen und spezifisches Gewicht werden durch Multiplikation in das Attribut Gewicht transformiert.

Viele geometrische Informationen, die im CAD-System sehr detailliert gehalten werden, müssen für die weniger spezifischen Belange des Produktionsplanungssystems in den dort gewünschten Abstraktionsgrad transformiert werden.

Die CIM-Schnittstelle ist beteiligt, wenn in einem angeschlossenen System **Datenstrukturen** geändert werden:

- In der betroffenen Datenbank werden die Datenstrukturen geändert.

- In allen an diese Datenbasis angeschlossenen Anwendungssystemen sind bestimmte Programm-Module zu ändern, da eine völlige Daten-Programm-Unabhängigkeit auch bei modernen Datenbanksystemen nicht gegeben ist. So müssen zumindest die Programme, die die Masken zur Datenein- und -ausgabe umfassen, geändert werden.

- Das CIM-Interface-System muß die Änderung der Datenstruktur des Anwendungssystems nachvollziehen.

- Gegebenenfalls müssen Transformationsregeln geändert werden.

Wenn ein konkreter **Dateninhalt** in einem System geändert wird, vollzieht sich die Anpassung in den betroffenen Systemen unter Kontrolle der CIM-Schnittstelle wie folgt:

- Das CIM-Interface-System erkennt, daß eine Änderung eines Dateninhalts stattgefunden hat und setzt dementsprechend einen Status.

- Aufgrund des Verwendungsnachweises wird festgestellt, welche anderen Systeme diesen Dateninhalt benötigen. Der gesetzte Status filtert die Systeme heraus, die von der Änderung im Ausgangssystem direkt betroffen sind. Die Änderung einer Stückliste in der Konstruktion z. B. muß zunächst in der Materialwirtschaft nachvollzogen werden, bevor sie anderen Systemen zugänglich gemacht wird.

- In den direkt betroffenen Systemen wird der Update unter Beachtung der Transformationsregeln durchgeführt. Der Status im CIM-Interface-System wird entsprechend angepaßt.

- Das CIM-Interface-System löst Aktionen in den Systemen aus, die durch das CIM-Interface-System eine Datenänderung erfahren haben. In der Materialwirtschaft wird eine Funktion aufgerufen, die den Benutzer dazu anhält, die geänderte Stückliste um dispositive Daten zu ergänzen.

- Nach Durchführung dieser Aktionen und der damit verbundenen Datenänderungen wird eine erneute Statusänderung vorgenommen, die dann wiederum Datenänderungen und neuerliche Aktionen in den weiter betroffenen Systemen auslöst.

Durch die beschriebene Funktionalität entsprechen die Anforderungen, die an das CIM-Interface-System gestellt werden, denen, die ein verteiltes Datenbanksystem zu erfüllen hat; teilweise gehen sie noch darüber hinaus. Spezielle Fragestellungen sind:

- Wie reagiert das CIM-Interface-System, wenn bei einem Update eines Dateninhalts ein davon betroffenes System nicht betriebsbereit ist?

- Was passiert, wenn bei der **Übertragung** von Daten zur Schnittstelle oder von der Schnittstelle zum Empfangssystem Fehler auftreten?

- Wie wird der **gleichzeitige** Update eines inhaltlich gleichen Feldes in unterschiedlichen Systemen behandelt?

- Wie soll sich die Schnittstelle verhalten, wenn bei einem geforderten Update mehrerer Datenbanken in einigen der Update erfolgreich verläuft, in anderen dann aber ein Fehler auftritt?

Diese Fragen machen deutlich, daß von der DV-technischen Seite her eine neutrale Schnittstelle eine sehr anspruchsvolle Lösung sein muß[108]. Um die Problematik der Funktionsfähigkeit eines solchen Interface-Systems überhaupt in den Griff bekommen zu können, müssen z. T. komplexe Transaktionskonzepte realisiert werden.

---

[108] Im ESPRIT-Projekt 2527 CIDAM (CIM-System with Distributed Data Base and Configurable Modules) beschäftigt sich das Teilprojekt INMAS (Interface Management System) in einem mehrjährigen Groß-Forschungs-Projekt mit der Konzipierung und Realisierung einer systemneutralen Schnittstelle. Vgl. dazu Scheer, A.-W., Herterich, R., Klein, J.: INMAS - eine individuell konfigurierbare Schnittstelle. Information Management, 5 (1990) Nr. 1, S. 16 - 26;
Klein, J.: Vom Informationsmodell zum integrierten Informationssystem. Information Management, 5 (1990) Nr. 2, S. 6 - 16.

Da das Interface-System die Integrität der Daten über mehrere Rechner, über mehrere Betriebssysteme, über mehrere Datenbankmodelle, über mehrere Datenbanksysteme, dabei über unterschiedliche logische Datenstrukturen und unterschiedliche interne Darstellungen der logischen Datenstrukturen und schließlich über unterschiedliche Dateninhalte (Transformationsregeln!) sicherstellen muß, dürfen z. B. Updates nur streng nacheinander durchgeführt werden, wobei währenddessen lokal keine Änderungen auf den angesprochenen Datenfeldern vorgenommen werden können.

Wenn viele Systeme an die Schnittstelle angeschlossen sind, besteht die Möglichkeit, daß zu einem bestimmten Zeitpunkt ein oder sogar mehrere Systeme nicht empfangsbereit sind. Hier sollte innerhalb der Schnittstelle ein Mechanismus installiert werden, der zuläßt, daß eine Update-Transaktion auch dann abgeschlossen werden kann, wenn nicht in allen zum Datenempfang vorgesehenen Systemen ein erfolgreicher Update stattgefunden hat, sondern nur in einigen (den meisten). Der Standardfall in Datenbanksystemen hingegen sieht vor, daß nur dann eine Transaktion abgeschlossen wird, wenn alle Befehle innerhalb der Transaktion abgearbeitet sind. Wenn z. B. eine Konto-Umbuchung als Transaktion formuliert wird, gilt diese erst als abgeschlossen, wenn die Entlastung des einen und die Belastung des anderen Kontos stattgefunden hat. Tritt innerhalb dieses Gesamtvorgangs ein Fehler auf, wird die gesamte Transaktion zurückgesetzt. Es gilt der letzte vor dieser Transaktion herrschende Zustand in der Datenbank, das sogenannte Before Image. Diese strenge Forderung der Abarbeitung einer gesamten Transaktion sollte aus Praktikabilitätsüberlegungen im CIM-Interface-System aufgegeben werden. Wenn viele operative Systeme an die Schnittstelle angeschlossen sind, ist die Wahrscheinlichkeit, daß eines dieser Systeme nicht empfangsbereit ist, relativ hoch. Deshalb sollte man eine Anzahl oder einen Prozentsatz der angeschlossenen empfangsbereiten Systeme festlegen. Sobald dieser Prozentsatz für den Update erreicht ist, kann die Transaktion erfolgreich abgeschlossen werden.

In einer Log-Datei ist festzuhalten, in welchen Systemen die Datenänderung nicht stattgefunden hat. Sobald sich diese Systeme als empfangsbereit zurückmelden, ist dort der Update nachzufahren.

Weiterhin muß die Schnittstelle dafür Sorge tragen, daß die Integritätsbedingungen, die innerhalb der operativen Systeme gelten, beim Update aus anderen Systemen nicht unterlaufen werden.

Relativ problemlos ist dies für die Typintegrität (Festlegung des Datentyps für ein Feld, z. B. numerisches Feld, alphabetisches Feld) und die Schlüsselintegrität (keine Doppel-Vergabe von Schlüsselfeldern). Allerdings sind die Transformationsregeln zur Übertragung von Daten genau zu spezifizieren, wenn die Datentypen in unterschiedlichen Systemen für identische Dateninhalte voneinander abweichen. Teilweise ist die Länge der Felder unterschiedlich, teilweise auch die interne Darstellung. Ein Feld Datum kann z. B. als numerisches Feld mit fortlaufender Zählung der Tage, als alphanumerisches Feld in gewöhnlicher Schreibweise oder als internes Feld "Datum" mit vom System vorgegebener Eingabe- und Speicherungsstruktur definiert sein.

Auch bezüglich der Schlüsselintegrität muß darauf geachtet werden, daß bei Verwendung unterschiedlicher Schlüsselidentifikation für ein und dasselbe Objekt in verschiedenen Systemen - was leider vorkommt - die Integritätsbedingung der Eindeutigkeit des Schlüssels nicht verletzt wird.

Schwieriger als die Sicherstellung der Typintegrität und der Schlüsselintegrität ist die Sicherstellung der referentiellen Integrität (Beziehungsintegrität). Sie behandelt den Zusammenhang zwischen unterschiedlichen Dateien (Tabellen, Records). Ein bestimmtes Teil kann z. B. nur dann im Stücklistensatz referenziert werden (d. h. z. B. als untergeordnetes Teil zu einem übergeordneten Teil ausgewiesen werden), wenn der entsprechende Satz in der Teile-Stammdatei vorhanden ist. In hierarchischen und netzwerkartigen Datenbanksystemen wird durch das Modell der Datenbank eine Reihe von referentiellen Integritätsbedingungen unterstützt. So werden z. B. automatisch, wenn der in der Hierarchie übergeordnete Satz gelöscht wird, alle in untergeordneten Hierarchien mit diesem Satz über Pointer verbundenen Datensätze ebenfalls gelöscht.

In relationalen Datenbanksystemen ist diese Automatik nicht enthalten, da es keine feste Struktur zwischen Tabellen gibt, sondern die Verbindung zwischen Tabellen über Datenfeldinhalte hergestellt wird.

Umgekehrt ist es in relationalen Datenbankmodellen möglich, über die Datenbeschreibungs- und Datenmanipulationssprache Integritätsbedingungen zu formulieren, die nicht **direkt** in hierarchische oder netzwerkartige Modelle umgesetzt werden können, z. B. über die zahlreichen Möglichkeiten der Definition von Views, d. h. über unterschiedliche Sichten auf einzelne Tabellen oder auf Verbindungen von Tabellen.

Die CIM-Schnittstelle muß sicherstellen, daß alle den Modellen innewohnenden und durch die Mithilfe der in den Systemen vorhandenen Tools definierbaren Integritätsbedingungen bei der Übertragung auf andere Modelle erhalten bleiben.

Dies gilt sowohl für die in herkömmlichen Dateisystemen abgelegten Daten als auch für die in klassischen Datenbanksystemen (hierarchisch, netzwerkartig, relational) gespeicherten Informationen sowie für Daten, die in neueren Entwicklungen der Datenbanktechnologie, wie Non-Standard-Datenbanken (NF^2-Datenbanken (Non first normal form-DB), objektorientierten Datenbanken) erfaßt werden.

Besondere Probleme bereitet Wissen, das in der Wissensbasis von Expertensystemen festgehalten wird. Hier wird es nicht immer möglich sein, spezielles Wissen eines Expertensystems über allgemeine Transformationsregeln anderen Systemen verfügbar zu machen, da teilweise das Wissen so abgespeichert ist, daß es nur zusammen mit der Anwendungssoftware des Expertensystems interpretiert werden kann. Die Daten (Wissen, Fakten) sind ohne das sie umschließende Expertensystem unverständlich und daher in ihrem "Rohzustand" nicht direkt weiterverarbeitbar.

Der umgekehrte Weg der Bereitstellung von Informationen für ein Expertensystem aus "traditionellen" Software-Systemen ist über eine neutrale CIM-Schnittstelle einfacher zu bewerkstelligen, da sie aufgrund der Struktur in den Datenbanken auch ohne die Anwendungssysteme eine interpretierbare Bedeutung haben und deswegen von unterschiedlichen Systemen weiterverarbeitet werden können.

Neben der Typ-, Schlüssel- und Beziehungsintegrität muß in den Datenbanksystemen die semantische Integrität sichergestellt werden. Sie besagt, daß die möglichen Datenbankzustände (statische Integrität) oder die möglichen Datenbankzustandsübergänge (dynamische Integrität) eingeschränkt sind. Eine statische Integritätsbedingung kann z. B. besagen, daß in einem Lagersteuerungssystem nur Lagerplatznummern zwischen 1 und 20.000 erlaubt sind (da genau 20.000 Regalfächer in einem Hochregallager definiert sind). Oder es wird sichergestellt, daß die in einem Personalinformationssystem gespeicherte durchschnittliche Arbeitszeit eines Mitarbeiters 37 Stunden nicht übersteigt. Eine dynamische Integritätsbedingung kann z. B. lauten, daß nur positive Veränderungen des Lohnsatzes in den Lohngruppen vom System angenommen werden, negative aber mit einer Fehlermeldung abgewiesen werden.

Bei der Gestaltung des CIM-Interface-Systems muß der Forderung Rechnung getragen werden, daß diese Integritätsbedingungen nicht unterlaufen werden. Es muß sichergestellt werden, daß alle Plausibilitätsprüfungen, die bei einem Update aus dem entsprechenden operativen Programm durchlaufen werden, auch bei einem Update aus der CIM-Schnittstelle heraus Anwendung finden. Dies ist um so einfacher, je größer der Anteil der Integritätsbedingungen ist, die direkt im Datenbanksystem mit Hilfe der Datenbeschreibungssprache formuliert sind, je geringer also der Anteil der Integritätsbedingungen ist, die im entsprechenden operativen System definiert sind. Denn wenn die Sicherstellung der Integrität der Daten weitgehend über das Anwendungssystem gewährleistet würde, hieße das für die CIM-Schnittstelle, daß sie einen Update von Daten nicht direkt auf den Datenbanken der operativen Systeme vornehmen könnte, sondern daß die Dateneingabe-Module dieser Systeme angestoßen werden müßten. Das bedeutete, daß jede Änderung von Daten nur über eine Anwendung-zu-Anwendungs-Beziehung, genauer gesagt durch eine CIM-Interface-System-zu-Anwendungssystem-Beziehung, realisiert werden müßte. Dies wäre sehr viel aufwendiger als eine Datenänderung direkt auf Datenbanken, und zwar aufwendiger, was die technische Ausführung des Updates angeht, als auch aufwendiger in der Fehlerfallbehandlung. Es müßten ganz spezielle Mechanismen, die kaum verallgemeinerbar sind, für jeden vom Anwendungssystem gemeldeten Fehler definiert werden.

Es ist fraglich, inwieweit überhaupt noch eine von den EDV-Systemen zu leistende Interpretation von Meldungen des Anwendungssystems möglich ist. Viele Fehlermeldungen sind wahrscheinlich nur durch menschlichen Eingriff interpretierbar und damit auch weiterverarbeitbar.

Sofern also ein Großteil von Integritätsbedingungen im Anwendungssystem und nicht im Datenbanksystem überprüft wird, muß das CIM-Interface-System folgendermaßen arbeiten:

Wenn in einem System Daten geändert werden, überstellt die Schnittstelle zunächst diese Daten in ihr neutrales Standardformat. Die Schnittstelle stellt über den Datenverwendungsnachweis fest, welche angeschlossenen Systeme von der Datenänderung betroffen sind. Sie übergibt die geänderten Daten an die Dateneingabeprogramme (nicht direkt an die Datenbanken!) der Anwendungssysteme, wo sie alle Integritätsprüfungen durchlaufen. Über die Dateneingabeprogramme erfolgt der Update auf den Datenbanken der Anwendungssysteme. Wenn ein Fehler auftritt, wird er dem Benutzer in gleicher Weise, wie wenn er interaktiv die Daten eingegeben hätte, am Bildschirm angezeigt.

Die zweite Möglichkeit besteht darin, daß die Fehlernachrichten in derselben Form wie bei der interaktiven Arbeit auf eine Fehlerprotokolldatei geschrieben werden, die dann zeitversetzt sukzessiv vom Benutzer abgearbeitet wird. Ein Update auf der empfangenden Datenbank erfolgt in der Zwischenzeit nicht.

Die Fehlerbehebung wird in beiden Fällen durch den Benutzer gesteuert. Dies kann dazu führen, daß die ursprüngliche Datenänderung im Ausgangssystem wieder rückgängig gemacht werden muß.

Ein solch umständliches Vorgehen könnte dadurch vermieden werden, daß in allen Anwendungssystemen zu einem Datum identische Integritätsbedingungen hinterlegt sind. Dies ist in der Realität allerdings kaum anzutreffen.

Eine weitere Möglichkeit der Behandlung der Integritätsbedingungen besteht darin, daß das CIM-Interface-System selber die Vereinigungsmenge aller Integritätsbedingungen der operativen Systeme in sich birgt. Das heißt, daß eine Datenänderung, sofern sie auch nur eine einzige Integritätsbedingung in einem der angeschlossenen Anwendungssysteme verletzt, von der CIM-Schnittstelle an das auslösende System zur Nachbesserung zurückgegeben wird. Unter Umständen ist zum Erkennen von Integritätsverletzungen ein Zugriff der CIM-Schnittstelle auf die lokalen Daten der Systeme notwendig, wenn in den Integritätsbedingungen Vorschriften hinterlegt sind, die auf Beziehungen zwischen Daten basieren. Ist eine Datenänderung von der CIM-Schnittstelle als ordnungsgemäß erkannt (d. h. daß sie gegen keine Integritätsbedingung verstößt), kann der Update in den betroffenen Systemen nun **direkt** auf den Datenbanken ohne den Umweg über die Dateneingabe-Module erfolgen. Dieses Vorgehen ist sicherlich eleganter als das oben beschriebene, führt aber zu einer erheblichen Aufblähung der Schnittstelle.

Eine Kopplung der CIM-Bereiche über ein CIM-Interface-System verringert die Anzahl an Kopplungsmodulen gegenüber einer jeweils direkten Kopplung erheblich. Der Aufwand zur Erstellung und zum Betrieb dieses Interface-Systems ist allerdings - wie die Ausführungen gezeigt haben - beträchtlich. Er kann dadurch in Grenzen gehalten werden, daß das EDV-Umfeld möglichst homogen und die Anzahl der zu koppelnden Systeme möglichst gering gehalten werden.

4.4 Kopplung von bereichsübergreifender Datenbank und CIM-Interface-System

Eine gemeinsame Datenbank für alle CIM-Bereiche ermöglicht deren Integration auf einfachste Weise. Ein CIM-Interface-System läßt den CIM-Bereichen die größten Freiheitsgrade bei ihrer Weiterentwicklung.

Anzustreben ist eine Kombination aus bereichsübergreifenden (jedoch nicht unternehmensweiten) Datenbanken und einem nur wenige Bereiche miteinander verbindenden CIM-Interface-System.

Alle Bereiche, die sehr eng zusammengehören (z. B. Materialwirtschaft, Kapazitätsterminierung und Kapazitätsabgleich), sollten auf einer einheitlichen Datenbasis aufbauen.

Je größer die Anzahl der über **eine** Datenbasis integrierten Systeme ist, um so einfacher wird die gesamte CIM-Integration.

Eine bereichsübergreifende Datenbasis läßt sich dann relativ einfach realisieren, wenn die Systeme vom Unternehmen selbst entwickelt werden. Dies gilt auch, wenn die betroffenen Bereiche durch eine einheitliche Standardsoftware-Familie unterstützt werden. Hier muß allerdings genau geprüft werden, ob der Standardsoftware-Familie tatsächlich eine gemeinsame, einheitliche und redundanzfreie Datenbasis zugrundeliegt.

Die zu Bereichsgruppen zusammengefaßten CIM-Bereiche, die jeweils auf einer Datenbasis aufbauen, werden über ein CIM-Interface-System miteinander gekoppelt.

Je größer die Bereichsgruppen sind und je weniger Bereichsgruppen übrig bleiben, um so reduzierter kann das Interface-System ausfallen. Während bei einer großen Anzahl von Bereichsgruppen die Menge der Schnittmengen der Daten dieser Gruppen - das ist die Grundmenge an Daten des Interface-Systems - fast die Gesamtmenge aller Daten des Unternehmens ausmacht, ist sie bei einer geringen Anzahl von Bereichsgruppen eine echte Teilmenge.

Bei der Gestaltung der Datenbasis der Bereichsgruppen und des CIM-Interface-Systems sind folgende Grundsätze zu beachten, die die Integration erleichtern:

- Als Datenbank sollte ein System ausgewählt werden, das den Anforderungen an Flexibilität und Daten-Programm-Unabhängigkeit in besonderem Maße entspricht. Hier bieten relationale Datenbanksysteme eindeutig Vorteile.

- Darüber hinaus sollte das Datenbanksystem die Perspektive bieten, zu einem verteilten System weiterentwickelt zu werden. Auch hier ist die Entwicklung bei den relationalen Systemen am weitesten fortgeschritten[109].

- Für unterschiedliche Bereichsgruppen sollte, wo diese Option besteht, <u>ein</u> Datenbankverwaltungssystem ausgewählt werden, so daß die unterschiedlichen Datenstrukturen nur innerhalb gleichartiger Datenverwaltungssysteme zu transformieren sind.

- Durch die Entwicklung einer standardisierten Datenbeschreibungs-, Datenmanipulations- und Abfragesprache für relationale Datenbanksysteme kann der vorhergehende Grundsatz weniger streng formuliert werden. Es ist nicht unbedingt notwendig, daß **ein** einheitliches Datenbankverwaltungssystem eingesetzt wird, sondern es sollten solche Systeme eingesetzt werden, die sich derselben Datenbeschreibungs-, -manipulations- und -abfragesprache bedienen.

  Gleiche DDL, DML und Queries erleichtern nicht nur die Übertragung von Daten von einem System in ein anderes (Datenintegration und Funktionsintegration), sondern sind auch notwendige Voraussetzung für die Modulintegration. Ein Funktionsmodul kann nur dann in einem anderen Bereich in identischer Weise eingesetzt werden, wenn neben der eigentlichen Realisierung dieser Funktion auch die zugehörigen Datenzugriffe des Schreibens und Lesens identisch sind.

- Die Struktur der Daten des CIM-Interface-Systems sollte aus einem gesamtheitlichen Unternehmensdatenmodell abgeleitet werden, damit es als systemneutrale Schnittstelle fungieren kann.

---

[109] Z. B. bei den Systemen Ingres der Firma Relational Technology, Oracle der Firma Oracle, NonStop-SQL der Firma Tandem.

Auch die Datenstruktur der Einzelsysteme ist auf Grundlage des Unternehmensdatenmodells zu entwerfen, wenn nicht die Art der Realisierung (z. B. Kauf eines Standardsystems) dem widerspricht.

Dies hat zwei Vorteile:

Die Schnittstelle zwischen dem Anwendungssystem und dem CIM-Interface-System ist eine 1:1-Übertragung von Daten.

Der Weg zur tatsächlichen Realisierung eines einheitlichen Unternehmensdatenmodells wird durch diese Vorgehensweise gefördert. Je mehr Anwendungssysteme auf Basis eines einheitlichen Datenverwaltungssystems mit einheitlichen, am (logischen) Unternehmensdatenmodell orientierten Datenstrukturen entwickelt werden, um so geringer wird der Umfang des CIM-Interface-Systems.

Damit wird folgender Weg zur Realisierung eines CIM-Systems von der datentechnischen Seite vorgeschlagen:

- Entwurf eines Unternehmensdatenmodells

- Entwicklung eines CIM-Interface-Systems, das auf Grundlage des Unternehmensdatenmodells als generalisierte Schnittstelle zwischen Bereichen fungiert

- Ausrichtung aller Neuentwicklungen von EDV-Systemen am Unternehmensdatenmodell

- Allmähliche Reduzierung des CIM-Interface-Systems durch Realisierung der Integration in den Anwendungssystemen. Die Überwindung von Inkompatibilitäten durch Schnittstellen wird durch echte Integration von Systemen auf Basis der Daten-, Datenstruktur-, Modul- und Funktionsintegration abgelöst.

LITERATURVERZEICHNIS

Anger, O.: Einführungsstrategie von CAD-CAM als integrierter Baustein der CIM-Architektur. CIM-Management, 3 (1987) Nr. 1, S. 45 - 51.

Anselstetter, R.: Betriebswirtschaftliche Nutzeffekte der Datenverarbeitung - Anhaltspunkte für Nutzen-Kosten-Schätzungen. 2., durchgesehene Auflage. Berlin-Heidelberg 1986.

Arnold, R., Bauer, C.-O.: Qualitätssicherung in Entwicklung und Konstruktion. Köln 1987.

Auer, A.: Speicherprogrammierbare Steuerungen. Aufbau und Programmierung. Heidelberg 1988.

Auch, M.: Das Projekt "Fertigungsinseln" nach zweijähriger Laufzeit - Stand, Ergebnisse, Ausblick. In: Fertigungsinseln, AWF-Fachtagung 1988. Hrsg.: Ausschuß für Wirtschaftliche Fertigung (AWF). Bad Soden 1988, S. 315 - 336.

Bauer, A., Meier, R., Richter, H., Sieper, H.-P.: Qualitätskontrolle in der Fertigungsindustrie mit Hilfe von EDV-Anlagen. Opladen 1973.

Bechte, W.: Kontroll- und Planungssystem zur belastungsorientierten Fertigungssteuerung im Dialog - Konzept und Realisierung des Systems KPS-F. In: Praxis der belastungsorientierten Fertigungssteuerung. Hrsg.: H.-P. Wiendahl. 2. Auflage, Hannover 1986, S. 89 - 118.

Becker, J.: Architektur eines EDV-Systems zur Materialflußsteuerung. Berlin u. a. 1987 (Betriebs- und Wirtschaftsinformatik, Bd. 22. Hrsg.: H. R. Hansen, H. Krallmann, P. Mertens, A.-W. Scheer, D. Seibt, P. Stahlknecht, H. Strunz, R. Thome).

Becker, J.: Konstruktionsbegleitende Kalkulation mit einem Expertensystem. In: Rechnungswesen und EDV. 9. Saarbrücker Arbeitstagung. Hrsg.: A.-W. Scheer. Heidelberg 1988, S. 115 - 136.

Becker, J.: Strategie zur Entwicklung eines CIM-Systems. In: CIM im Mittelstand. Fachtagung, Saarbrücken, 1989. Hrsg.: A.-W. Scheer. Berlin-Heidelberg 1989, S. 63 - 78.

Begriffe im Bereich der Qualitätssicherung. Hrsg.: Deutsche Gesellschaft für Qualität (DGQ). Berlin 1987.

Bey, I., Leuridan, J.: Europäische Vorhaben zur Definition von CAD-Schnittstellen. Zeitschrift für wirtschaftliche Fertigung ZwF, 81 (1986) Nr. 1, S. 38 - 42.

BDE - Funktionalität von Leitständen. CIM-Management, 6(1990) Nr. 3, S. 59 - 63.

Bisland, R. B.: Database management: Developing Application Systems Using ORACLE. Englewood Cliffs 1989.

Bläsing, J.:   CAQ - Qualitätskontrolle im CIM-Konzept. Wiesbaden 1988.

Bläsing, J. P.; Göppel, R.: Prüfplanung in der Verknüpfung von CAD und CAQ. CIM-Management, 6(1990) Nr. 2, S. 34 - 36.

Bloech, J., Lücke, W.: Produktionswirtschaft. Hrsg.: F.X. Bea, E. Dichtl, M. Schweitzer. Stuttgart-New York 1982.

Bock, M.; Boch, R.; Scheer, A.-W.: Konzeption eines Rahmensystems für einen universellen Konstruktionsberater. Information Management, 5(1990) Nr. 1, S. 70 - 78.

Börsch-Supan, H.:   Modellansatz zur Priorisierung von CIM-Projekten. IM Information Management, 4 (1989) Nr. 2, S. 54 - 61.

Bötzow, H.:   Die Fertigungsinsel als Konzept zur Einführung flexibler Automation in mittelständischen Industriebetrieben der Einzel- und Kleinserienfertigung. Düsseldorf 1988 (Fortschrittsberichte der VDI-Zeitschriften, Reihe 2: Fertigungstechnik, Nr. 155).

Braun, M., Förster, H.-U., Vorspel-Rüter, F.: Mit CIM die Zukunft gestalten. Entscheidungshilfen für Unternehmer und Führungskräfte. Frankfurt 1988.

Budde, R., Maas, R.: Die Praxis der Betriebsdatenerfassung: Gewinne erzielen durch Produktionsplanung und Produktionssteuerung. Nürnberg 1986.

CAD-Normteiledatei. Informationsunterlage zur Gestaltung von Vornormen der Reihe DIN V 40001; NSM-Arbeitspapier 08-87. Hrsg.: DIN Deutsches Institut für Normung. Berlin 1987.

Ceri, S., Pelagatti, G.: Distributed Databases - Principles & Systems. 2. Auflage, Singapore 1986.

Chen, P.P.:   The Entitity-Relationship Model: Towards a Unified View of Data. ACM Transactions on Database-Systems, 1 (1976) Nr. 1, S. 9 - 36.

CIM-Handbuch. Hrsg.: U.W. Geitner. Braunschweig 1987.

CIM OSA. Reference Architecture Specification. Hrsg.: CIM-OSA/AMICE. Brussels 1989.

Codd, E.F.:   A Relational Model for Large Shared Data Banks. Communications of the ACM, 13 (1970) Nr. 6, S. 377 - 387.

Codd, E.F.:   Extending a Database Relational Model to Capture More Meaning. ACM Transactions on Database Systems, 4 (1979) Nr. 4, S. 397 - 434.

Computer Aided Design and Manufacturing. Methods and Tools. Hrsg.: R. Rembold, R. Dillmann. 2., überarbeitete Auflage. Berlin u. a. 1986.

Computer Aided Optimal Design - Structural and Mechanical Systems. Hrsg.: C. A. Mota Soares, Berlin u. a. 1987.

Computer Integrated Manufacturing und Unternehmenslogistik. Hrsg.: H.-J. Bullinger. Velbert 1987.

Computer-Integrated Manufacturing: Communication/Standardization/Interfaces. Hrsg.: T. Bernold, W. Guttropf. Amsterdamm 1988.

Computer Integrated Manufacturing. Current Status and Challenges. Hrsg.: I.B. Turksen. Berlin u. a. 1988 (NATO ASI Series F: Computer and Systems Sciences, Vol 49).

Computer Integrated Manufacturing. Proceedings of the 5th CIM Europe Conference. Hrsg.: C. Halatsis, J. Torres. Brussels-Luxembourg 1989.

Czapiewski, J.: Rechnerunterstützte Prüfung in der Fertigung. Voraussetzungen und Anwendungen. Messen und Überwachen (VDI-Z Special), August 1988, S. 4 - 8.

Dadam, P.: Synchronisation in verteilten Datenbanken: Ein Überblick. Teil 1. Informatik-Spektrum, 4 (1981) Nr. 4, S. 175 - 184.

Dadam, P.: Synchronisation und Recovery in verteilten Datenbanken: Konzepte und Grundlagen. Diss. GHS Hagen 1982.

Dähler, T.: Konzeption, Planung und Einführung der benutzergesteuerten Datenverarbeitung im Bürobereich. Bern-Stuttgart 1985. (Planung und Kontrolle in der Unternehmung, Bd. 8).

Date, C. J.: An Introduction to Database Systems. Volume I, 5. Auflage, Reading 1990.

Date, C. J.: Relational Database Writings 1985 - 1989. Reading 1990.

DIN 16556: Handelsdatenaustausch. Hrsg.: Deutsches Institut für Normung (DIN). Berlin 1990.

DIN 55350: Begriffe der Qualitätssicherung und Statistik. Hrsg.: Deutsches Institut für Normung (DIN). Teil 11: Grundbegriffe der Qualitätssicherung. Berlin 1987. Teil 16: Begriffe zu Qualitätssicherungssystemen. Berlin 1984.

DIN 66025: Programmaufbau für numerisch gesteuerte Arbeitsmaschinen. Hrsg.: Deutsches Institut für Normung (DIN). Berlin 1983.

DIN 66215: CLDATA. Hrsg.: Deutsches Institut für Normung (DIN). Berlin 1974.

DIN V 4001: CAD-Normteiledatei. Informationsunterlage zur Gestaltung von Vornormen der Reihe DIN V 4001. NSM-Arbeitspapier 08-87, o.O. 1987.

DIN V 66304:   Format zum Austausch von Normteildateien. Hrsg.: Deutsches Institut für Normung (DIN). Berlin 1987.

Droste, F.:   Die Kosten-/Nutzen-Analyse von EDV-Projekten im Phasenkonzept. Diss. Uni Würzburg 1986.

Dutschke, W.:   Qualitätssicherung mit SPC. VDI-Z, 131 (1989) Nr. 2, S. 62 - 66.

Eberle, P., Heil, H.G.: Relativkosten-Informationen für die Konstruktion. krp Kostenrechnungspraxis, (1989) Nr. 2, S. 53 - 59.

Einführung in EDIFACT. Hrsg.: Deutsches Institut für Normung (DIN), Berlin 1988.

EDIFACT - Elektronischer Datenaustausch für Verwaltung, Wirtschaft und Transport. Dokumentation einer Tagung des Deutschen Instituts für Normung (DIN) 1990. Berlin 1990.

Ehrlenspiel, K.:   Kostengünstiges Konstruieren. Berlin u. a. 1985.

Ehrlenspiel, K., Hillebrand, A.: Konstruieren und Kalkulieren am Bildschirm. VDI-Berichte Nr. 6102; 1986.

Eigner, M.:   Einführung und Anwendung von CAD-Systemen: Leitfaden für die Praxis. Hrsg.: M. Eigner; H. Maier. 2. Auflage, München 1986.

Elmasri, R.; Navathe, S. B.: Fundamentals fo Database Systems. Redwood City 1989.

Engroff, B.:   Realisierte Fertigungsinseln im deutschsprachigen Raum. In: Fertigungsinseln - Fertigungsstruktur mit Zukunft. Hrsg.: Ausschuß für Wirtschaftliche Fertigung (AWF). Eschborn 1987.

Entity-Relationship Approach to Information Modelling and Analysis, Proceedings of the 2nd International Conference on Entity-Relationship Approach (1981). Hrsg.: P.P. Chen. Amsterdam-New York-Oxford 1983.

Essen, V. von: EDI - Gefährliche Abstinenz. Diebold Management Report Nr. 7 (1990) S. 3 - 10.

Eversheim, W.:   Organisation in der Produktionstechnik. Bd. 1: Grundlagen. Düsseldorf 1981. Bd. 2: Konstruktion. Düsseldorf 1982. Bd. 3: Arbeitsvorbereitung. Düsseldorf 1980. Bd. 4: Fertigung und Montage. Düsseldorf 1981.

Eversheim, W., Rothenbücher, J.: Kalkulation von Vorrichtungen in der Konzeptphase. In: International Conference on Engineering Design. Hamburg 1985.

Fertigungsinseln - Fertigungsstruktur mit Zukunft. Hrsg.: Ausschuß für Wirtschaftliche Fertigung (AWF). Eschborn 1987.

Fertigungssteuerung I. Hrsg.: D. Adam. Wiesbaden 1988 (Schriften zur Unternehmensführung, Bd. 38. Hrsg.: H. Jacob, D. Adam, K.-W. Hansmann, W. Hilke, W. Müller, D.B. Preßmar, A.-W. Scheer).

Fertigungssteuerung II. Hrsg.: D. Adam. Wiesbaden 1988 (Schriften zur Unternehmensführung, Bd. 39. Hrsg.: H. Jacob, D. Adam, K.-W. Hansmann, W. Hilke, W.' Müller, D.B. Preßmar, A.-W. Scheer).

Fink, T.: Entwurf eines verteilten CODASYL-Datenbanksystems gemäß den Konzepten eines allgemeinen Drei-Ebenen-Architekturmodells. Diss. TU Berlin 1982.

Flexible Manufacturing. Recent Developments in FMS, Robotics, CAD/CAM, CIM. Hrsg.: A. Raouf, S. I. Ahmad. Amsterdam u. a. 1985.

Förster, H.-U.: PPS als Keimzelle für CIM - Ein Lagebericht. VDI-Zeitung, 131 (1989) Nr. 4, S. 20 - 24.

Förster, H.-U., Hirt, K.: PPS für die flexible Automatisierung. Optimale Steuerung einer Werkstatt mit Flexiblen Fertigungszellen (FFZ). Köln 1988.

Franck, G. L.: Flexible Informationssysteme für automatisierte Fertigung. WT Werkstattstechnik, 79 (1989) S. 270 -273.

Frank, J.: Standard-Software: Kriterien und Methoden zur Beurteilung und Auswahl von Software-Produkten. Köln 1980.

Frank, W.: CIM-Komponenten in der Qualitätssicherung. In: Produktionsforum '88 - Die CIM-fähige Fabrik, 8. IAO-Arbeitstagung. Hrsg.: IPA-IAO, Stuttgart 1988 (IPA-IAO Forschung und Praxis, Bd. T9. Hrsg.: IPA-IAO).

Gerdes, H.-H.: Voraussetzungen zum Einsatz der belastungsorientierten Auftragsfreigabe. In: Praxis der belastungsorientierten Fertigungssteuerung. Hrsg.: H.-P. Wiendahl. 2. Auflage, Hannover 1986, S. 53 - 74.

Gestaltung CIM-fähiger Unternehmen. Hrsg.: H. Wildemann. München 1989.

Gestaltung und Planung komplexer Produktionssysteme. Hrsg.: Verband für Arbeitsstudien und Betriebsorganisation e.V. Darmstadt (REFA). München 1987.

Gimpel, B., Köppe, D.: Normung von Schnittstellen für die Qualitätssicherung. CIM-Management, 5 (1989) Nr. 1, S. 24 - 26.

Gini, G., Gini, M., Cividini, M., Villa, G.: Programming of Robot Systems. In.: Computer Aided Design and Manufacturing. Methods and Tools. Hrsg.: R. Rembold, R. Dillmann. 2., überarbeitete Auflage. Berlin u. a. 1986, S. 223 - 278.

Glaser, H.: Material- und Produktionswirtschaft. 3., neubearbeitete und erweiterte Auflage, Düsseldorf 1986.

Glaser, H.: Zum betriebswirtschaftlichen Gehalt von PPS-Systemen. In: Rechnungswesen und EDV. 10. Saarbrücker Arbeitstagung. Hrsg.: A.-W. Scheer. Berlin-Heidelberg 1989, S. 343 - 369.

Goldratt, E.M., Cox, J.: The Goal - Excellence in Manufacturing. Croton-on-Hudson-New York 1984.

Grabowski, H.: Ein System zur technischen Angebotsplanung in Unternehmen mit auftragsgebundener Fertigung. Diss. TH Aachen 1972.

Grabowski, H., Glatz, R.: Schnittstellen zum Austausch produktdefinierender Daten - Auf dem Weg zum internationalen Standard STEP. VDI-Zeitung, 128 (1986) S. 333 - 343.

Grabowski, H., Anderl, R.: CAD-Systems and Their Interface with CAM. In: Computer Aided Design and Manufacturing. Methods and Tools. Hrsg.: R. Rembold, R. Dillmann. 2., überarbeitete Auflage. Berlin u. a. 1986, S. 1 - 31.

Griese, J., Obelade, G., Schmitz, P., Seibt, D.: Ergebnisse des Arbeitskreises Wirtschaftlichkeit in der Informationsverarbeitung. ZfbF Zeitschrift für betriebswirtschaftliche Forschung, 39 (1987) Nr. 7, S. 515 - 551.

Grochla, E. u. a.: KIM 19874. In: Grochla, E. u. a.: Integrierte Gesamtmodelle in der Datenverarbeitung - Entwicklung und Anwendung des Kölner Integrationsmodells (KIM). München-Wien 1974.

Grochla, E., Garbe, H., Gillner, R., Poths, W.: Grundmodell zur Entwicklung eines integrierten Datenverarbeitungssystems - Kölner Integrationsmodell (KIM) - BIFOA - Forschungsbericht 71/6. Köln 1971.

Grochla, E. u. a.: Integrierte Gesamtmodelle in der Datenverarbeitung - Entwicklung und Anwendung des Kölner Integrationsmodells (KIM). München-Wien 1974.

Grötsch, E.: SPS: Speicherprogrammierbare Steuerungen vom Relaisersatz bis zum CIM-Verbund. München 1988.

Gröner, L.: Entwicklungsbegleitende Vorkalkulation. Berlin u. a. 1991.

Gröner, L.: Konstruktionsbegleitende Vorkalkulation. In.: Rechnungswesen und EDV. 10. Saarbrücker Arbeitstagung. Hrsg.: A.-W. Scheer. Heidelberg 1989, S. 427 - 455.

Gröner, L.; Roth, L.: Konzeption eines CIM-Managers. Logistik Heute, 10 (1986) Nr. 10, S. II - VI.

Groover, M.P., Weiss, M., Nagel, R.N., Odrey, N.G.: Robotik umfassend. Hamburg 1987.

Grossenbacher, J.M.: Verteilung der EDV. 3. Auflage, Zürich 1985.

Grünewald, C.; Sent, B.: Einführung eines EDV-Systems in der Instandhaltung. CIM-Management, 6(1990) Nr. 4, S. 26 - 31.

Gutenberg, E.: Grundlagen der Betriebwirtschaftslehre. Bd. 1: Die Produktion, 24. Auflage, Berlin u. a. 1983.

Hackstein, R.: Produktionsplanung und -steuerung (PPS) - Ein Handbuch für die Betriebspraxis. Düsseldorf 1984.

Hahn, D., Laßmann, G.: Produktionswirtschaft - Controlling industrieller Produktion. Hrsg.: G. Laßmann. Bd. 2: Produktionsprozesse Grundlegung zur Produktionsprozeßplanung, -steuerung und -kontrolle und Beispiele aus der Wirtschaftspraxis, Heidelberg 1989.

Hansen, H.R.: Wirtschaftsinformatik I. 5. Auflage, Stuttgart 1986.

Hansmann, K.-W.: Industriebetriebslehre. 2. Auflage, München-Wien 1987.

Harrington, J.: Computer Integrated Manufacturing. New York 1973, 2. Auflage 1979.

Hay, E.J.: The Just-In-Time-Breakthrough. Implementing the New Manufacturing Basics. New York u. a. 1988.

Heinen, E.: Industriebetriebslehre. Entscheidungen im Industriebetrieb. 7., vollständig überarbeitete und erweiterte Auflage, Wiesbaden 1983.

Heinz, K.; Martin, J.: Fertigungsinseln: Fluß- und Verrichtungsprinzip unter einem Dach. In: Fertigungsinseln - Fertigungssteuerung mit Zukunft, AWF-Fachtagung 1987. Hrsg.: Ausschuß für Wirtschaftliche Fertigung (AWF). Bad Soden 1987, S. 2.1 - 2.14.

Heinze, C.: Systematische Ausbildungsplanung für die Fabrik der Zukunft (2. Teil). CIM-Management, 4 (1988) Nr. 4, S. 40 - 43.

Helberg, P.: PPS als CIM-Baustein - Gestaltung der Produktionsplanung und -steuerung für die computerintegrierte Produktion. Berlin 1987.

Helfrich, Ch.: PPS-Praxis. Fertigungssteuerung und Logistik im CIM-Verbund. Gräfelfing 1989.

Hellwig, H.E., Hellwig, U., Paulus, M.: Die Kopplung von CAD und CAM, Teil 1: Mögliche Schnittstellen und ihre Vor- und Nachteile. VDI-Zeitung, 125 (1983) Nr. 10, S. 355 - 360; Teil 2: Der Informationsfluß von der Konstruktion zur Fertigung. VDI-Zeitung, 125 (1983) Nr. 11, S. 454 - 460; Teil 3: CAD/NC-Kopplung. VDI-Zeitung, 127 (1985) Nr. 1/2, S. 28 - 32.

Henn, O.: MAP/TOP 3.0: Strategisches Potential und Wirtschaftlichkeit. CIM-Management, 4 (1988) Nr. 4, S. 44 - 47.

Heß, H.; Scheer, A.-W.: Kopplung von CIM-Komponenten - ein europäisches Projekt. HMD Theorie und Praxis der Wirtschaftsinformatik, 28 (1991) Nr. 157, erscheint Januar 1991.

Hilfsmittel zum Datenbankentwurf - Auswahl und Einführung von Datenbanksystemen. Hrsg.: Gesellschaft für Mathematik und Datenverarbeitung (GMD). Rom-St. Augustin 1981.

Hillebrand, A., Ehrlenspiel, K.: Suchkalkulation - ein Hilfsmittel zum kostengünstigen Konstruieren. CAD-CAM-Report (1986) Nr. 1, S. 52 - 57.

Hofmann, J.: Aktionsorientierte Datenverarbeitung im Fertigungsbereich. Berlin u. a. 1988 (Betriebs- und Wirtschaftsinformatik, Bd. 27. Hrsg.: H.R. Hansen, H. Krallmann, P. Mertens, A.-W. Scheer, D. Seibt, P. Stahlknecht, H. Strunz, R. Thome).

Hoitsch, H.-J.: Produktionswirtschaft. München 1985.

Hollingum, J.: Implementing an Information Strategy in Manufacture - A Practical Approach. Berlin 1987.

Hollmann, H. H.: Konsequenzen der Produkthaftung. CIM-Management, 5(1989) Nr. 4, S. 20 - 23.

Horvath, P., Petsch M.: Beurteilungskriterien für Standard-Anwendungssoftware für das betriebliche Rechnungswesen. Handbuch der modernen Datenverarbeitung (HMD), 23 (1986) Nr. 132, S. 17 - 35.

Hübel, C.; Paul, R.; Sutter, B.: Datenbankgestützte technische Modellierung - ein Ansatz für die CAD/CAP-Integration. CIM-Management, 6(1990) Nr. 2, S. 48 - 54.

Initial Graphics Exchange Specification (IGES) Version 3.O. Hrsg.: National Bureau of Standards. o.O. 1986.

Instandhaltungssoftware. Realität und Vision. Hrsg.: H. Biedermann, Düsseldorf 1990.

Integrierter EDV-Einsatz in der Produktion: CIM-Computer Integrated Manufacturing. Hrsg.: Ausschuß für Wirtschaftliche Fertigung e.V. (AWF). Eschborn 1985.

Ischebeck, W.: Betriebsübergreifende Informationssysteme. IM Information Management, 4 (1989) Nr. 1, S. 22 - 27.

Jacob, H.: Industriebetriebslehre. 3. Auflage, Wiesbaden 1986.

Joepen, A.: Modell der integrierten Datenverarbeitung für Zeitungsverlage. BIFOA-Forschungsbericht 72/2. Hrsg.: BIFOA. Köln 1972.

Jünemann, R., Piepel, U., Schwinning, S.: Mobile Materialflußroboter mit großer Zukunft. io Management Zeitschrift, 58 (1989) Nr. 4, S. 39 - 44.

Kelter, U.:   Parallele Transaktionen in Datenbanksystemen. Zürich 1981 (Reihe Informatik, Bd. 51. Hrsg.: K.H. Böhling, U. Kulisch, H. Maurer).

Kemmner, A.:   Investitions- und Wirtschaftlichkeitsaspekte bei CIM. CIM-Management, 4 (1988) Nr. 4, S. 22 - 29.

Kief, H.B.:   NC/CNC-Handbuch. Ober-Ramstadt 1990.

Kieser, A., Kubicek, H.: Organisation. 2. Auflage, Berlin-New York 1983.

Kilger, W.:   Optimale Produktions- und Absatzplanung. Opladen 1973.

Kilger, W.:   Einführung in die Kostenrechnung. 3. Auflage, Wiesbaden 1987.

Kilger, W.:   Industriebetriebslehre. Bd. 1, Wiesbaden 1986.

Klein, W.:   Informationswesen in der Instandhaltung. Berlin u. a. 1988 (Forschung für die Praxis, Bd. 16, Hrsg.: R. Hackstein).

Klevers, T.:   The European approach to an "Open system architecture" for CIM. In: Computer Integrated Manufacturing. Proceedings of the 5th CIM Europe Conference. Hrsg.: C. Halatsisis, J. Torres. Berlin u. a. 1989.

Koch, R.:   Koordinierte Datenverwaltung für CAD, CAM und PPS. Ein wirtschaftlicher Ansatz zur rechnerintegrierten Produktion. VDI-Zeitung, 131 (1989) Nr. 1, S. 32 - 36.

Kochan, A., Cowan, D.: Implementing CIM - Computer Integrated Manufacturing. Berlin u. a. 1986.

König, W.:   Fertigungsverfahren. Bd. 1: Drehen, Fräsen, Bohren. 2. Auflage, Düsseldorf 1984. Bd. 2: Schleifen, Hohnen, Läppen. Düsseldorf 1980. Bd. 3: Abtragen. Düsseldorf 1979. Bd. 4: Massivumformung. Düsseldorf 1983. Bd. 5: Blechumformung. Düsseldorf 1986.

Kraemer, W.:   Wissensbasierte Systeme zum intelligenten Soll-Ist-Kostenvergleich. In: Rechnungswesen und EDV. 10. Saarbrücker Arbeitstagung. Hrsg.: A.-W. Scheer. Heidelberg 1989, S. 182 - 209.

Krautwurst, J.:   iQ-Basis - ein Baustein für flexible Qualitätssicherung. CIM-Management, 5(1989) Nr. 4, S. 10 - 15.

Krcmar, B.:   CIM-lich unerläßlich. Systematische Schulung als Teil eines CIM-Projektes. CIM-Management, 4 (1988) Nr. 4, S. 30 - 33.

Krcmar, H.:   Innovationen durch strategische Informationssysteme. In: Innovation und Wettbewerbsfähigkeit. Hrsg.: E. Dichtl, W. Gerke, A. Kieser. Wiesbaden 1987, S. 227 - 247.

Kring, J. R.:   Integrierte CAQ-Funktionen. CIM-Management, 5(1989) Nr. 4, S. 4 - 9.

Küpper, H.-U.:   Interdependenzen zwischen Produktionstheorie und der Organisation des Produktionsprozesses. Hrsg.: E. Kosiol. Berlin 1980.

Lange, O., Stegemann, G.: Datenstrukturen und Speichertechniken. Braunschweig 1985.

Lans, R. F., van der: Das SQL-Lehrbuch. Reading 1988.

Lehner, F.; Glötzl, E.: Aufbau und Funktion eines Umweltinformationssystems. IM Information Management, 5 (1990) Nr. 1, S. 40 - 55.

Leismann, U.:   EDIFACT. IM Information Management, 4 (1989) Nr. 1, S. 60 - 61.

Lentes, H.-P.:   Fertigungsinseln - Ein Weg zur Verbesserung der Industriearbeit - Steigerung der Produktivität - Verbesserung der Arbeitsbedingungen - Erweiterung der Dispositionsspielräume. In: Fertigungsinseln, AWF-Fachtagung 1988. Hrsg.: Ausschuß für Wirtschaftliche Fertigung (AWF). Bad Soden 1988, S. 9 - 68.

Lewandowski, K.:   Instandhaltungsgerechte Konstruktion. Hrsg.: TÜV Rheinland. Köln 1985.

Lexikon der Produktionsplanung und -steuerung: Begriffszusammenhänge und Begriffsdefinitionen. Hrsg.: VDI Verein Deutscher Ingenieure. Düsseldorf 1983.

Lexikon der Wirtschaftsinformatik. Haupthrsg.: P. Mertens, Hrsg.: H.R. Hansen, H. Krallmann, A.-W. Scheer, D. Seibt, P. Stahlknecht, H. Strunz, R. Thome, H. Wedekind. 2. Auflage, Berlin u. a. 1990.

Ley, W.:   Entwicklung von Entscheidungshilfen zur Integration der Fertigungshilfsmitteldisposition in EDV-gestützte Produktionsplanungs- und -steuerungssysteme. Düsseldorf 1984. (Fortschritt-Berichte der VDI-Zeitschriften Reihe 2: Betriebstechnik, Nr. 82).

Lindheim, W.:   Strategieplanung für die Technische EDV. Wiesbaden 1988.

Loos, P.:   Datenstrukturierung in der Fertigung - ein methodischer Modellierungs-ansatz für die Gestaltung von Fertigungsinformationssystemen. Diss. Uni Saarbrücken 1991.

Lubben, R.T.:   Just-in-time-Manufacturing. New York u. a. 1988.

Meerkamm, H.; Finkenwirth, K.; Röse, U.: Fertigungsgerechtes Konstruieren mit CAD. Proceedings of the International Conference on Engineering Design ICED '88, Budapest 1988.

Mehnen, H.:   Telekommunikation in Handel, Transport und Verwaltung nach internationalem Standard: ein Leitfaden zur Einführung und Anwendung des automatisierten Datenaustausches nach dem ISO-Standard 9735 EDIFACT. Hrsg.: Arbeitsgemeinschaft für Wirtschaftliche Verwaltung (AWV). Eschborn 1989 (AWV-Schrift Nr. 455).

Meißner, K.:   Arbeitsplatzrechner im Verbund. München-Wien 1985.

Mertens, P., Heigl, M.: Neuere Entwicklungen der computergestützten Produktionsplanung, Eignung - Verbindungen - Entwicklungspfade. Erlangen 1984.

Mertens, P., Borkowski, V., Geis, W.: Betriebliche Expertensystem-Anwendungen - Eine Materialsammlung. Berlin u. a. 1988 (Betriebs- und Wirtschaftsinformatik, Bd. 31. Hrsg.: H.R. Hansen, H. Krallmann, P. Mertens, A.-W. Scheer, D. Seibt, P. Stahlknecht, H. Strunz, R. Thome).

Mertens, P.:   Industrielle Datenverarbeitung. Bd. 1: Administrations- und Dispositionssysteme, 7., neu bearbeitete Auflage, Wiesbaden 1988.

Mertens, P., Griese J.: Industrielle Datenverarbeitung. Bd. 2: Informations- und Planungssysteme. 5. Auflage, Wiesbaden 1988.

Mertens, P., Steppan, G.: Die Ausdehnung des CIM-Gedankens in den Vertrieb. CIM Management, 4 (1988) Nr. 3, S. 24 - 28.

Mertens, P., Hildebrand, R.J.N., Kotschenreuther, W.: Verteiltes wissensbasiertes Problemlösen im Fertigungsbereich. ZfB Zeitschrift für Betriebswirtschaft, 59 (1989) H. 8, S. 839 - 854.

Meyer, B.E., Schefenacker, R.: Erfahrungen mit einem EDV-gestützten Fortschrittszahlensystem für Automobilzulieferer. ZWF Zeitschrift für wirtschaftliche Fertigung, 78 (1983) Nr. 4, S. 170 - 172.

Miska, F.M.:   CIM - Computer-integrierte Fertigung: Konzepte, Planung, Realisierung. Landsberg/Lech 1988.

Moritzen, K.:   Montagegerechtes Entwerfen mit wissenbasierten Systemen. ZwF, 85(1990) Nr. 5, S. 248 - 251.

MRP and schedule execution in the job shop of the future. Proceedings of the 4th European Conference on Automated Manufacturing. Hrsg.: J.W. Branam. Birmingham 1988.

Müller, G.:   Informationsstrukturierung in Datenbanksystemen. München-Wien 1978.

Nagel, K.   Nutzen der Datenverarbeitung. München-Wien 1988.

Nerreter, U.:   Zur funktionalen Architektur von verteilten Datenbanken: Konzepte, Methoden und Beispiele. Diss. Uni Zürich 1983.

Neumann, K.:   Operations Research Verfahren. Bd. III: Graphentheorie Netzplantechnik. München-Wien 1975, S. 181 - 362.

Niedereichholz, J.:   Datenbanksysteme - Aufbau und Einsatz. 3. unveränderte Auflage, Würzburg-Wien 1983.

Nieß, S., Jabbusch, M.B.: JIT, Logistik, CIM. VDI-Z, 131 (1989) Nr. 4, S. 10 - 19.

Nitzsche, M., Pfennig, V.: Einsatz von CNC-Werkzeugmaschinen. Organisation, Arbeitsteilung, Qualifikation. Eschborn-Köln 1988.

Normung von Schnittstellen für die rechnerintegrierte Produktion (CIM): Standortbestimmung und Handlungsbedarf. DIN Fachbericht 15. Hrsg.: Deutsches Institut für Normung e.V. (DIN). Berlin-Köln 1987.

Open System Architecture and Communications. "Preparing the Enterprise for CIM". Workshop Proceedings. Hrsg.: WZL Aachen. Aachen 1989.

Oeldorf, G., Olfert, K.: Materialwirtschaft. 4., durchgesehene und verbesserte Auflage, Ludwigshafen 1985.

Österle, H.: Entwurf betrieblicher Informationssysteme. München-Wien 1981.

Panskus, G.: Wie muß die Organisationsstruktur entwickelt werden, damit CIM eingeführt werden kann. CIM-Management, 2 (1986) Nr. 4, S. 57 - 65.

Papazoglon M.; Valder, W.: Relational Database Management a Systems Programming Approach. Englewood Cliffs 1989.

Pekayvaz, B.: Strategische Planung in der Materialwirtschaft. Frankfurt/M. 1985 (Europäische Hochschulschriften, Reihe V, Volks- und Betriebswirtschaft, Bd. 620. Hrsg.: P. Lang).

Planung und Gestaltung komplexer Produktionssysteme. Hrsg: REFA Verband für Arbeitsstudien und Betriebsorganisation. München 1987.

Praxis der belastungsorientierten Fertigungssteuerung. Hrsg.: H.P. Wiendahl. 2. Auflage, Hannover 1986.

Product Data Interfaces in CAD/CAM Applications - Design, Implementation and Experiences. Hrsg.: J. Encarnacao; R. Schuster; E. Vöge. Berlin u. a. 1986.

Produktionsforum '88: Die CIM-fähige Fabrik - Zukunftssichere Planung und erfolgreiche Praxisbeispiele. Hrsg.: H.-J. Bullinger. Berlin-Heidelberg 1988.

Preuss, K.: CNC-Bearbeitungszentren 1988. Proconsult Report. Frankfurt 1988.

Prognoserechnung. Hrsg.: P. Mertens. 4. Auflage, Würzburg-Wien 1981.

Puppe, F.: Expertensysteme. Informatik-Spektrum, 9 (1986) Nr. 9, S. 1 - 13.

Raab, H.H.: Modellwechsel - Opel reorganisiert Wareneingang. Materialfluß, (1987) Nr. 11, S. 16 - 18.

Ranky, P.G.: Computer Integrated Manufacturing. An Introduction with Case Studies. Englewood Cliffs u. a. 1986.

Rauba, A., Sälzle, P.: Marktübersicht der im 1. Halbjahr 1987 auf dem Markt der Bundesrepublik Deutschland angebotenen SPC-Meßrechner. Hrsg.: IPA Fraunhofer Institut für Produktionstechnik und Automatisierung. Stuttgart 1987.

Rauba, A.: Qualitätskostenrechnung als Informationssystem. QZ Qualität und Zuverlässigkeit, 33 (1988) Nr. 10, S. 559 - 563.

Rautenstrauch, C.; Moazzami, M.: Effiziente Systementwicklung mit ORACLE. Bonn, u. a. 1990.

Rechnerunterstützung in der Qualitätssicherung CAQ. Hrsg.: Deutsche Gesellschaft für Qualität (DGQ). Berlin 1987.

Redford, A.H.: Design for Assembly. In: Computer Aided Design and Manufacturing. Methods and Tools. Hrsg.: R. Rembold, R. Dillmann. 2., überarbeitete Auflage, Berlin 1986.

Rembold, U., Epple, W.: Present State and Future Trends in the Development of Programming Languages for Manufacturing. In: Computer Aided Design and Manufacturing. Methods and Tools. Hrsg.: R. Rembold, R. Dillmann. 2., überarbeitete Auflage, Berlin u. a. 1986.

Renz, W.: VDAFS - A Pragmatic Interface for the Exchange of Sculptured Surface Data. In: Product Data Interfaces in CAD/CAM Applications. Design Implementation and Experiences. Hrsg.: J. Encarnacao; R. Schuster, E. Vöge. Berlin u. a. 1986, S. 144 - 149.

Riebel, P.: Einzelkosten- und Deckungsbeitragsrechnung. 4. Auflage, Wiesbaden 1982.

Roschmann, K.: BDE als integraller Bestandteil eines PPS-Systems. HMD - Theorie und Praxis der Wirtschaftsinformatik, 27 (1990) Nr. 151, S. 17 - 27.

Roschmann, K.: Betriebsdatenerfassung in Industrieunternehmen. Hrsg.: Fachausschuß Organisation und Datenverarbeitung - Arbeitskreis Datenerfassung - Projektgruppe Betriebsdatenerfassung des Ausschusses für wirtschaftliche Verwaltung in Wirtschaft und öffentlicher Hand. e.V. (AWV). München 1979.

Roschmann, K.: Stand und Entwicklungstendenzen der Betriebsdatenerfassung im CIM-Konzept. CIM-Management, 6(1990) Nr. 3, S. 4-9.

Ruffing, T.: Die integrierte Auftragsabwicklung bei Fertigungsinseln. Grobplanung, Feinplanung, Überwachung. In: Fertigungsinseln - Praxis, Forschung, Erfahrung. Hrsg.: Ausschuß für Wirtschaftliche Fertigung (AWF). Eschborn 1988, S.280 -309.

Ruffing, T.: Fertigungssteuerung bei Fertigungsinseln. Köln 1991 (Neue Formen der Arbeitsorganisation. Hrsg.: Ausschuß für Wirtschaftliche Fertigung).

Runge, H.: Heiße Sache - Kältemaschinen-Hersteller realisiert Just-in-Time-Fertigung. Materialfluß, (1988) Nr. 1, S. 21 - 23.

Rüth, D.: Planungssysteme der Industrie. Wiesbaden 1989.

Scheer, A.-W.: Absatzprognosen. Berlin-Heidelberg-New York-Tokyo 1983.

Scheer, A.-W., Ahlers, J., Becker, J., Brombacher, R., Brück, E., Karst, M., Saase, L.: Personal Computing - EDV-Einsatz in Fachabteilungen. München 1985.

Scheer, A.-W.: Organisatorische Entscheidungen bei der CIM-Implementierung. Veröffentlichungen des Instituts für Wirtschaftsinformatik, Nr. 51 (1986).

Scheer, A.-W.: CIM: Organisation und Implementierung. Harvard Manager, Theorie und Praxis des Managements, 1 (1987), S. 84 - 95.

Scheer, A.-W.: Entwurf eines Unternehmensdatenmodells. Information Management, 3(1988) Nr. 1, S. 14 - 23, insbesondere S. 14.

Scheer, A.-W.: EDV-orientierte Betriebswirtschaftslehre. 4. Auflage, Berlin u. a. 1990.

Scheer, A.-W.: Wirtschaftsinformatik - Informationssysteme im Industriebetrieb. 3. Auflage, Berlin u. a. 1990.

Scheer, A.-W.: CIM - Computer Integrated Manufacturing. Der computergesteuerte Industriebetrieb. 4., erweiterte Auflage, Berlin u. a. 1990.

Schicker, P.: Datenübertragung und Rechnernetze. 3. Auflage, Stuttgart 1988. (Leitfäden der angewandten Informatik. Hrsg.: L. Richter, W. Stucky).

Schlageter, G., Stucky, W.: Datenbanksysteme: Konzepte und Modelle. 2. Auflage, Stuttgart 1983. (Leitfäden der angewandten Mathematik und Mechanik LAMM, Bd. 37. Hrsg.: H. Görtler).

Schleede, K.: Ein Vergleich der FE- mit der BE-Methode. CAD-CAM Report, 8 (1989) Nr. 2, S. 28 - 40.

Schmidt, G.: Fertigungssteuerung bei flexiblen Fertigungssystemen. CIM-Management, 4 (1988) Nr. 3, S. 67 - 71.

Schmidt, G.: CAM: Algorithmen und Decision Support für die Fertigungssteuerung. Berlin u. a. 1989 (Betriebs- und Wirtschaftsinformatik, Bd. 36. Hrsg.: H.R. Hansen, H. Krallmann, P. Mertens, A.-W. Scheer, D. Seibt, P. Stahlknecht, H. Strunz, R. Thome).

Schmidt, K.-U.: Produktionsplanung und -steuerung in der Fabrik der Zukunft. In: Praxis der belastungsorientierten Fertigungssteuerung. Hrsg.: H.-P. Wiendahl. 2. Auflage, Hannover 1986, S. 1 - 16.

Schneeweiß, C.: Einführung in die Produktionswirtschaft. 2. Auflage, Berlin u. a. 1987.

Schnittstellen der rechnerintegrierten Produktion (CIM) - CAD und NC-Verfahrenskette. DIN Fachbericht 20. Hrsg.: Deutsches Institut für Normung e.V. (DIN). Berlin-Köln 1989.

Schnittstellen der rechnerintegrierten Produktion (CIM) - Fertigungssteuerung und Auftragsabwicklung. DIN Fachbericht 21. Hrsg.: Deutsches Institut für Normung e.V. (DIN). Berlin-Köln 1989.

Scholz, B.: CIM-Schnittstellen: Konzepte, Standards und Probleme der Verknüpfung von Systemkomponenten in der rechnerintegrierten Produktion. München-Wien 1988.

Scholz, B.: Rechnerintegrierte Produktion (CIM). Schnittstellenprobleme bei der Kopplung unterschiedlicher Systemkomponenten. München 1988.

Schomäker, W.: Kopplung von PPS- und CAD-Daten. In: CIM im Mittelstand. Fachtagung, Saarbrücken. Hrsg.: A.-W. Scheer. Berlin u. a. 1989, S. 237 - 254.

Schreuder, S., Upmann, R.: CIM-Wirtschaftlichkeit: Vorgehensweise zur Ermittlung des Nutzens einer Integration von CAD, CAP, CAM, PPS und CAQ. Köln 1988.

Schreuder, S., Upmann, R.: Wirtschaftlichkeit von CIM - Grundlage für Investitionsentscheidungen. CIM-Management, 4 (1988) Nr. 4, S. 10 - 16.

Schulz, H., Bölzing, D.: "CIM-Status" für strategische Investitionsplanung. CIM-Management, 4 (1988) Nr. 4, S. 4 - 9.

Schrafstetter, K.: Organisation. 2. Auflage, München 1981.

Schwaiger, L.: CAD-Begriffe: ein Lexikon. Berlin u. a. 1988, insbes. S. 78 ff.

Sinz, E.J.: Das strukturierte Entity-Relationship-Modell (SERM-Modell). AI Angewandte Informatik, (1988) Nr. 5, S. 191 - 202.

Sinzig, W.: Datenbankorientiertes Rechnungswesen. 2. Auflage, Berlin u. a. 1985.

Spur, G., Krause, F.-L.: CAD-Technik. München-Wien 1984.

Stahlknecht, P.: Einführung in die Wirtschaftsinformatik. 4., völlig überarb. und aktualisierte Auflage, Berlin u. a. 1989.

Steinbauer, D., Wedekind, H.: Integritätsaspekte in Datenbanksystemen. Informatik-Spektrum, 1985 Nr. 8, S. 60 - 68.

STEP (Standard for the Exchange of Product Model Data). Requirements Document, ISO·TC 184/SC4/WG1N4. Hrsg.: ISO International Standardization Organisation. o.O. 1984.

Stotko, E.C.:   CIM-OSA. Europäische Initiative für offene CIM-System-Architektur. CIM-Management, 5 (1989) Nr. 1, S. 9 - 15.

System RM Produktionsplanung und -steuerung, Einkauf, Materialwirtschaft, Rechnungsprüfung, Instandhaltung. Hrsg.: SAP. Walldorf 1988.

System RV Vertrieb Versand, Fakturierung. Hrsg.: SAP. Walldorf 1990.

The implementation of CAPP in a rapidly developing manufacturing environment. Proceedings of the 4th European Conference on Automated Manufacturing. Hrsg.: S. Evans. Birmingham 1988.

Trippner, D.:   Experience Gained Using the IGES Interface for CAD/CAM Data Transfers. In: Product Data Interfaces in CAD/CAM Applications, Design Implementation and Experiences. Hrsg.: J. Encarnacao; R. Schuster; E. Vöge. Berlin u. a. 1986, S. 126 - 141.

Tüchelmann, Y.:   Anwendungssoftware zur Planung, Organisation, Steuerung und Überwachung von Fertigungsinseln mit hohem Automatisierungsgrad. In: Fertigungsinseln - Fertigungssteuerung mit Zukunft, AWF-Fachtagung 1987. Hrsg.: Ausschuß für Wirtschaftliche Fertigung (AWF). Bad Soden 1987, S. 13.1 - 13.16.

Ullmann, J. D.:   Principles of Database Systems. 2. Auflage, Rockville 1982.

VDA-Flächenschnittstelle (VDAFS) Version 1.O. Hrsg.: VDA Verband der deutschen Automobilindustrie. o.O. 1983.

VDI-Richtlinie 2222: Konstruktionsmethodik - Konzipieren technischer Produkte. Hrsg.: Verband Deutscher Ingenieure (VDI). Düsseldorf 1977.

VDI-Richtlinie-2235: Wirtschaftliche Entscheidungen beim Konstruieren. Methoden und Hilfsmittel. Hrsg.: Verband Deutscher Ingenieure (VDI). Düsseldorf 1982.

Vetter, M.:   Aufbau betrieblicher Informationssysteme mittels konzeptioneller Datenmodellierung. 6. Auflage, Stuttgart 1990.

Vetter, M.:   Strategie der Anwendungssoftware - Entwicklung - Planung, Prinzipien, Konzepte. 2. Auflage, Stuttgart 1990.

Venitz, U.:   CIM-Rahmenplanung. Berlin u. a. 1990 (Betriebs- und Wirtschaftsinformatik, BD. 39. Hrsg.: H.R. Hansen, H. Krallmann, P. Mertens, A.-W. Scheer, D. Seibt, P. Stahlknecht, H. Strunz, R. Thome).

Vinek, G., Rennert, P.F., Tjoa, A.M.: Datenmodellierung: Theorie und Praxis des Datenbankentwurfs. Würzburg-Wien 1982.

Vollmer, H.:   NC-Organisation für Produktionsbetriebe. München-Wien 1985.

Vossen, G.: Datenmodelle, Datenbanksprachen und Datenbank-Management-Systeme. Bonn 1987.

Walter, B.: Transaktionsorientierte Recovery-Konzepte für verteilte Datenbanksysteme. Diss. Uni Stuttgart 1982.

Ward, P.; Patel, D.; Wakeling, A.; Weeks, R.: Application of Structural Optimization Using Finite Elements. In: Computer Aided Optimal Design - Structural and Mechanical Systems. Hrsg.: C. A. Mota Soares, Berlin u. a. 1987.

Warnecke, H.-J.: Der Produktionsbetrieb. Eine Industriebetriebslehre für Ingenieure. Berlin u. a. 1984.

Warnke, M.: Informatik - Elementare Einführung. München-Wien 1989.

Wäscher, D.: Gemeinkosten - Management im Material- und Logistikbereich. ZfB Zeitschrift für Betriebswirtschaft, 57 (1987) Nr. 3, S. 297 - 315.

Weissflog, U.: Product Data Exchange; Design and Implementation of IGES Processors. In: Product Data Interfaces in CAD/CAM Applications, Design Implementation and Experiences. Hrsg.: J. Encarnacao; R. Schuster; E. Vöge. Berlin u. a. 1986, S. 116 - 125.

Wiendahl, H.-P.: Von der belastungsorientierten Auftragsfreigabe zur durchlauforientierten Fertigungssteuerung. In: Praxis der belastungsorientierten Fertigungssteuerung. Hrsg.: H.-P. Wiendahl. 2. Auflage, Hannover 1986, S. 17 - 52.

Wiendahl, H.-P.: Belastungsorientierte Fertigungssteuerung: Grundlagen, Verfahrensaufbau, Realisierung. München-Wien 1987.

Wildemann, H.: Flexible Werkstattsteuerung nach Kanban-Prinzipien. München 1984.

Wildemann, H.: Just-in-Time-Lösungskonzepte in Deutschland. Harvard Manager (1986) Nr. 1, S. 36 - 48.

Wildemann, H.: Logistische Kette - durch neue Steuerungsprinzipien optimiert. IBM Nachrichten, 37 (1987) H. 291, S. 17 - 23.

Winter, F.; Maag, D.: AD/CYCLE - Verstärkung für SAA? IM Information Management, 5 (1990) Nr. 2, S. 32 - 39.

Wirtschaftsinformatik-Lexikon. Hrsg.: L.J. Heinrich, F. Roithmayr. 3., überarbeitete und wesentlich erweiterte Auflage, München-Wien 1989.

Zahn, E.: CIM - eine Waffe im Wettbewerb? CIM-Management, 4 (1988) Nr. 4, S. 17 - 21.

Zimmermann, G.: Produktionsplanung variantenreicher Erzeugnisse mit EDV. Berlin u. a. 1988.

Betriebs- und Wirtschaftsinformatik

Herausgeber: H. R. Hansen, H. Krallmann,
P. Mertens, A.-W. Scheer, D. Seibt, P. Stahlknecht,
H. Strunz, R. Thome

Band 6: W. Sinzig
Datenbankorientiertes Rechnungswesen
Grundzüge einer EDV-gestützten Realisierung der Einzelkosten- und Deckungsbeitragsrechnung
3. Aufl. 1990. DM 78,- ISBN 3-540-51786-3

Band 8: T. Noth, M. Kretzschmar
Aufwandschätzung von DV-Projekten
Darstellung und Praxisvergleich der wichtigsten Verfahren
2. Aufl. 1985. DM 42,- ISBN 3-540-16069-8

Band 17: A. Schulz (Hrsg.)
Die Zukunft der Informationssysteme Lehren der 80er Jahre
Dritte gemeinsame Fachtagung der Österreichischen Gesellschaft für Informatik (ÖGI) und der Gesellschaft für Informatik (GI). Johannes Kepler Universität Linz, 16.–18. September 1986
1986. DM 106,- ISBN 3-540-16802-8

Band 18: H. R. Göpfrich
Bildschirmtext in der Ausbildung
Dargestellt am Beispiel der Wirtschaftsuniversität Wien
1987. DM 74,- ISBN 3-540-17175-4

Band 19: M. Schumann
Eingangspostbearbeitung in Bürokommunikationssystemen
Expertensystemansatz und Standardisierung
1987. DM 54,- ISBN 3-540-17369-2

Band 20: T. Noth
Unterstützung des Managements von Software-Projekten durch eine Erfahrungsdatenbank
1987. DM 76,- ISBN 3-540-17842-2

Band 21: H. Demmer
Datentransportkostenoptimale Gestaltung von Rechnernetzen
1987. DM 69,- ISBN 3-540-17919-4

Band 22: J. Becker
Architektur eines EDV-Systems zur Materialflußsteuerung
1987. DM 72,- ISBN 3-540-18349-3

Band 23: P. Haun
Entscheidungsorientiertes Rechnungswesen mit Daten- und Methodenbanken
1987. DM 59,- ISBN 3-540-18418-X

Band 24: E. Plattfaut
DV-Unterstützung strategischer Unternehmensplanung
Beispiele und Expertensystemansatz
1988. DM 49,- ISBN 3-540-18631-X

Band 25: R. Brombacher
Entscheidungsunterstützungssysteme für das Marketing-Management
Gestaltungs- und Implementierungsansatz für die Konsumgüterindustrie
1988. DM 76,- ISBN 3-540-18667-0

Band 26: F. Schober
Modellgestützte strategische Planung für multinationale Unternehmungen
Konzeption, Potential und Implementierung
1988. DM 78,- ISBN 3-540-18767-7

Band 27: J. Hofmann
Aktionsorientierte Datenverarbeitung im Fertigungsbereich
1988. DM 49,- ISBN 3-540-18798-7

Band 29: R. Oetinger
Benutzergerechte Software-Entwicklung
1988. DM 78,- ISBN 3-540-19135-6

Band 31: P. Mertens, V. Borkowski, W. Geis
Betriebliche Expertensystem-Anwendungen
2., völlig neu bearb. und erw. Aufl. 1990. DM 78,–
ISBN 3-540-52599-8

Band 32: R. Thome (Hrsg.)
Systementwurf mit Simulations-modellen
Anwendergespräch, Universität Würzburg, 10.12.1987
1988. DM 59,– ISBN 3-540-19454-1

Band 33: W. Ruf
Ein Software-Entwicklungs-System auf der Basis des Schnittstellen-Management Ansatzes
Für Klein- und Mittelbetriebe
1988. DM 78,– ISBN 3-540-50364-1

Band 34: A. Back-Hock
Lebenszyklusorientiertes Produkt-controlling
Ansätze zur computergestützten Realisierung mit einer Rechnungswesen-Daten- und Methodenbank
1988. DM 58,– ISBN 3-540-50413-3

Band 35: J. Nonhoff
Entwicklung eines Expertensystems für das DV-Controlling
1989. DM 55,– ISBN 3-540-50760-4

Band 36: G. Schmidt
CAM: Algorithmen und Decision Support für die Fertigungssteuerung
1989. DM 55,– ISBN 3-540-51088-5

Band 37: U. Leismann
Warenwirtschaftssysteme mit Bildschirmtext
1990. DM 90,– ISBN 3-540-51844-4

Band 38: C. Petri
Externe Integration der Datenverarbeitung
Unternehmensübergreifende Konzepte für Handelsunternehmen
1989. DM 78,– ISBN 3-540-51849-5

Band 39: U. Venitz
CIM-Rahmenplanung
1990. DM 78,– ISBN 3-540-51910-6

Band 40: M. Klotz, P. Strauch
Strategieorientierte Planung betrieblicher Informations- und Kommunikationssysteme
1990. DM 58,– ISBN 3-540-52461-4

Band 41: G. Steppan
Informationsverarbeitung im industriellen Vertriebsaußendienst
Computer Aided Selling (CAS)
1990. DM 55,– ISBN 3-540-52558-0

Band 42: K. Hildebrand
Software Tools: Automatisierung im Software Engineering
Eine umfassende Darstellung der Einsatz-möglichkeiten von Software-Entwicklungs-werkzeugen
1990. DM 58,– ISBN 3-540-52628-5

Band 43: K. G. Götzer
Optimale Wirtschaftlichkeit und Durch-laufzeit im Büro
Ein Verfahren zur integrierten Optimierung der Büroinformations- und Kommunikationstechnik
1990. DM 69,– ISBN 3-540-52939-X

Band 44: O. Schweneker
Entwicklung eines Expertensystems für Absatzprognosen durch konzeptionelles Prototyping
1990. DM 58,– ISBN 3-540-53216-1

Band 45: L. Gröner
Entwicklungsbegleitende Vorkalkulation
1991. DM 78,– ISBN 3-540-53444-X

Band 46: R. Winter
Mehrstufige Produktionsplanung in Abstraktionshierarchien auf der Basis relationaler Informationsstrukturen
1991. DM 98,– ISBN 3-540-53546-2

Springer-Verlag
Berlin Heidelberg New York London
Paris Tokyo Hong Kong Barcelona